BIG DATA를 활용한

K-뷰티 경영학

BEAUTY BUSINESS ADMINISTRATION

구민사

저자 약력

이범식
· 웨스트민스터 신학대학원대학교 미용교육학 박사
· 현, 한국열린사이버대학교 뷰티건강디자인학과 교수

김은주
· 건국대학교 일반대학원 생물공학 박사
· 현, 한국열린사이버대학교 뷰티건강디자인학과 학과장

전소현
· 건국대학교 일반대학원 생물공학 박사
· 현, 신구대학교 뷰티케어과 교수

이상범
· 현, 한국이용사회중앙회 수석 부회장
· 현, 이상범 바버샵 대표

BIG DATA를 활용한 K-뷰티경영학

2020년 4월 10일 초판 인쇄
2020년 4월 20일 초판 발행
2023년 3월 10일 초판 2쇄 발행

저 자	이범식 · 김은주 · 전소현 · 이상범 저
발 행 인	조규백
발 행 처	도서출판 구민사 (07293) 서울특별시 영등포구 문래북로 116, 604호(문래동3가 46, 트리플렉스)
전 화	(02) 701-7421~2
팩 스	(02) 3273-9642
홈페이지	www.kuhminsa.co.kr
신고번호	제 2012-000055호 (1980년 2월 4일)
I S B N	979-11-5813-833-2 [93150]

| **정 가** | 21,000원 |

BIG DATA를 활용한

K-뷰티 경영학

BEAUTY BUSINESS ADMINISTRATION

이범식·김은주·전소현·이상범

구민사

프롤로그

1999년 10월 오전에 장교 전역식을 마치고 같은 날 오후부터 미용실에 출근하게 되면서 현재까지 미용과 관련된 일에 종사하고 있다. 지금와서 돌이켜 보면 왜? 미용을 시작해야 하는지, 나의 꿈과 목표는 무엇인지도 모른 채 막연히 미용과의 연을 맺은 것 같다. 처음에는 미용실 현장에서 기술을 습득하는 과정이 재미있었고, 이용사, 미용사 자격증을 취득하는 과정 속에서 남모를 성취감도 느꼈었던 같다. 하지만, 미용 분야에 한걸음씩 다가가고 깊이 빠져들면 빠져들수록 미용이 어려웠다.

산업화의 진전과 4차 산업의 광풍 속에 감성적인 미용 분야에도 기술에서 서비스, 그리고 경영과 마케팅의 개념이 확대되었고, 이러한 노력들이 곳곳에서 발빠르게 전개되고 있다. 전 국민을 힘겹게 했던 IMF를 극복하고 2000년 밀레니엄 시대의 도래와 함께 미용실은 고급화되고 이른바 브랜드 프랜차이즈가 본격화되기 시작하였다. 하지만 양극화 또한 심화되어 고급화 전략이 먹히고 잘 되는 미용실은 고작 1~2% 내외이다. 이것을 과연 '기술의 차이'라고만 얘기할 수 있을까? 승자의 역사가 마케팅의 기록이듯 이미 성공한 소수의 미용실 오너들은 지금까지의 자신들의 경험과 노하우를 피력하는 것으로 경영과 마케팅 교육을 대신해 왔다. 지역과 각자의 미용실 로케이션 구성, 자본의 규모도 다른데 오로지 소수의 이른바 상위 1% 오너들을 동경해 온 것이다. 이 책의 구성은 바로 이런 부분에 의문을 품은 채 구성되어졌다. 이제는 4차 산업의 속성이라고도 할 수 있는 빅데이터를 통해 보다 명확하고 실질적인 자료 도출을 통해 정확한 인살롱 마케팅과 한국을 넘어선 K-뷰티의 영향력을 바로 알자는 취지에서 출발하고 있다. 그러면서 내 상황과 내 미용실 로케이션 특성에 맞는 마케팅을 계획하고 나를 찾아주는 고객을 바로 알자는 것이 이 책의 핵심이다.

오랜 시간이 만들어 놓은 빅데이터를 통해 다른 듯 같은 패턴을 반복적으로 보이는 고객의 니즈와 소비패턴을 찾아 경쟁력있는 반경 1km 내의 NO. 1 살롱으로 거듭나길 기원한다.

처음 책을 기획할 당시 저자의 부족한 기획 의도를 이해하고 흔쾌히 공저에 동참해 주신 김은주 한국열린사이버대학교 처장님, 신구대학교 뷰티케어학과 전소현 학과장님, 이상범 한국이용사회 중앙회 부회장님께 감사드리고 매년 꾸준히 좋은 책을 꾸며 주시고 지칠 때 술도 사주시는 구민사 조규백 대표님께도 감사함을 전한다. 그리고 여러 가지 좋지 않은 경기 여건 속에서도 누구보다 긴 하루를 보내시고 각자의 위치에서 애쓰시는 모든 미용인 여러분께 희망을 담은 에너지를 보낸다.
미용인 여러분 어려울수록 기운냅시다. 으랏차차!!

2020년 4월
대표 저자 **이범식** 올림

CONTENTS

PART 01 빅데이터

CHAPTER 01. 빅데이터(Big Data)의 개념과 분석법 010

CHAPTER 02. 빅데이터 관리를 통한 고객 동향 분석 023

CHAPTER 03. 빅데이터를 통해 본 역사 속 위기관리 능력과 방안 040

CHAPTER 04. SMART 목표 관리법과 빅데이터 활용 053

CHAPTER 05. 빅데이터와 날씨 마케팅 070

CHAPTER 06. 고객 분류와 VVIP 마케팅 창출 전략 084

CHAPTER 07. 비주얼머천다이징(VMD) 전략 099

CHAPTER 08. 빅맥지수와 지니계수를 통한
실질 구매력 평가와 소득불평등 분석 118

CHAPTER 09. 필립 코틀러 마케팅 154

CHAPTER 10. 글로벌 K-뷰티 현재와 미래 163

PART 02 K-뷰티

CHAPTER 11. 신남방 정책과 K-뷰티 176
CHAPTER 12. 4차 산업혁명과 뷰티 산업 186
CHAPTER 13. 코스메틱 마케팅 199
CHAPTER 14. 코스메틱 기업의 미션과 매니지먼트 207
CHAPTER 15. 코스메틱 기업의 비즈니스 전략 222
CHAPTER 16. 경쟁력 있는 피부 관리실 만들기 232
CHAPTER 17. 펀(Fun) 경영과 매장 운영 240
CHAPTER 18. 연간 마케팅 캘린더 264
CHAPTER 19. 뷰티 인살롱 마케팅과 미용인의 힐링 286
CHAPTER 20. 고객 묶어두기 전략 : 선불 정액권 멤버십 티켓팅 295
CHAPTER 21. 뷰티 살롱 접객 서비스와 에티켓(Etiquette) 312
CHAPTER 22. 창업 환경과 소자본 스마트 창업 321
CHAPTER 23. 직장 내 성희롱 338
부록 2020 근로 기준법 350

BEAUTY BUSINESS
ADMINISTRATION

PART 01

빅데이터

Chapter 01 빅데이터(Big Data)의 개념과 분석법
Chapter 02 빅데이터 관리를 통한 고객 동향 분석
Chapter 03 빅데이터를 통해 본 역사 속 위기관리 능력과 방안
Chapter 04 SMART 목표 관리법과 빅데이터 활용
Chapter 05 빅데이터와 날씨 마케팅
Chapter 06 고객 분류와 VVIP 마케팅 창출 전략
Chapter 07 비주얼머천다이징(VMD) 전략
Chapter 08 빅맥지수와 지니계수를 통한 실질 구매력 평가와 소득불평등 분석
Chapter 09 필립 코틀러 마케팅
Chapter 10 글로벌 K-뷰티 현재와 미래

Chapter

01 빅데이터(Big Data)의 개념과 분석법

1 빅데이터(Big Data)의 개념과 속성

❶ 빅데이터(Big Data)의 사전적 의미

① 빅데이터의 사전적 의미는 기존의 관리 방법이나 분석 체계로는 처리하기 어려운 엄청난 양의 데이터를 뜻한다.

② 1880년대 미국에서 나온 용어이며, 시대에 따라 빅데이터의 개념은 바뀌고 있다.

③ 빅데이터가 주목받는 이유는 기업이나 정부, 포털 등이 빅데이터를 효과적으로 분석함으로써 미래를 예측해 최적의 대응 방안을 찾고, 이를 수익으로 연결하여 새로운 가치를 창출하기 때문이다.

❷ 빅데이터의 공통적 속성

(1) 정확성(Veracity)

① 빅데이터 시대에는 방대한 데이터의 양을 분석하여 일정한 패턴을 추출할 수 있다. 그러나 과연 데이터 일정 패턴을 설명할 수 있을 만큼 신뢰성이 있느냐의 문제가 생길 수 있다.

② 데이터가 많아질수록 엉터리 데이터도 커질 가능성이 높아지기 때문이다. 따라서 빅데이터를 분석하는데 있어 기업이나 기관에 수집한 데이터가 정확한 것인지 분석할 만한 가치가 있는지 등을 살펴야 하는 필요성이 생겼고, 이러한 측면에서 빅데이터의 새로운 속성인 정확성(Veracity)이 제시되고 있다.

(2) 가변성(Variability)

① 최근 소셜 미디어의 확산으로 자기 의견을 웹을 통해 자유롭게 게시하는 것이 쉬워졌지만 실제로 자신의 의도와는 달리 자기 생각을 글로 표현하게 되면 맥락에 따라 자신의 의도가 다른 사람에게 오해를 불러일으킬 수 있다.

② 데이터가 맥락에 따라 의미가 달라진다고 하여 빅데이터의 새로운 속성으로 가변성(Variability)이 제시된다.

(3) 시각성(Visualization)

① 빅데이터는 정형 및 비정형 데이터를 수집하여 복잡한 분석을 실행 한 후 용도에 맞게 정보를 가공하는 과정을 거친다.

② 중요한 것은 정보의 사용 대상자가 쉽게 이해할 수 있어야 한다. 그렇지 않으면 정보의 가공을 위해 소모된 시간적, 경제적 비용이 무용지물이 될 수 있기 때문이다.

③ 이러한 필요성으로 인해 빅데이터의 새로운 속성으로 시각화(Visualization)가 제시되고 있다.

3 빅데이터 정의의 한계성

① 빅데이터는 어떠한 한 분야를 나타내거나 한 가지 특징을 개념으로 사용하기 어려운 측면이 있다.

② 분석과 활용 과정에 필요한 사항을 설명할 수는 있겠지만 사용 분야마다 중요하게 생각하는 부분은 다를 수 있고, 필요 없는 것도 있을 수 있다.

③ 3V, 4V, 5V 등 시간이 지나면서 기존 빅데이터의 특징인 3V에 새로운 속성들이 추가되고 있는 추세이다.

④ 이러한 점이 빅데이터의 정의를 어렵게 만들고 있다. 앞으로 빅데이터의 특징은 새롭게 추가될 것으로 보인다.

⑤ 빅데이터의 가장 기본적인 속성인 3V는 변하지 않고 빅데이터의 대표적인 특징으로 남을 것으로 예상된다.

⑥ 확장된 개념의 3V, 4V, 5V는 다음과 같다.

<table>
<tr><th>구분</th><th colspan="2">내용</th></tr>
<tr><td>3V</td><td colspan="2">Volume(크기)
Variety(다양성)
Velocity(속도)</td></tr>
<tr><td>4V</td><td>Volume(크기)
Variety(다양성)
Velocity(속도)
Veracity(정확성)</td><td>Volume(크기)
Variety(다양성)
Velocity(속도)
Value(가치)</td></tr>
<tr><td>5V</td><td colspan="2">Volume(크기)
Variety(다양성)
Velocity(속도)
Value(가치)
Veracity(정확성)</td></tr>
</table>

[출처] 국립중앙과학관

2 빅데이터(Big Data) 분석 기법과 도출 원리

❶ 데이터 마이닝(Data Mining)

① 방대한 DB(Data Base)안에서 어떠한 방법(순차패턴, 유사성 등)에 의해 관심이 있는 지식을 찾아내는 과정이다.

② 많은 데이터 속에서 유용한 정보를 발견하는 과정이며, 찾고 싶었던 정보는 물론 기대하지 못한 정보까지 찾을 수 있다.

③ 실제로 가장 많이 사용되고 있는 데이터 마이닝(빅데이터 분석 기법)은 연관성 분석, 군집 분석, 의사결정 나무 등을 들 수 있다.

❷ 빅데이터 분석 기법

(1) 연관성 분석(Association Analysis)

① 장바구니 분석 또는 친화성 분석이라고도 알려진 방법론이다.

② 특히 맥주와 기저귀의 연관성을 밝혀낸 분석 방법으로 알려져 있는데 연관성 분석을 통해 대형 마트의 구매 데이터로부터 기저귀와 맥주가 함께 팔린다는 사실을 확인하였다.

③ 이는 주말에 아버지들이 아기용 기저귀를 사러 오면서 주말을 즐길 맥주도 함께 구매한다는 것을 분석을 통해 알게 되었다.

④ 실제로 월마트는 이 같은 분석을 통해 기저귀와 맥주를 패키지로 묶어 판매하여 매출이 약 3배 증가하였다.

> 연관성 분석은 거래나 사건을 포함하는 일련의 데이터로부터 연관이 있는 규칙을 발견하고 그 둘 이상의 품목을 상호 연관성을 밝히는 것으로 어떤 항목이 어떤 항목을 동반하는가에 대한 연구이다.

(2) 군집 분석(Clustering Analysis)

① 여러 집단의 데이터 속에서 각 데이터의 소속 집단을 모르는 경우 유사한 속성을 가진 데이터의 군집을 분석하는 방법이다.

② 가장 큰 특징은 사전에 정의가 된 집단을 가지고 있지 않다는 점이다.

③ 여러 집단의 데이터들이 섞여 있고 각 데이터 소속 집단을 모르는 유사한 속성을 갖는 데이터의 군집을 찾는 분석 방법이다.

④ 탐색적 데이터 마이닝 방법론이라 할 수 있다.

> 군집 분석은 마케팅 분야에서 활발하게 사용되고 있다. 전체 시장을 비슷한 구조를 가지는 세부 시장으로 구분 짓기 위한 시장 구조 분석 등에 유용하게 적용되고 있다.
> 최근에는 금융 분야에서 균형 포트폴리오 구성이나 산업 분석 시 사용되고 있다.

(3) 의사결정 나무(Decision Tree)

① 우리가 관심을 갖고 있는 분류 문제를 해결하기 위한 매우 강력하고 유용한 데이터 마이닝 알고리즘이다.

② 이 빅데이터 분석 기법은 분류를 하기 위해 목표 변수에 영향을 줄 수 있는 입력 변수들을 이용해 최적의 분류를 위한 의사결정 규칙을 생성하게 되는데, 의사결정규칙 트리 구조로 나타내어 의사결정 나무라고 부른다.

> 의사결정 나무는 부도 예측이나 신용평가 분야에서 널리 사용되고 있다. 고객들의 성향을 파악하여 우리 기업의 호감도가 높은 고객, 혹은 더 이상 우리의 제품이나 서비스를 이용하지 않는 고객들의 분류를 통해 고객 유지율을 향상시키고, 이탈한 고객을 다시 되돌릴 수 있는 방안을 모색함으로써 고객과의 지속적인 관계를 유지시키는 데 필요한 방법론이다.

(4) 기계학습(Machine Learning)

① 인공지능 분야에서 인간의 학습을 모델링한 것으로, 빅데이터 분석을 포함한 패턴인식 등 다양한 분야에서 기본적으로 많이 활용되는 기법이다.

② 의사결정 나무와 같은 기호적 학습, 신경망이나 유전자 알고리즘과 같은 비기호적 학습, 베이지언 혹은 은닉 마르코프 같은 확률적 학습 등 다양한 기계학습 기법이 있다.

> 세계적인 경영 컨설팅 회사인 맥킨지 & 컴퍼니의 빅데이터 보고서에는 빅데이터 분석을 위한 다양한 분석 기법들이 정리되어 있다. 이 기법들은 대부분 대규모 데이터 처리를 위한 통계적, 확률적 방법론에 바탕을 두고 있다.

(5) 감성 분석(Sentiment Analysis)

① 자연어 처리 기법을 이용하여 인간의 언어로 쓰인 텍스트를 분석할 때, 문장에서 주관적인 감성을 나타내는 정보를 찾아내어 긍정, 부정, 중립의 성향을 분석하는 것을 말한다.

② 블로그, 페이스북 등 소셜 미디어를 분석하여 기업 제품이나 브랜드에 대한 선호를 파악할 때 사용된다.

> 감성 분석은 오피니언 마이닝에 필수적인 분석 기술이다.

3 빅데이터 도출 원리 요약

(1) 빅데이터 도출 원리

구분	내용
연관규칙학습	상품이나 서비스 간의 관계를 살펴본다.
유전알고리즘	다윈의 적자생존 이론을 기본으로 살펴본다.
회귀분석	변수 간의 상호 관련성을 규명하고 변화를 예측하여 살펴본다.
유형분석	데이터의 유형을 분류하여 범주를 찾아내는 통계적 분류로 살펴본다.
기계학습	훈련 데이터를 기초로 새롭게 입력되는 값의 예측 결과를 살펴본다.
소셜네트워크분석	특정한 부분과 다른 부분과의 관계를 파악하여 살펴본다.
감정분석	특정 주제나 사람의 감정을 분석하여 살펴본다.

[출처] LG CNS

빅데이터 분석 기법은 다양하게 존재하지만 현재는 기계 학습에 많은 포커스가 되었다. 어느 산업에 접목을 시켜도 활용되는 범용적인 기술이라는 뜻이다. 그만큼 거의 모든 곳에서 빅데이터를 활용하고 있고 기계학습을 통해 방대한 양의 데이터를 분석하려고 노력하고 있다.

3 빅데이터 적용을 통한 뷰티 살롱 경영 성과 창출

❶ 빅데이터 적용 성공 사례

(1) 딸의 임신과 빅데이터의 힘

[출처] http://blog.naver.com/vxdxe351/70183785996

미국의 대형 소매 유통업체인 타깃은 한 고객에게 할인 쿠폰을 보내 주었다가 문제가 생겼다. 이 쿠폰은 임산부들을 위한 할인 쿠폰이었는데 문제는 받은 사람이 다름아닌 여고생이었다는 것이다. 당연히 화가 난 이 여고생의 아버지는 항의를 했지만 몇 달 뒤엔 다시 사과를 해야 했다. 그 이유는 실제로 여고생이 임신을 했기 때문이다.

그렇다면 타깃은 어떻게 여고생의 임신 사실을 알아냈을까?
그것은 바로 임산부들이 쇼핑하는 상품들에 대한 정보를 빅데이터를 통해 분석하였고, 그 중 임산부들이 주로 사는 품목을 여고생이 구입했기 때문에 자동으로 맵핑하여 할인 쿠폰을 보내준 것이다.

그런데 더욱 놀라운 것은 단순히 임신 사실 뿐만 아니라 임신 3개월째인 것까지 알아냈다는 것이다.

(2) 월마트 : 맥주와 기저귀

[출처] [바이널엑스] UX 디자이너들의 필수 용어 사전 : Data Mining (데이터 마이닝)

세계적인 유통업체 월마트는 빅데이터 분석 결과 맥주와 기저귀의 매출량이 비례하고 있다는 사실을 알게 되었다. 과거의 매출 자료를 이용하여 빅데이터 분석 기법 중의 하나인 상관관계를 분석해보면 이러한 사실을 쉽게 발견할 수 있다.

미국의 맞벌이 부부의 생활에서 주로 남편이 아기의 기저귀를 갈아주는 일을 도맡아 하곤 했다. 기저귀를 갈아주고 난 후 남편은 맥주를 한 잔 마시곤 한다. 이 것은 월마트에 들린 남편이 기저귀를 구입하면서 맥주도 함께 구매하면서 나타난 현상이었다.

이러한 새로운 사실은 월마트 매점 관리자가 상품 진열을 결정하는데 결정적인 정보가 되었고, 맥주와 기저귀를 패키지 상품으로 구성하여 판매함으로써 매출의 3배가 증가하는 성과를 얻었다.

(3) 서울시 : KT 심야 통화 기록 분석 후 심야버스 노선 확정

[출처] http://blog.naver.com/minimi0408/140197830273

➋ 서울시는 심야버스 노선 마련을 위해 KT와 협력해 시 보유 데이터와 KT 이동통신망 데이터를 분석해 활용했다. KT에서 제공된 정보는 유동인구 데이터로 가입자의 심야시간(0~5시) 통화 기지국 위치와 청구지 주소 데이터 통계치였다. 한 달간의 데이터로 약 30억 건에 달하는 양을 분석했다. 여기에 스마트카드를 통한 택시 승하차 정보 1주일 치 데이터도 분석했다.

이 같은 데이터에 구역별 헥사본을 만들고 그에 유동인구 밀집도를 입력했다. 밀집도에 따라 색상을 시각화하고, 노선, 시간, 요일별 패턴을 분석했다. 여기에 노선 부근 유동인구 가중치를 계산해 노선을 최적화했다. 이 과정에서 각종 데이터를 분석하는 플랫폼으로 오픈소스 하둡 기반의 넥스알 NDAP을 활용했다.

노선 분석을 위한 알고리즘은 일단 유동인구 데이터와 승하차 분포에 대해 이뤄졌다. 출발지과 목적지를 넣어 수치화해서 밀도 맵을 만들고, 이를 노선에 집어넣고, 그에 해당하는 버퍼를 설정, 그 버퍼 안에 들어오는 헥사본에 대해 실수요를 판단했다. 여기에 거리별 가중치 계산하고, 기존 노선과 통계노선이 어떻게 다른가를 검증했다.

통행량 산출은 정류소 단위로 헥사본을 만들고, 버퍼를 설정한 후 목적지와 출발지별 데이터를 넣었다. 정류소와 정류소를 선으로 연결, 선이 많이 겹치면 두께를 늘리는 것으로 시각화했다. 여기에 유동인구 데이터를 집어넣고, 그를 고려한 심야버스 수요를 산출했다.

이 과정에서 8개 노선에 대한 정류소 및 노선 변경이 제안됐고, 일부 수용됐다. 버스 정책과의 협력을 통해 더 수요가 많고, 유동인구가 집중되는 노선을 만들게 되었다.

❷ 빅데이터 SWOT 분석 적용

(1) 뷰티 살롱 매출 관리

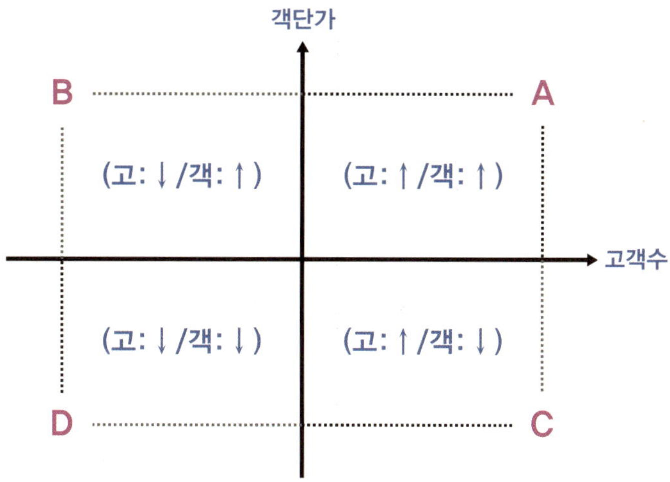

[출처] 영화 속 미용경영학 / 훈민사(2011) / 이범식, 전소현 저

매장	특징	마케팅 비중
A	고객수 : 낮음 / 객단가 : 낮음	고객수 증가 : 70% / 객단가 증가 : 30%
B	고객수 : 높음 / 객단가 : 낮음	고객수 증가 : 50% / 객단가 증가 : 50%
C	고객수 : 낮음 / 객단가 : 높음	고객수 증가 : 30% / 객단가 증가 : 70%
D	고객수 : 높음 / 객단가 : 높음	고객수 증가 : 50% / 객단가 증가 : 50%

(2) 뷰티 살롱 직원 관리

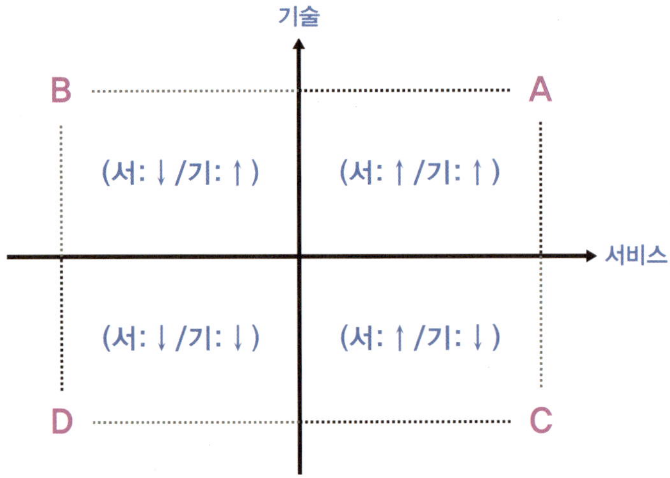

[출처] 영화 속 미용경영학 / 훈민사(2011) / 이범식, 전소현 저

매장	특징	마케팅 비중
A	서비스 : 낮음 / 기술 : 낮음	서비스 증가 : 70% / 기술 증가 : 30%
B	서비스 : 높음 / 기술 : 낮음	서비스 증가 : 50% / 기술 증가 : 50%
C	서비스 : 낮음 / 기술 : 높음	서비스 증가 : 30% / 기술 증가 : 70%
D	서비스 : 높음 / 기술 : 높음	서비스 증가 : 50% / 기술 증가 : 50%

❸ 하인리히의 법칙 : 고객이 다시 오지 않는 이유?

(1) 1 : 29 : 300 법칙

비고	이유	점유율(%)	비고
1	Style	5	중대한 과실
2	Price	5	경미한 과실
3	Service	5	
4	Nothing	85	이유 없음 "그냥"

01 실전 문제 풀이

Q1 다음 중 빅데이터의 공통적 속성 3V가 아닌 것은 무엇인가?

① 정확성

② 가변성

③ 유형성

④ 시각성

Q2 다음 중 빅데이터 분석 기법 중 장바구니 분석 또는 친화성 분석이라고도 알려진 방법론은 무엇인가?

① 군집 분석

② 연관성 분석

③ 회귀 분석

④ 결정 트리

Q3 다음 중 독일의 재난 학자로 빅데이터 분석을 토대로 1 : 29 : 300의 법칙을 만든 사람은 누구인가?

① 하인리히

② 세이

③ 애덤 스미스

④ 케인즈

정답

Q1) ③ 유형성은 3V에 해당하지 않는다.

Q2) ② 빅데이터 분석 기법 중 연관성 분석에 관한 설명이다.

Q3) ① 하인리히 법칙에 관한 설명이다.

Chapter

02 빅데이터 관리를 통한 고객 동향 분석

1 빅데이터 역추적 관리를 통한 고객 트래킹

❶ 빅데이터 역학 조사와 데이터 구축 과정

(1) 빅데이터 역학 조사와 트래킹 개념

① 역학조사(Epidemiologic Survey) 본연의 사전적 의미와 목적은 전염병 등의 질병이 발생했을 때 그 발생 원인과 특성을 찾는 것을 말한다.

② 특정 지역이나 직장 등에서 전염병이나 식중독 등이 동시에 혹은 연쇄적으로 발생할 경우, 정확한 원인을 찾아 질병을 예방·차단하는 것이 목적이다.

③ 이를 응용하여 빅데이터의 통계적 추론을 바탕으로 뷰티 살롱에서의 고객 재방문과 매출 등에 관한 정보를 역추적할 수 있다.

(2) 빅데이터 구축 5단계

분석 기획 (Planning) → 데이터 준비 (Preparing) → 데이터 분석 (Analyzing) → 시스템 구현 (Developing) → 평가 및 전개 (Deploying)

① 분석 기획(Planning) : 비즈니스 범위를 이해하고 설정하는 단계

② 데이터 준비(Preparing) : 필요한 데이터를 정의하고, 데이터 수집과 그 정합성을 점검하는 단계

③ 데이터 분석(Analyzing) : 분석용 데이터를 준비하고 텍스트를 분석하며, 탐색적 분석과 모델링을 한 뒤에 모델을 평가하고 검증하는 단계

④ 시스템 구현(Developing) : 실제 시스템을 테스트하고 운영하는 설계와 구현의 단계

⑤ 평가 및 전개(Deploying) : 모델 발전 계획을 수립하고 프로젝트를 평가하는 피드백 단계

2 빅데이터 분석을 통한 미용실 고객 트래킹 사례

수도권 3곳의 미용실을 선정하여 보다 구체적인 사례를 통해 미용실 방문 고객의 동향을 살펴보자. 고객 관리 프로그램에 등록된 빅데이터를 바탕으로 더욱 객관적이고 체계적인 고객 동향을 분석하여 인살롱 마케팅에 반영할 수 있다.

(1) 수원 광교 OO 미용실 : 고객 현황

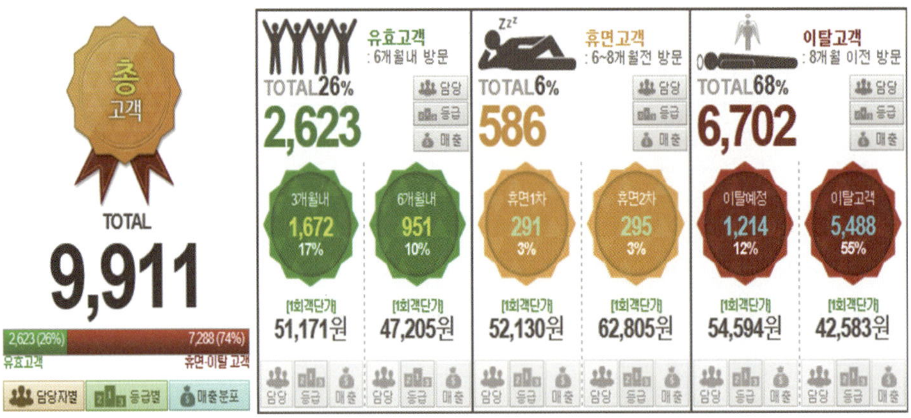

[출처] HAND SOS 고객관리 프로그램 예시

수원 광교 OO 미용실의 고객관리 프로그램에 등록된 실제 고객 현황이다. 위에서 보는 바와 같이 총 9,911명의 고객수가 등록되어 있다. 총 고객수만 보게 되면 거의 만 명에 육박하는 어마어마한 수치이다. 한 눈에 봐도 비교적 매출이 높은 매장이라는 것을 알 수 있다. 하지만, 총 고객수가 아닌 고객을 세부 분류하여 보게 된다면 얘기는 달라지게 된다.

보다 정밀한 빅데이터 분석과 트래킹을 위해 크게 유효 고객, 휴면 고객, 이탈 고객으로 크게 3등급으로 분류하였다. 매장의 매출과 직격되는 3개월에서 6개월까지 방문한 유효 고객수는 2,623명으로 총 고객수 대비 26%를 차지한다. 그 중 방문 3개월 내 방문 유효 고객수가 1,672명(17%), 6개월 내 방문 고객수가 951명(10%)이다. 휴면 고객으로 분류되는 6개월에서 8개월 이후까지 내방하지 않는 잠자는 고객수는 586명으로 전체 6%를 차지하고 있다. 마지막으로 8개월 이전 방문 후 한번도 오지 않은 이탈 고객수는 6,702명으로 전체 68%를 차지하고, 이는 다시 이탈 예정과 이탈 고객으로 방문 기간을 바탕으로 나눌 수 있다.

이를 토대로 볼 때 전체 고객수가 9,911명이지만 수원 광교 OO 미용실의 유효 고객과 실제 매출에 도움이 되는 주타겟 고객군은 2,623명으로 전체 26%밖에 되지 않는다는 것을 알 수 있다.

(2) 수원 광교 OO 미용실 : 고객 분포도

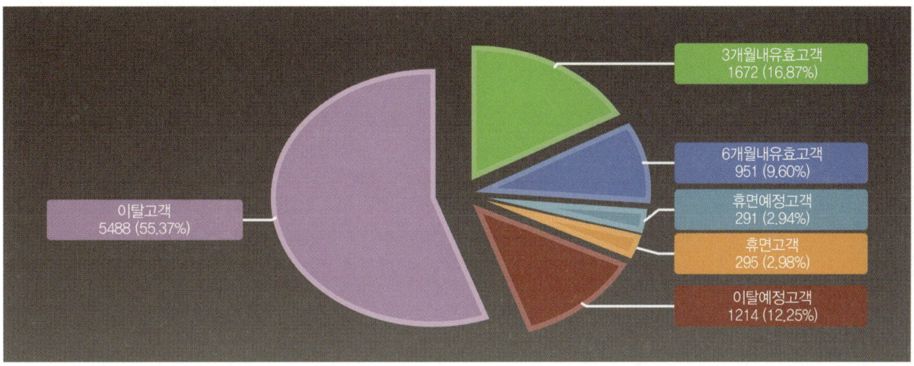

[출처] HAND SOS 고객관리 프로그램 예시

빅데이터는 기본적으로 테라바이트 이상급의 데이터를 종합한 분석 자료이기 때문에 분석 자료를 시각화하게 되면 원하는 정보를 한 눈에 파악할 수 있는 장점이 있다. 미용실의 경우 기간별로 간소화하여 3분류의 고객으로 트래킹하였다.

위의 분포도에서 보는 바와 같이 완전 이탈된 이탈 고객이 5,488명, 55.37%로 가장 넓은 범위에 분포하고 있음을 알 수 있다.

(3) 수원 광교 OO 미용실 : 등급별 고객 분류

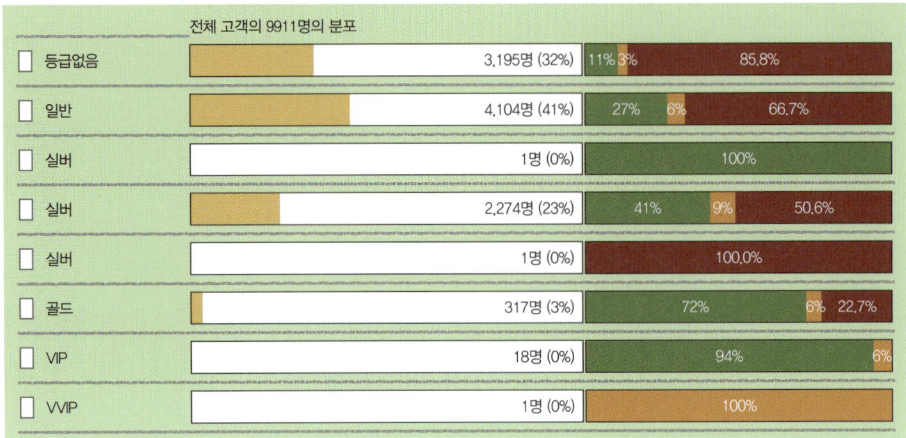

[출처] HAND SOS 고객관리프로그램 예시

고객의 방문 횟수에 따른 단순 분류 외 미용실 내 등급별로 나눈 고객 분류를 알아보자. 이는 객단가를 나타낸 지수로 등급별 고객 분류는 고객의 충성도를 반영한 중요한 지표가 된다.

일반 등급의 고객군보다는 등급이 올라갈수록 실버, 골드, VIP 고객의 등급이 유효 고객군 비율이 높음을 한 눈에 알 수 있다.

이를 바탕으로 가격 할인 위주의 획일적인 인살롱 마케팅을 기획할 것이 아니라 등급별 고객 관리와 고객 니즈에 부합하는 마케팅을 설계하는 것이 중요하다.

(4) 수원 광교 OO 미용실 : 직원별 고객 현황

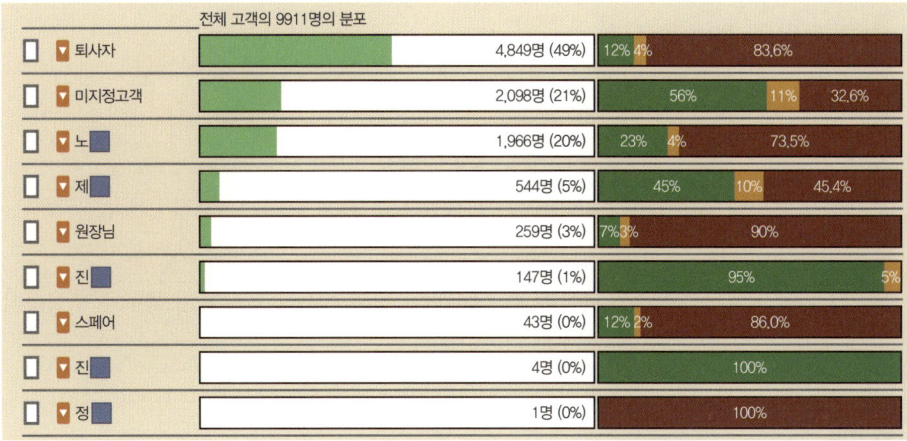

[출처] HAND SOS 고객관리프로그램 예시

직원별 고객 현황은 미용실에 근무하는 직원 1명의 고객 점유율로 미용실의 매출과도 직결되는 중요한 데이터이기도 하지만, 직원들의 근속에 따른 개인 매출 상승에 대한 상담 자료로 사용될 수 있다.

보는 바와 같이 퇴사자와 미지정 고객을 제외하면 노OO 스타일리스트가 1,966명, 20%의 점유율로 가장 높게 나타나 있다.

이처럼 노OO 스타일리스트의 고객 점유율이 높은 이유가 무엇일까?
기술이 좋아서?, 잘 생겨서? 물론 그런 이유를 포함할 수 있겠지만 노OO 스타일리스트는 수원 광교 OO 미용실의 창립 멤버로서 가장 근속 기간이 길고 그만큼 고객과의 두터운 친분과 신뢰에 바탕을 두기 때문에 고객 점유율이 높아진 것이다.

또한, 이미 퇴사한 스타일리스트는 떠나도 고객은 남기 때문에 결과적으로 오래 근무한 스타일리스트일수록 매출이 높다는 것을 알 수 있고, 아직까지도 상당수의 고객들은 자신의 스타일에 맞는 스타일리스트를 지정하지 못한 것을 알 수 있다. 따라서, 스타일리스트의 개인별 매출 상승과 근속 기간은 비례하다는 것을 알 수 있다.

2 뷰티 살롱 STP 전략

❶ STP 전략의 개념과 정의

(1) 사전적 의미

① 시장 변화에 따른 마케팅 전략의 수립 과정이다.

② 마케팅 전략에 있어 가장 기초가 되는 시작점으로, 시장세분화, 목표시장선정, 포지셔닝의 전략수립 과정이다.

③ 시장을 분석해 소비자층을 파악한 후, 진출할 시장을 정하여 조사하고, 제품을 분석하여 시장에 어떻게 어필한 것인가를 정하는 단계이다.

(2) 개념

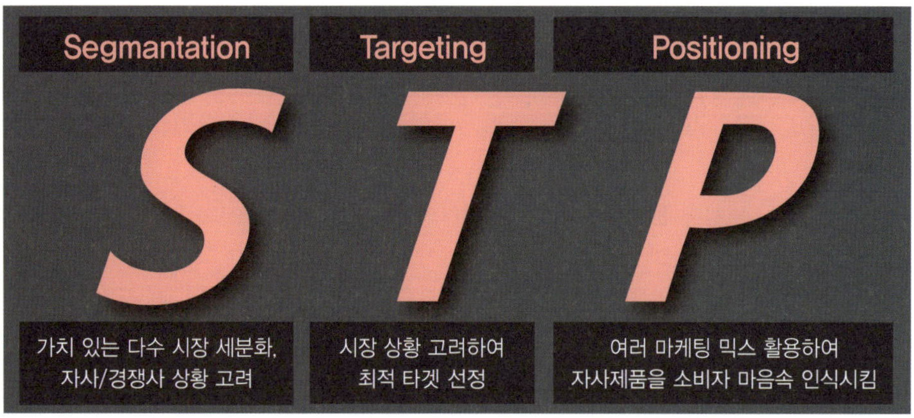

[출처] 브런치 https://brunch.co.kr

❷ 시장 세분화를 위한 4가지 기준

(1) 인구 통계학적 변수(Demographic)

① 소비자들의 성별, 연령, 소득, 직업, 교육 수준에 따라 나뉜다.

② 각 지역이나 국가 단위의 인구 통계를 바탕으로 자사 제품의 강점을 드러내는 소비자 그룹을 확인할 수 있다.

③ 소비자의 욕구가 점점 복잡해지면서 인구 통계학적 기준도 복잡해지고 있다.

> 미용실이나 피부 관리실에 대한 집객은 고객 성별을 기준으로 하고 시술에 의한 객단가는 성별과 연령을 기준으로 잡는다. 만약, 시술 가격이 중요한 변수라면 소득 수준에 따른 시장 세분화가 필요하다.

(2) 지리적 변수(Geographic)

① 뷰티 살롱 기초 마케팅 권역 : 750m

② 남자 걸음 : 10분 이내

③ 여자 걸음 : 15분 이내

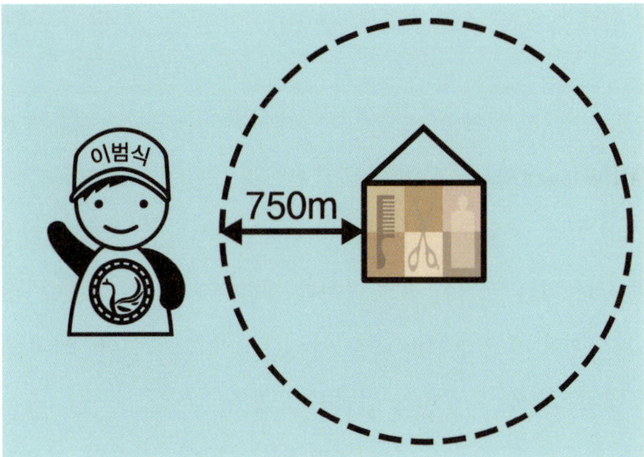

[출처] 이범식의 뷰티경영사관학교/구민사(2014)/이범식, 전소현 저

(3) 심리적 변수(Psychographic)

① 소비자들의 개성, 취미, 라이프 스타일에 따라 시장을 세분화할 수 있다.

② 소비자들의 사고와 생활 방식이 다양해지면서 심리적 변수는 더욱 다양화되고 있다.

③ 소비자들은 다른 사람과 다른 자기만의 독특한 심리적 특징인 개성을 표현하기 때문이다.

밴드 웨건 효과 VS 스놉 효과

※ 밴드웨건 효과(Bandwagon Effect)
어떤 선택을 할 때, 대중적 유행을 따라가는 현상. 정치학에서는 선거운동이나 여론조사에서 우위를 차지한 후보 쪽으로 유권자들이 몰리는 현상을, 경제학에서는 다른 사람의 소비 형태에 몰리는 현상을 말한다. '밴드웨건'은 서부개척시대의 역마차를 가리키는 말로, 축제 등에서 선두에서 행렬을 이끌며 흥을 돋우는 마차나 자동차를 뜻한다. 재화나 상품의 수요와 인기가 높아지면 이런 경향을 따르는 새로운 소비자들로 수요가 증가하는 것을 말한다. 기업에서는 충동구매를 유도하는 마케팅으로 활용하기도 한다.

※ 스놉 효과(Snop Effect)
밴드웨건 효과와 반대되는 현상이다. 스놉 효과는 다른 사람들이 소비를 하면 오히려 그 재화나 상품을 소비하지 않고 차별화를 시도하는 소비 현상을 가리키는 말이다. 현대 사회는 부의 편중으로 인해 소비 행태도 극단적으로 차별화된 모습을 보이고 있다. 대표적인 예로 백화점의 명품관이나 특정 지역에 고급 상점이 위치하는 것 등을 들 수 있다.

[출처] Daum 백과사전

(4) 행동 분석적 변수(Behavioural)

① 제품이나 서비스의 편익, 사용량, 사용 경험, 브랜드 충성도 등에 따라 시장을 세분화할 수 있다.

② 편익이란 제품을 사용하는 고객이 얻는 가치를 말한다.

③ 예를 들어, 치약은 충치 및 치주질환 예방 기능을 추구하는 집단, 미백 기능을 추구하는 집단, 양치 후 상쾌한 맛과 향기를 추구하는 집단이 있을 수 있다.

④ 샴푸는 머릿결을 부드럽게 해주는 기능을 추구하는 집단, 샴푸와 린스의 효과를 동시에 주는 기능을 원하는 집단, 머리에 영향을 주는 기능을 추구하는 집단이 있을 수 있다.

③ 목표 시장의 결정 개요

(1) 타깃팅(Tatgeting) : 선택과 집중

전략	특징	장점 / 단점
차별화	- 다수의 목표 시장 - 다양한 소비자의 니즈에 대응 필요 - 목표 시장별 마케팅 전략 필요	- 세부 시장별 브랜드 보유 - 마케팅 비용 과다 및 수익 저하 우려
비차별화	- 결합된 목표 시장 - MASS MARKET 겨냥 - 보편성이 높은 제품	- 규모의 경제 - 시장 기회가 적음 (설탕, 야채와 같은 생필품에 활용)
집중화	- 단 하나의 목표 시장 - 특정 세부 시장에만 집중 마케팅 - 니치 마켓 개념	- 한정된 자원으로 효율 극대화 - 특정 시장에 거점 확보 - 고객 니즈 변화 시 위험

④ 포지셔닝 맵(Map)

(1) 목표 시장 선택 : Quality(질) / Price(가격)

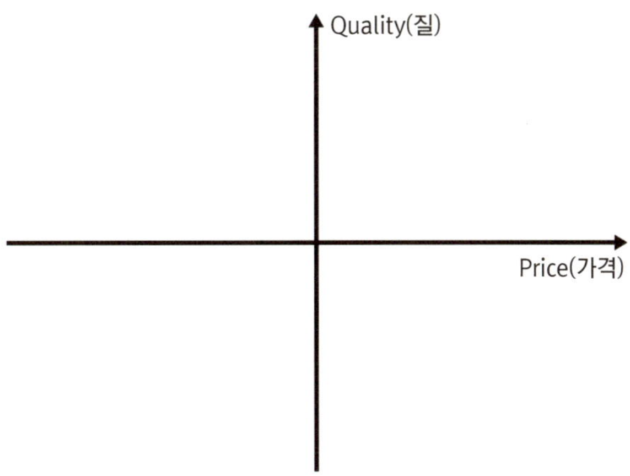

포지셔닝을 설정하기 위해서는 질과 가격의 상관관계를 적절하게 반영하여야 한다. 뷰티 살롱에서의 질은 기술이나 서비스를 포함하여도 된다.

3 빅데이터 고객 동향 분석을 통한 인살롱 마케팅 설계

❶ 뷰티 살롱 고객 분류

(1) 고객의 종류

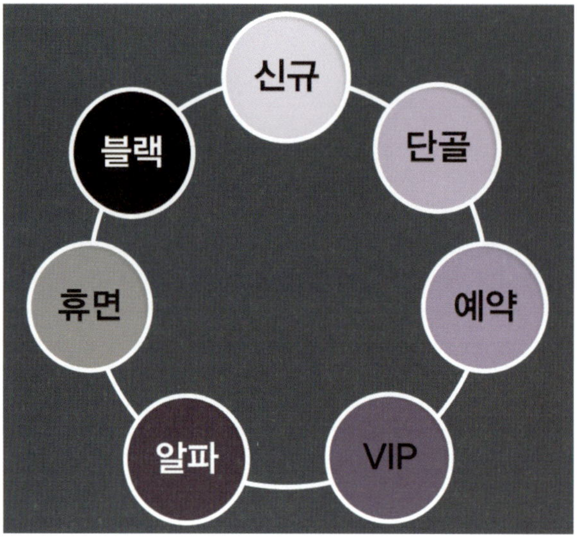

[출처] Daum Cafe: 이범식의 뷰티경영사관학교

(2) 고객 포지셔닝과 인살롱 마케팅

구분	내용
신규	온라인홍보(SNS/블로그), 외부 할인율 공시(Bait), 가격 할인 불가피, 현수막, 자이언트 배너
단골	스타일리스트 개인 역량 강화(표정, 복장, 스타일, 스피치, 기술) 합리적인 객단가, 멤버십 티켓팅, 차별화된 서비스, 리테일
예약	NO SHOW 고객 파악, 예약 중복 시 고객 이탈, 워크인 고객 이탈, 전화 상담 시 주의(가격 문의 및 지명 스타일리스트 등)
VIP	고객 기억, 이전 스타일 기억, 스타일리스트 개인 접대 및 판촉, 프리미엄 세트 메뉴 구성
알파	개인 친분 구성, 추천 및 제안, 소개 고객 증가

구분	내용
휴면	휴면 기간별 차등 할인율 적용(SMS 발송)
블랙	클레임 리스트 작성 및 재발 방지

❷ 빅데이터로 본 NO SHOW 고객

노쇼(No-Show)란 오기로 한 사람이 나타나지 않는 것을 말한다. 기차나 비행기, 레스토랑, 호텔, 공연 등에 좌석을 예약한 후 별도의 취소 통보 없이 나타나지 않는 행위를 이른다. 본래 항공권 예약과 관련해 쓰이던 용어였으나 의미가 확장되어 서비스업 전반에 사용되고 있다.

우리말로는 '예약 부도'라 하며 노쇼를 일삼는 사람들을 '노쇼족'이라 이르기도 한다. 또한 식당에서 예약 시간이 한참 지나서 등장해 자리와 음식을 요구하는 행위는 '애프터(After-show)'라 부른다.

노쇼 현상의 확산은 사회적·경제적 손실을 일으킨다. 서비스 산업은 특정 시기나 시점에 수요가 집중되는 경향이 있다. 예약 제도는 이를 보완하기 위한 것으로 소비자는 대기시간 없이 서비스를 받을 수 있으며, 사업자는 수요 예측을 통해 효율적으로 공급 계획을 세울 수 있다. 그러나 노쇼가 증가할 경우 사업자는 손실을 줄이기 위해 가능한 인원 이상의 예약을 받는 등 역효과가 생길 수 있다.

특히 노쇼는 식당과 같은 개인 사업에서 문제가 되는 경우가 많다. 소비자 입장에서 대체할 업소가 많고 예약금을 내는 관행이 부족하기 때문이다. 일반적으로 음식점은 예약을 기준으로 음식재료를 준비하는데, 오래 보존할 수 있는 공산품과 달리 음식재료는 보관 기간에 한계가 있다. 이런 이유로 노쇼는 손실로 이어진다.

(1) 하루 예약 불이행(NO SHOW) 고객수의 비율

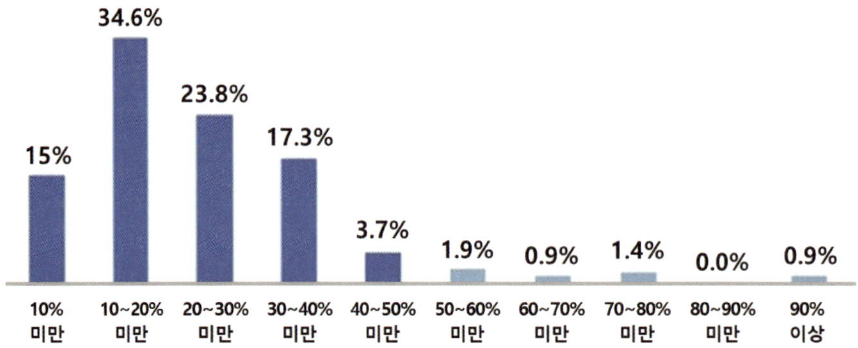

[출처] 한국 서비스 산업 진흥원

(2) 예약 불이행으로 인한 손실 금액(추정)

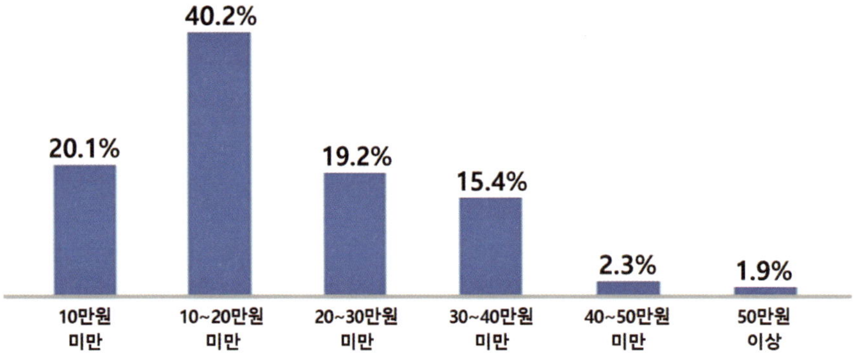

[출처] 한국 서비스 산업 진흥원

(3) 노쇼로 인한 영업 손실

예약 부도율 평균(1일)	노쇼로 인한 영업 손실액(추정)		
	1일	1개월	1년
19.2%	162,000원	4,860,000원	59,130,000원

[출처] 한국 서비스 산업 진흥원

(4) 노쇼 고객 대응 전략

① 전화 응대 시 추가(Extra) 예약 고객 확보

② WALK-IN 고객 응대 멘트 변화

- "뭐 하러 오셨어요?" (X) / "환영합니다. 고객님" (O)

③ 프리미엄 PERFECT 예약제 도입

④ 순차적 예약 확인 전화로 점검

- 1일 전 / 당일 3시간 전

02 실전 문제 풀이

Q1 빅데이터의 구축 과정 중 필요한 데이터를 정의하고, 데이터 수집과 그 정합성을 점검하는 단계는 무엇인가?

① Planning

② Preparing

③ Analyzing

④ Developing

Q2 다음 중 STP 전략이 아닌 것은 무엇인가?

① 세분화

② 목표 시장 선정

③ 포지셔닝

④ SWOT 분석

Q3 다음 중 뷰티 살롱에서 상위 개념의 고객군으로 개인 친분 구성, 추천 및 제안, 소개 고객을 증가시키는 고객군은 누구인가?

① VIP 고객

② 알파 고객

③ 단골 고객

④ 예약 고객

정답

Q1) ② 빅데이터 구축 2단계인 '데이터 준비'단계이다.

Q2) ④ SWOT 분석은 STP 전략에 해당하지 않는다.

Q3) ② 알파 고객은 VIP 고객보다 상위 개념의 고객군이다.

쉬어가는 페이지 01

유통업계 신화창조 월마트 이야기

[출처] 월마트

1. 월마트(WAL MART) 유통업 성공 전략

월마트는 1998년 매출액 1,400억 달러(160조원)로 세계최대의 소매업체이며 GM, 포드에 이어 미국에서 3번째 위치의 대기업이다. 그러나, 큰 기업치고는 그렇게 오랜 역사를 가지고 있지 않다.
월마트는 1962년 미국 Arkansas 소도시에 설립되었다. 창립 5년 후에 월마트 매장은 19개에 불과하였으나 경쟁기업 K-Mart는 이미 250개의 점포를 갖고 있었다. 현재 최대 소매업체로 성장한 월마트의 유통업 성공 비결은 다음과 같이 3가지로 요약할 수 있다.

(1) 뼈를 깎는(Bare-Bone) 저가 정책(Everyday Low-Price)

월마트가 저가 정책을 써서 할인 판매점으로 성공한 것은 모두 다 아는 사실이다. 그러나 그 저가 정책은 그 어떤 기업보다도 철저하다. 월마트는 상품을 구입할 때 중간 도매상을 철저히 배제하고 생산자에게 직접 구매하며 그것도 대량으로 구입하여 구입가격을 대폭적으로 저렴하게 구입한다. 또한 전 세계를 통하여 산지

가격 동향을 체크하여 지구상에서 가장 저렴한 원료를, 인건비가 싼 곳에서 가장 가격 경쟁력을 갖춘 상품으로 매장에 투입한다.
그리고 임대료와 인건비를 절감하기 위하여 대도시 중심지보다는 도시 외곽, 대도시보다는 소도시에 판매장을 설치한다. 또한, 여러 개의 할인판매점이 있는 근처에 소규모의 창고를 두어 물류비용을 절감하고 신속히 배달이 되도록 한다. 또한 상품의 회전율을 높이고 팔리지 않는 상품의 재고 부담을 줄이기 위하여 재고관리의 전산화를 철저히 한다.

월마트는 자신만 전산화하는 것이 아니라 월마트에 판매하는 제조업체까지 전산화하여 월마트에서 어떤 제품이 얼마나 팔리고 재고가 얼마나 있는지 즉시 파악할 수 있게 하여 적시에 적량을 생산 · 공급할 수 있도록 한다. 이를 완성하기 위하여 월마트는 전용 인공위성을 3개나 소유할 정도이다.

월마트는 기본적으로 가격 파괴의 기업 문화를 심는다. 또한 앞서 말한 대로 최대 매출을 이루는 기업이며 월마트의 회장 Sam Walton은 미국에서도 손꼽히는 부자이다. 그러나 월마트는 Arkansas라는 이름도 없는 소도시의 허름한 구식건물에 본사를 두고 있다. 아마도 대부분 이 정도의 이익이 나는 미국 기업이라면 대도시와 중심지에 세운 화려한 빌딩에 본사를 두고 그 위용을 뽐낼 것이다.
그러나, Walton은 지금도 구식 포드 픽업트럭을 손수 운전하고 값싼 식당에서 식사를 하며 평범한 이발소에서 이발을 한다. 즉, 저가로 파는 할인 판매점에서는 모든 것을 절약하여야 살아남을 수 있다는 것을 손수 보여주는 것이다.
'자기는 미국의 갑부라고 하여 최고급 자동차에 최고급 식당에서 식사를 하며 자기 직원들에게 회사 돈을 아끼라고 훈시한다면 그 말이 사원들에게 먹혀 들어갈 것인가?' 를 반문하고 있다.

(2) 틈새(Niche) 시장 공략

시장을 선점하는 월마트가 소도시에 점포를 열었던 이유는 토지, 건물 등 점포가격이 저렴하고 인건비가 낮은 이유도 있지만 다른 경쟁자가 소홀히 하고 있었던 틈새(Niche) 시장에 과감하게 진출하려고 한 것이다.
1960년대 K마트는 5만 평 이하의 소도시에는 진출하지 않았던 반면 월마트는 5천명 이하의 소도시에도 진출하여 그 시장을 완전히 석권하였다. 대도시 진출 시에도 도시 중심지보다는 외곽지역을 공략하여 출혈 경쟁을 피하고 시장을 선점하려는 전략을 펼쳤다.

(3) 인간 중시 경영 사원 양성

인간 중시 경영사원은 동업자를 의미한다. 월마트에서는 회사 사원을 직원(clerk) 이라고 부르지 않고 associate 즉, '동업자' 또는 '친구' 라고 불렀다.

창업자 Walton씨는 작고하기 수년 전까지도 매년 전국의 판매점을 순회하면서 판매사원에게 지시하기보다는 그들로부터 의견을 청취하였고 그것을 경영에 적극 반영하였다.

미국의 갑부인 자기 회사의 회장이 자기를 친구라고 부르며 자기의 말을 경청할 때 그 직원의 사기가 얼마나 올라 갈 것인가? 월마트에서 구축하고 있는 동반체제의 핵심은 이익 공유, 장려 보너스, 주식할인 매입계획 등 인센티브 제도와 발전적 조직문화 구축에 있다.

1960년대 초 미국 유통업계에는 종업원의 물품 빼돌리기가 매출액의 10%가 넘었다고 한다. 이 같은 상황 속에서도 월마트는 동료들과 함께 즐길 수 있는 조직 문화를 구축했다. 경영자가 직원을 다루는 방식이 곧 바로 직원들이 고객을 대하는 방식이 된다는 사실에 기초한 것이다. 월마트에 대한 미국인들의 애착은 가족적인 편안한 분위기에서 비롯됐다는 데 아직도 이견이 없다.

Chapter

03 빅데이터를 통해 본 역사 속 위기관리 능력과 방안

1 빅데이터로 본 역사 속 위기의 반복

❶ 역사적 경제 위기의 반복과 극복 사례

① 1907년 미국 주가 폭락 → 1908년 포드 대량생산체제 도입

② 1945년 2차 세계대전 종료 → 1945년 컴퓨터 원형 모델 등장

③ 1979년 2차 오일 쇼크 → 1980년 소니 워크맨 개발

④ 1997~1998년 아시아 외환위기 → 1998년 미국 구글 설립

⑤ 2000년 IT 버블 붕괴 → 2001년 애플 아이팟 개발

❷ 불황기 빅데이터 소비 패턴 키워드

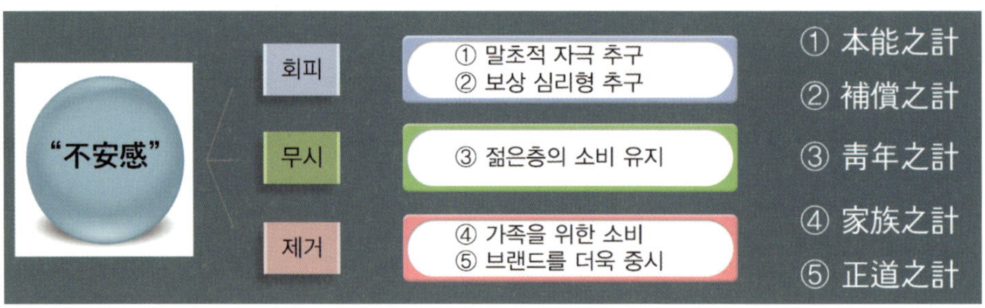

[출처] 네이버 트렌드 ‘빅데이터 불황기 소비패턴 키워드

❸ 핀란드의 어제와 오늘

(1) 과거 : 노키아

① 1865년 핀란드에서 프레드릭 이데스탐 설립

② 1992년 통신 사업에 집중하면서 휴대폰 시장의 선두 기업으로 진출

③ 2010년 휴대폰 분야 세계 시장 점유율 1위

④ 2011년 애플, 삼성, LG전자의 추격 영업으로 하락세, 스마트폰에 밀림

⑤ 2012년 무선 모뎀 사업부 일본 회사에 매각

⑥ 2014년 일부 계열사 도산 위기

[출처] 노키아

(2) 현재 : 앵그리 버드

① '앵그리 버드' 스마트폰 모바일 게임 출시

② 게임, 캐릭터, 영화 사업으로 영역 확장

③ 2003년 노키아가 주최했던 모바일 게임 개발 대회에서 우승한 3명의 청년이 설립

④ 전 세계 모바일 어플리케이션 다운로드 1위

[출처] 앵그리 버드

❹ 빅데이터 성공 키워드 : 패러다임의 전환

(1) 핵심

스마트 시대를 이끄는 변화는 기술보다는 인식의 변화이며, 방향성의 변화이다.

(2) 매너리즘과 소수의 기득권 극복

안주의 순간 / 소수의 기득권 → 쇠락의 출발점

⊕ 한 줄 요약

"역사를 잊은 민족에게 미래는 없다."

[출처] 산하의 오역 : 단재 신채호 선생님

2 AI 시대를 맞는 뷰티 산업과 빅데이터 접근법

❶ 달라진 빅데이터 접근법과 패러다임의 변화

(1) 기존 방식 vs 빅데이터 접근법

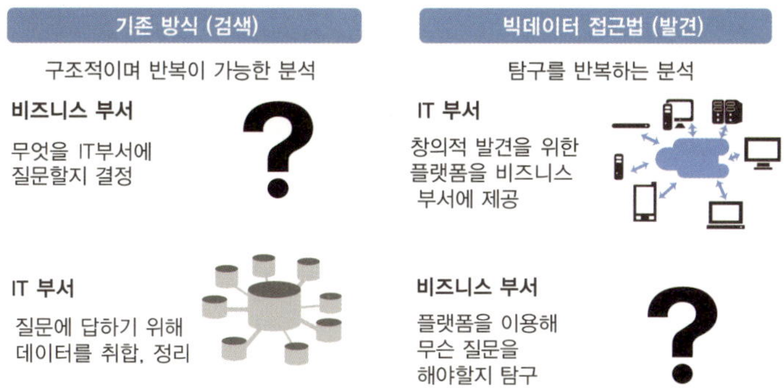

[출처] 국립중앙과학관 : 빅데이터 과학관

(2) 의사 결정을 위한 빅데이터 처리 Flow

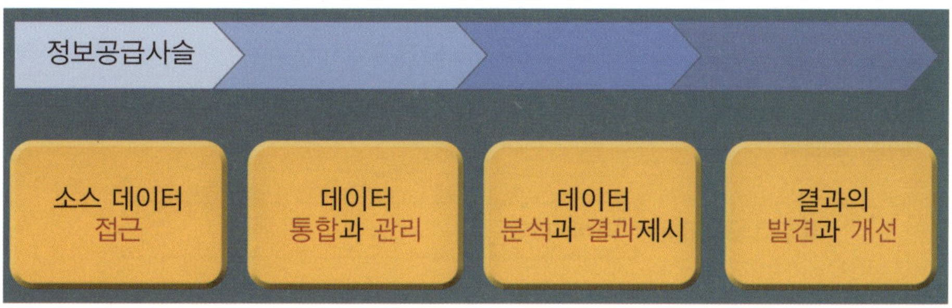

[출처] 국립중앙과학관 : 빅데이터 과학관

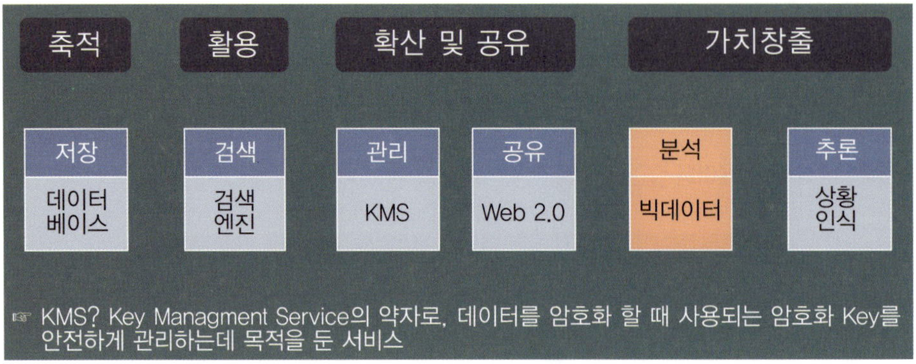

[출처] 국립중앙과학관 : 빅데이터 과학관

❷ 실전 빅데이터 트렌드 분석 실습

(1) 포털 사이트 검색어 등록 : 데이터 랩

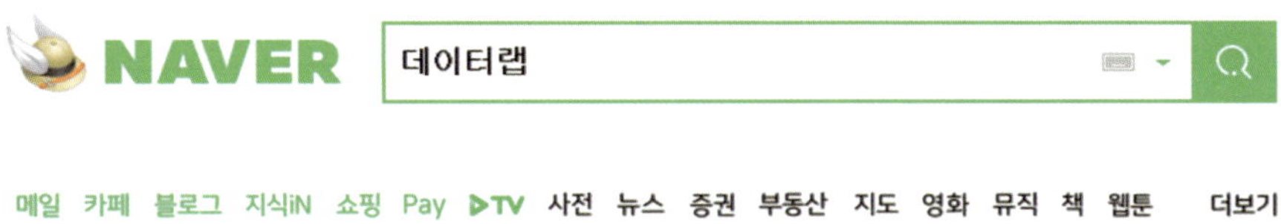

[출처] 네이버 데이터 랩

(2) 데이터 랩 클릭

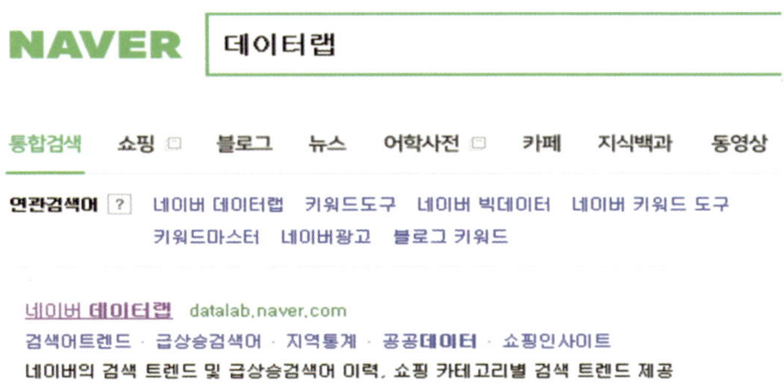

[출처] 네이버 데이터 랩

(3) 데이터 랩 입장

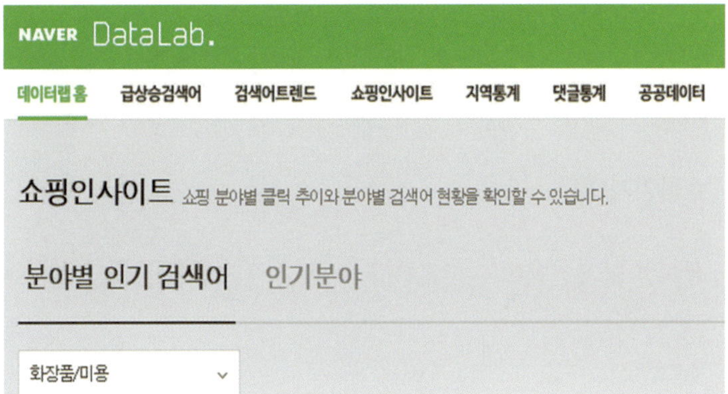

[출처] 네이버 데이터 랩

(4) 기간별 데이터 랩 확인

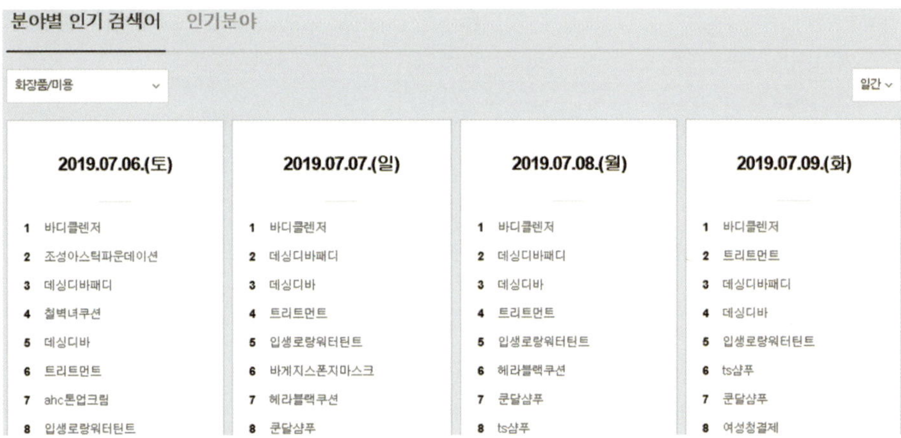

[출처] 네이버 데이터 랩

(5) 상위 키워드 클릭

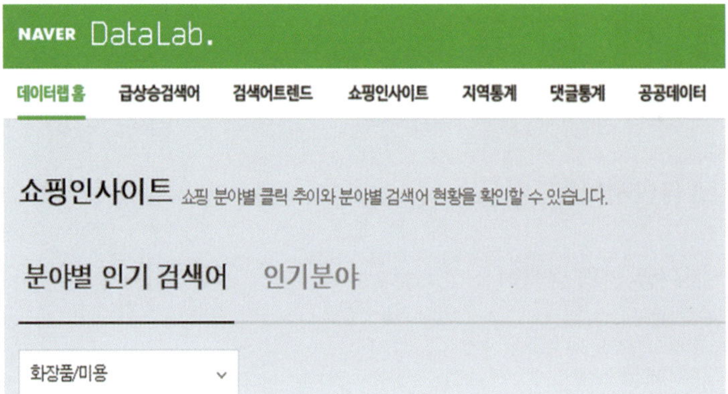

[출처] 네이버 데이터 랩

(6) 주제어 선정

[출처] 네이버 데이터 랩

(7) 주제어 등록

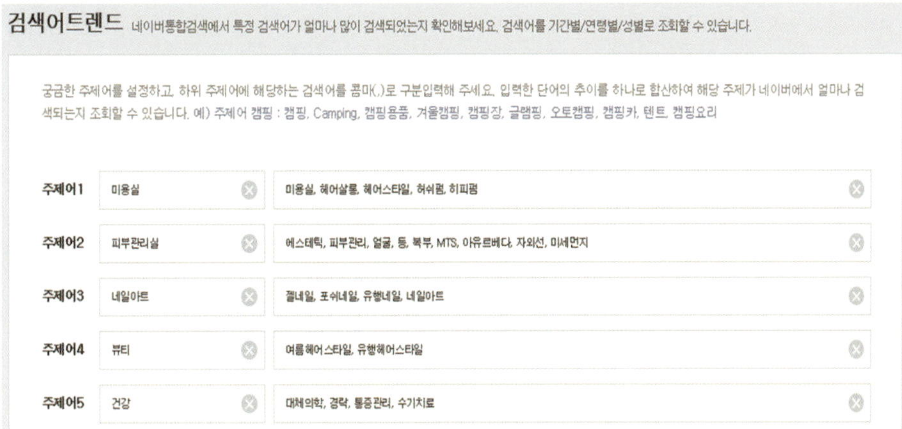

[출처] 네이버 데이터 랩

(8) 관심 세부 사항 등록

[출처] 네이버 데이터 랩

(9) 결과 확인

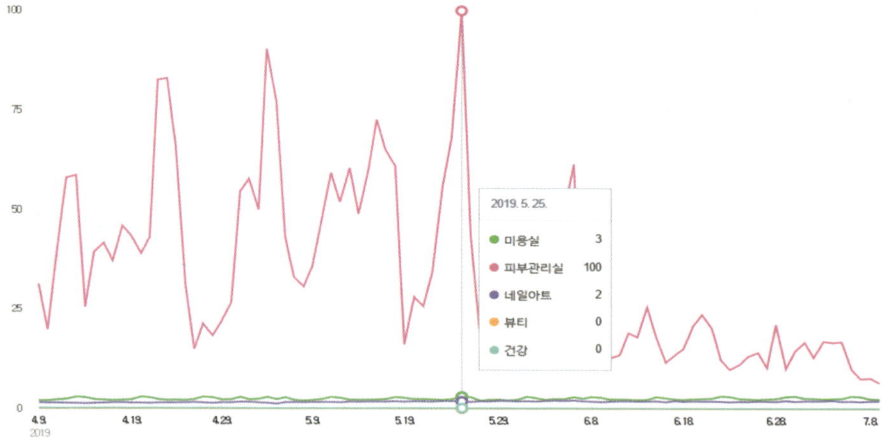

[출처] 네이버 데이터 랩

3 블루오션 전략과 빅데이터 블루오션 시프트

❶ 블루오션 전략의 개념

(1) 블루오션 전략 vs 블루오션 시프트

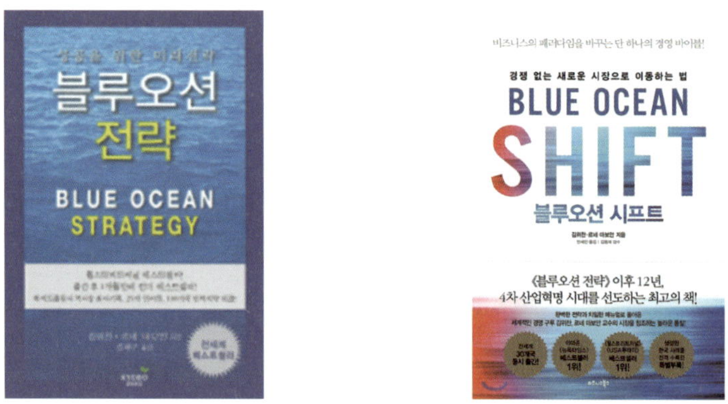

[출처] 블루오션전략 / 블루오션 시프트 : 김위찬, 르네 마보안 / 비즈니스북스

(2) 블루오션 전략의 개념

① 기업으로 하여금 경쟁이 무의미한 비경쟁시장 공간을 창출함으로써 유혈 경쟁의 레드오션을 깨고 나올 수 있는 새로운 기회에 도전하게 한다.

② 즉, 경쟁자를 벤치마킹하거나 줄어드는 수요를 경쟁업체와 나누는 대신, 수요를 늘리고 경쟁으로부터 벗어나는 전략을 말한다.

(3) 레드오션 전략과 블루오션 전략 비교

레드오션 전략	블루오션 전략
기존 시장 공간 안에서 경쟁	경쟁자가 없는 새 시장 공간 창출
경쟁에서 이겨야 한다.	경쟁을 무의미하게 만든다.
기존 수요시장 공략	새 수요창출 및 장악
가치-비용 가운데 택일	가치-비용 동시 추구
차별화나 저비용 가운데 하나를 택해 회사 전체 활동 체계를 정렬	차별화와 저비용을 동시에 추구하도록 회사 전체 활동 체계를 정렬

[출처] 블루오션전략 : 김위찬, 르네 마보안 / 비즈니스북스

(4) 블루오션 전략의 3가지 특성

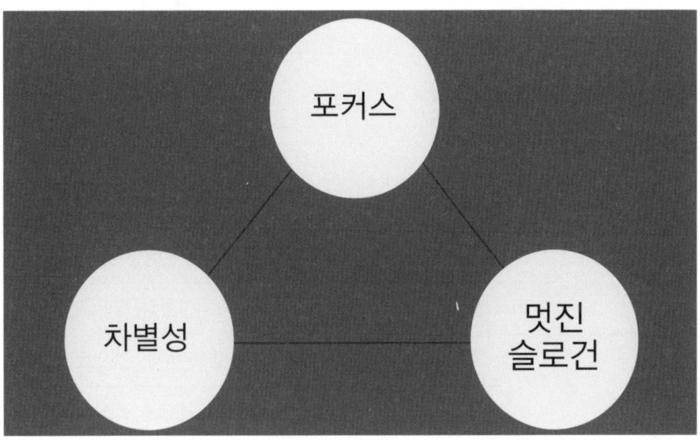

[출처] 블루오션전략 : 김위찬, 르네 마보안 / 비즈니스북스

❷ 블루오션 전략 특성과 뷰티 살롱 컨버전스

(1) 블루오션 전략의 3가지 특성

① 포커스 : 고객수 증가, 객단가 향상, 이윤 추구, 다점포 살롱 운영

② 차별성 : 환경 친화적 제품 사용, 편리성을 추구한 기능성 인테리어, 디자이너 평가프로그램, 능력급제 급여 컨설팅

③ 멋진 슬로건 : "암모니아와 전자파가 없는 환경 친화적 제품만을 사용하는 기업형 웰빙 살롱"

(2) 블루오션 ERRC

Eliminate(제거)	Raise(증가)
- Staff 배제 - 암모니아 시술 제품 - 전자파가 많은 시술 기기 - 프로의식이 결여된 직원들의 직업관 - 비판 없는 'ME TOO' 마케팅	- 환경 친화적 SIP/제품 - 전자파 Free 기기 - 머천다이징 프로그램/기업적 사고 - 시스템에 의한 팀워크 - 마케팅 비용/재정 및 금융 지식
Reduce(감소)	**Create(창조)**
- 개인기 위주의 미용사 지명 및 단골제 - 생산성을 고려하지 않은 인센티브 급여제 - 고질적인 이직률 - 원장의 권위주의적 살롱 운영	- 체계적인 디자이너 평가 프로그램 - PPH/PPG를 고려한 능력급제 급여 컨설팅 - 전문화된 제품 지식 - 자발적인 리테일 판매 방법

(3) 업종별 블루오션 전략 성공 사례

기업	업종	전략
시르크 뒤 솔레이유	서커스	동물묘기/스타 곡예사 제거/세련된 관람 환경
옐로 테일	와인	저가 와인 생산/대중 친숙성
사우스 웨스트 항공사	항공사	신속한 티켓팅/자동차 여행 경비에 맞춘 저렴한 항공료
스타벅스	커피전문점	친환경/직원 교육
커브스	헬스클럽	차별화(여성고객으로만 한정)
렉서스	자동차	품질/디자인 우수/동급 대비 가격 저렴

기업	업종	전략
GM	자동차	구조조정
QB하우스	이용업	속도/가격/STAFF 배제
아방	보디샵	셀프 관리/저렴한 관리 비용
SWATCH	시계	정밀 상품 → 감성 상품 전환
로레알	화장품	감성 상품 → 기능 상품 전화
NYPD	경찰	킹핀에 의한 직원 관리

(4) 블루오션 시프트 추진을 위한 5단계 실행법

단계	실행	Tool
Step 1	"시작한다."	데이터 PMS 지도
Step 2	"지금 당신이 어디에 있는지를 이해한다."	데이터 전략 캔버스
Step 3	"어디에 도달할 수 있는지를 상상해 본다."	구매자 효용성 지도
Step 4	"그곳에 도달하는 방법을 찾는다."	경로 프레임 워크
Step 5	"실행한다."	피드백

(5) 블루오션 시프트의 핵심

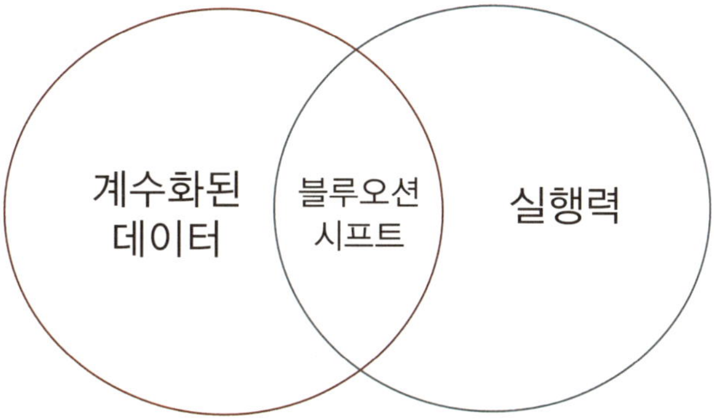

[출처] 블루오션 시프트 : 김위찬, 르네 마보안 / 비즈니스북스

03 실전 문제 풀이

Q1 1979년 세계 2차 오일 쇼크의 위기를 탈출할 수 있었던 역사적 극복 모멘텀은 무엇인가?

① 포드의 대량 생산 시스템

② 컴퓨터의 원형 모델 등장

③ 일본의 소니 워크맨 개발

④ 뉴딜 정책

Q2 뉴욕 경찰서(NYPD)에서 적용한 적은 인원을 통한 강력한 직원 관리 블루오션 시스템은 무엇인가?

① 인재 경영

② 킹핀의 원리

③ 어항 경영

④ 마이크로 경영

Q3 블루오션보다 진보된 개념의 전략으로 계수화된 수치와 실행력을 강조하는 전략은 무엇인가?

① 레드오션 전략

② 바이올렛오션 전략

③ 블랙오션 전략

④ 블루오션 시프트

정답

Q1) ③ 1980년 일본의 소니 워크맨 개발로 2차 오일 쇼크에 관한 돌파구를 찾을 수 있었다.

Q2) ② 뉴욕 경찰의 블루오션 직원관리 시스템 이론은 킹핀의 원리이다.

Q3) ④ 블루오션 시프트에 관한 설명이다.

Chapter

04 SMART 목표 관리법과 빅데이터 활용

1 SMART 목표 관리법

❶ SMART 목표 관리법의 개념

(1) SMART 목표 관리법

① 조지 도란(George T Doran) : 1981년 "There's S.M.A.R.T way to write Management goals and objective" 그의 논문에서 처음 제기

[출처] 21세기를 향한 비전과 리더십/이원섭

(2) SMART 목표 관리법의 내용

SMART	내용
S	구체적이고 명확해야 한다.
M	정량적으로 측정 가능해야 한다.
A	행동 중심적으로 성취 가능해야 한다.
R	현실적이고 타당해야 한다.
T	적절한 시간을 설정해야 한다.

2 뷰티 살롱 목표 설정 실태

(1) OO 미용실의 목표 설정

<table>
<tr><th>SMART 목표 설정(O)</th><th>SMART 목표 설정(X)</th></tr>
<tr><td rowspan="12">조금 더 고객님 입장에서 생각하고, 불편한 점이 있으신 거 같으면 먼저 캐치해서 불편하시냐고 말씀드리고 챙겨드린다.

다음번에 오시게 되면 그 점 불편해 하시기 때문에 조심한다고 말하고 내용을 기억한다.

나 역시 고객님한테 기억될 수 있도록 복장과 스타일에 신경쓰고 멘트도 친절하고 부드럽게 상냥하게 하겠다.</td><td>고객의 말을 주의 깊게 경청하며 특별한 고객이라는 인식을 심어 좀 더 고객과 신뢰를 쌓는데 노력하겠다.</td></tr>
<tr><td>진심으로 다가가는 디자이너가 되어 재방문 고객이 많도록 노력하겠다.</td></tr>
<tr><td>고객님이 서비스 만족에 최고라고 느낄 만큼 좀 더 신경 쓰는 서비스를 제공하겠다.</td></tr>
<tr><td>일주년 이벤트도 진행하기에 꾸준히 찾아주신 고객에게 감사하는 마음으로 일하고 고객님과 즐거운 분위기로 일할 수 있도록 노력하겠다.</td></tr>
<tr><td>고객님들께 더욱 더 친절하게 서비스 하도록 하겠다.</td></tr>
<tr><td>고객님 한 분 한 분 다 기억하고 고객의 말을 주의 깊게 듣겠다.</td></tr>
<tr><td>몸도 마음도 힘들지만 겉으로 티내지 않고 고객님들을 항상 웃는 얼굴로 맞이하겠다.</td></tr>
<tr><td>전문가로 색다른 스타일을 추천하고 매출 증대에 힘쓰겠다.</td></tr>
<tr><td>항상 웃는 모습으로 고객님들에게 대하겠다.</td></tr>
<tr><td>스타일에 조금 더 신경 써서 어린 티 안 나게 열심히 잘하겠다.</td></tr>
<tr><td>고객님들께 웃는 모습으로 고객님 한 분 한 분 기억하도록 노력하겠다.</td></tr>
<tr><td>네!! 초심을 지켜내겠습니다.</td></tr>
</table>

SMART 목표 설정(O)	SMART 목표 설정(X)
	고객님의 얼굴과 분위기를 기억해 거기 맞게 대화를 이어가 만족도를 높이겠다.
	항상 밝은 미소로 고객님을 반기며 제가 할 수 있는 모든 서비스를 최선을 다해 해드리겠다.
	마지막까지 최선을 다 하겠다.
	고객님들께 항상 웃으며 고객님들을 한 분 한 분 기억하도록 하겠다.
	저의 장점인 발랄함과 쾌활함을 밀어서 고객님께도 항상 미소를 잃지 않겠다. 언제 어느 때 방문하셔도 늘 한결같은 마음과 미소로 응대하겠다.
	항상 웃으며 고객님께 먼저 다가가겠다. 자주 오시는 분들 한 분 한 분 다 기억하도록 노력하겠고, 미소를 잃지 않겠다.

[출처] 이범식의 뷰티경영사관학교

위의 표는 연말이나 연초 혹은 전 직원 팀워크 향상을 위한 워크숍을 진행할 때 보였던 실제 OO미용실에서의 직원들의 목표 관리법에 대해 직원 스스로가 작성한 글이다.

저마다의 포부가 느껴지고 사뭇 비장하기까지 하지만 SMART 목표 관리법과 비교해보면 실현 가능성이 거의 없다. 구체적인 동기가 없으며, 적량적인 부분이나 시간과 관련된 기간 설정은 하나도 없이 감성적으로 작성된 것을 한 눈에 알 수 있다. 정말 충격적인 것은 직원들의 목표 관리를 하나하나 서면으로 받아본 원장님은 눈시울까지 붉히며 직원들에게 감동까지 받았다. 이것이 뷰티 살롱의 현실이며, 구체적이고 명확한 동기유발과 실현 계획이 없이 계속해서 모호한 감성팔이식 실현 가능성이 전혀 없는 목표 설정과 관리가 아직까지 만연되고 있는 것이 현실이다.

그래서 벤치마킹을 통해 보다 구체적으로 SMART 목표 관리법을 설명하기 위해 힙합가수 도끼의 사례를 들고자 한다.

❸ 힙합 가수 도끼의 SMART 목표 관리법

(1) 2015 도끼의 SMART 목표 관리법

SMART	내용
S	Specific : "BMW I8 완전 멋지다." "BMW에서 2015년에 출시된 BMW I8 무슨 수를 써서라도 2015년 안에 꼭 내 것으로 만든다."
M	Measurable : "차 가격이 1억 9,850만 원이라~" "나의 고정 수익은 음원이고 유동 수익은 공연이니 공연을 더 뛰어야겠다."
A	Accepted : "일단은 일시불로 9,850만 원을 내고 나머지는 3년 할부로" "1억을 3년으로 쪼개면 1년에 3,333만 원, 그렇다면 월에 277만 원"
R	Reasonable : "프로듀싱이 더 메리트가 있다." "공연은 체력과 시간에 대한 한계가 있기 때문에 신인 힙합 가수의 프로듀싱에 당분간은 올인해야 겠다."
T	Time-bounded : "1억으로 6개월 안에 내 것으로 만들자." "2015년이 8개월 밖에 남지 않았으니, 일단은 한 달에 천만 원씩을 저축하자."

[출처] 텐 아시아

[BMW 18]

[출처] https://pixabay.com/images/id-1070251/

2 MBO 개념과 적용

❶ MBO의 개념과 원리

(1) MBO(Management By Object)의 개념

① 목표 관리. 직원에게 업무목표만을 지시하고 그 달성 방법은 직원에게 맡기는 관리방법

② 한걸음 더 나아가 목표 설정까지도 직원에게 맡기는 경우도 있음

③ 어느 경우든지 관리자는 명령하지 않고 직원의 자주적 결정에 필요한 정보를 주며 직원 상호간의 조정을 하게 함

④ 조직의 거대화에 따른 직원의 무기력화를 방지하고 근로 의욕을 향상시키는 관리방법

(2) MBO(Management By Object)의 등장 배경

① MBO는 전통적인 관료제적 조직 관리의 한계성을 극복하는 데 역점을 둔다.

② 계급제를 기반으로 형성된 관료제는 최고 관리층의 집권화된 권위를 중시한다.

③ 따라서 조직의 기본 목표뿐만 아니라 하위목표, 세부목표까지도 최고관리층에서 결정되며 이렇게 결정된 목표는 지시나 명령과 같은 상의하달적 의사 전달 수단을 통하여 하위 계층에 시달된다.

④ 하위 계층은 상부의 지시, 명령에 복종하며 이러한 일련의 과정을 거쳐 조직의 의사자가 집행된다. 즉, 조직의 목표가 수행된다.

(3) MBO(Management By Object)의 의의

① 각 경영자가 산출한 결과는 그들이 기업의 성공에 기여한 공헌에 따라 평가한다.

② 장인 의식(Workmanship)을 최고로 발휘하려는 동기와 각 계층의 경영자로서 기업의 공동 목표 달성에 기여한다는 일관된 지향 모두를 실현한다.

③ 각각의 직무가 기업 전체의 목표에 초점을 맞춰야 한다.

④ 기업 전체의 목표에 초점을 두고 공동의 목표를 향하여 집중하도록 하는 것이다.

❷ MBO 방해 요소

(1) MBO에 관한 오해

① 야망으로서의 목표 관리

- 목표 관리는 과감한 목표를 설정하고 사람들이 더욱 열정적으로 일하도록 만드는 것이다.

② 이념뿐인 목표 관리

- 목표 관리는 목표 설정과 관리를 통해 운영한다는 추상적인 원리일 뿐 구체적인 방식에 대해서는 별로 말할 것이 없다.

③ 도구로써의 목표 관리

- 목표 관리는 목표의 구조(전체 목표-부분 목표-부서 목표-개인 목표)를 잘 짜서 운영하는 경영도구이다.
- 기업 전체의 목표에 초점을 두고 공동의 목표를 향하여 집중하도록 하는 것이다.

(2) MBO를 방해하는 기업 조건

① 조직 규모의 복잡성

- 복잡한 것은 소음과 혼선의 주범이다.

② 계층 구조의 복잡성

- 사람이 많을수록 시간과 노력이 더 든다.

③ 사업 범위의 확장성

- 새로운 문제, 새로운 위기가 닥친다.

④ 다양한 가치관과 특성을 가진 구성원

- 조정과 통합을 위한 부담이 크다.

(3) MBO의 가정

① 인간은 자신이 어떤 기대를 받는가를 알고 싶어 한다.

② 인간은 자신에게 영향을 미치는 의사결정에 참여하고 싶어 한다.

③ 인간은 자신이 무엇을 하고 있는가를 알고 싶어 한다.

3 MBO의 핵심 요소와 어항 경영

(1) MBO의 핵심 요소

① 합의에 의한 목표 설정

– 조직의 목표 설정은 최고 관리층에 의하여 집권적으로 이루어지는 것이 아니라 상사와 하위 계층 관리자 사이의 합의에 의한다.

– 각 계층의 목표 설정은 상사에 의하여 일방적으로 이루어지는 것이 아니라 상사와 부하 사이의 소통과 양방향적인 교감에 의한다. 목표 설정 과정은 기획 또는 계획 과정이라 할 수 있다.

② 주기적인 성과 평가

– 목표 달성 시한을 설정하고 주기적으로 성과를 평가한다.

– 목표 달성 시한은 주로 단기적(3개월, 6개월, 1년 등)으로 정한다.

– 성과 측정은 관리자의 목표 달성도(성과/목표)를 중심으로 이루어진다. 즉, 효과성이 평가의 주된 관심사가 된다.

③ 환류(Feedback)

– 평가에 그치지 않고 그 결과는 환류되어 차기의 목표 설정과 프로그램 운영에 대한 투입이 된다.

(2) 긍정적 환류 vs. 부정적 환류

긍정적(Positive) 환류	부정적(Negative) 환류
성과에 대한 긍정적 평가에 근거하며 지금까지의 프로그램 운영에 대한 청신호로 작용한다. 긍정적 환류는 목표 수정, 즉 목표의 상향 조정으로 이어질 수 있다.	성과에 대한 부정적 평가에 근거하는 것으로 시정 조치를 요구하는 적신호로 작용된다. 이때는 목표 수정이 아니라 원래 합의된 목표로 향한 진로 수정을 요구하는 신호가 작동된다. 즉, 부정적 환류는 계획된 진로로부터의 이탈을 방지하는 통제 메커니즘 기능을 수행한다.

[출처] 피터 드러커의 경영의 원점(이재규 저/사과나무)

(3) 어항 경영의 조건과 원리

조건	원리
1. 어항은 유리로 만들어진다. 2. 어항은 만드는 사람의 생각에 따라 다양한 크기와 모양으로 만들 수 있다. 3. 어항은 어느 각도에서 그것을 관찰하든지 그 속을 매우 투명하고 분명하게 들여다 볼 수 있다.	경영자는 기업 경영의 모든 부분에서 어항과 같이 투명함과 공정함을 유지할 필요가 있다. 그렇게 함으로써 조직 전체 구성원들의 주목과 관심 아래 스스로 권한 남용과 같은 과실을 방지하고 나아가 자기 성찰을 통해 원활한 리더십을 유지할 수 있다.

[출처] 블루오션전략(김위찬, 르네 마보안)

(4) 어항 경영이 직원들의 행동과 태도에 미치는 영향

구분	영향
전략 수립 과정	공정한 절차(참여, 설명, 기대의 명확성)
태도	신뢰와 참여("내 의견이 중시된다.")
행동	자발적 협조("의무적 업무 이상을 한다.")
전략 실행	기대 목표 초과(자발적 행동)

[출처] 블루오션전략(김위찬, 르네 마보안)

3 거버넌스(Governance)와 융복합의 개념

❶ 거버넌스의 유래

Governance는 steer(키를 잡다, 조종하다)를 뜻하는 그리스어 Kubernáo에서 나온 말로, 이를 비유적 의미로 최초로 사용한 이는 고대 그리스 철학자 플라톤(Platon,B.C.427~B.C.347)이다.

오늘날과 비슷한 의미로 이 단어를 영어에서 최초로 사용한 것은 1885년 영국 역사가 찰스 플러머(Charles Plummer, 1851~1927)가 쓴 「영국의 거버넌스(The Governance of England)」지만, 본격적으로 유행하게 된 것은 1990년대에 UN, IMF, 세계은행(World Bank) 등과 같은 국제기구들에 의해서였다.

❷ 거버넌스의 개념

Governance는 사회 내 다양한 기관이 자율성을 지니면서 함께 국정운영에 참여하는 변화 통치 방식을 말하며, 다양한 행위자가 통치에 참여·협력하는 점을 강조해 '협치(協治)'라고도 한다.

오늘날의 행정이 시장화, 분권화, 네트워크화, 기업화, 국제화를 지향하고 있기 때문에 기존의 행정 이외에 민간 부문과 시민사회를 포함하는 다양한 구성원 사이의 소통과 네트워크를 강조한다는 점에서 대두되었다.

❸ 융복합의 개념

여러 기술이나 성능이 하나로 융합되거나 합쳐지는 것이다. 하나의 사업주체가 아닌 2개 이상의 업체, 관련 단체들의 이익, 발전을 모아 시너지 효과를 발생시키는 사업을 융복합사업이다. 가령 바이오기술과 식품산업이 연결된 제품개발에 있어 융복합사업으로 볼 수 있다. 또한 통신기술과 전자 기술이 결합된 스마트폰도 융복합사업으로 이루어진 제품으로 볼 수 있다.

❹ 빅데이터를 활용한 인살롱 SMART 목표 설정

[출처] Daum cafe : 이범식의 뷰티경영사관학교

SMART 목표를 설정하기 위해서는 먼저 뷰티 살롱에서의 인적자원관리를 정량적 측면의 규정 관리와 정성적 측면의 직원 관리로 영역을 세분화하여 플로(Flow)를 작성한다.

(1) SMART 목표 설정을 위한 뷰티 살롱 업무 Flow(1) : 재무관리

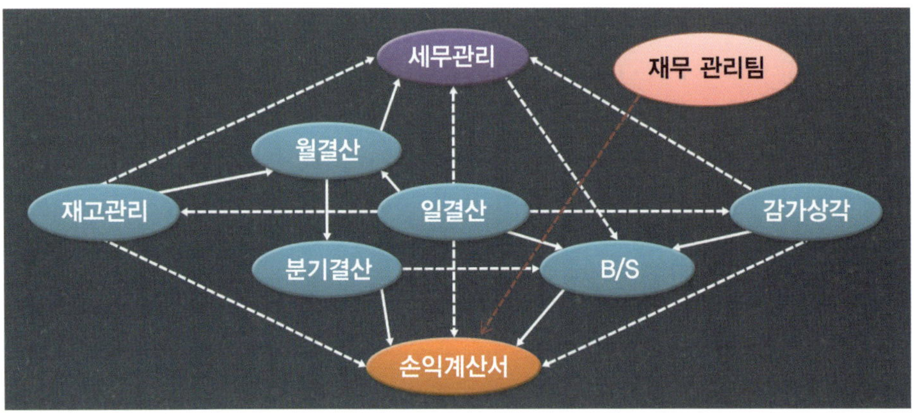

[출처] Daum cafe : 이범식의 뷰티경영사관학교

재무관리는 SMART 목표 설정에 있어 굉장히 중요한 부분이기 때문에 재고관리, 월 결산, 분기결산, 감가상각 등 손익 계산서를 사전에 분류하고 철저하게 파악하는 것이 중요하다.

5 MBO 적용과 인센티브 성과 측정

(1) 사전 면담을 통한 개인별 성향 인지

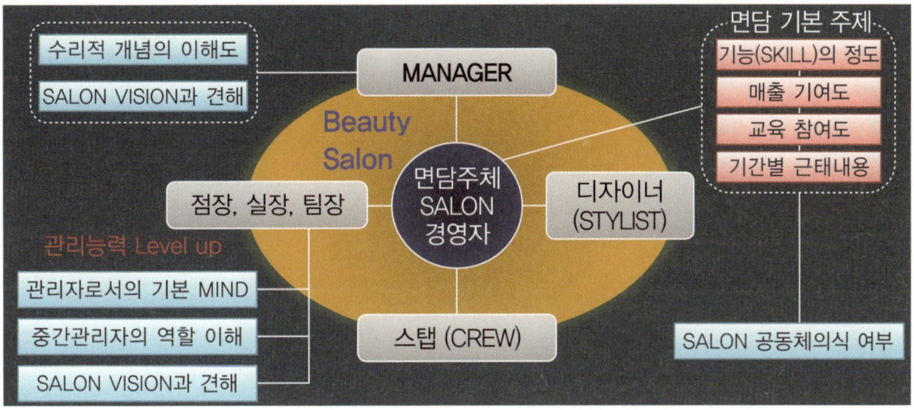

[출처] Daum cafe : 이범식의 뷰티경영사관학교

MBO 도입준비 시기에 근무 중인 전 직원 및 입사 예정인 직원을 대상으로 집중적인 1:1개별 면담을 실시하여 각 개인의 개별적 성향과 장단점, 조직문화 참여 의지, 인내력, 목표의식 등을 심도 있게 평가한다.

(2) MBO 목표 적용을 위한 사전 질의

① 개인적으로 자신의 현재 일이나 미래 계획에 대한 목표 의식이 뚜렷한가?

② 공동체의 일원으로서 합리적이고 적극적인 사고를 지니고 생활하는가?

③ 개인의 목표 달성을 위해 평소 어떤 노력을 하고 있는가?

④ Salon 내에서 개인주의나 이기주의 성향이 지나치지 않는가?

(3) 직원 개개인의 목표 의식 형성 여부 파악에 따른 필터링(Filtering)

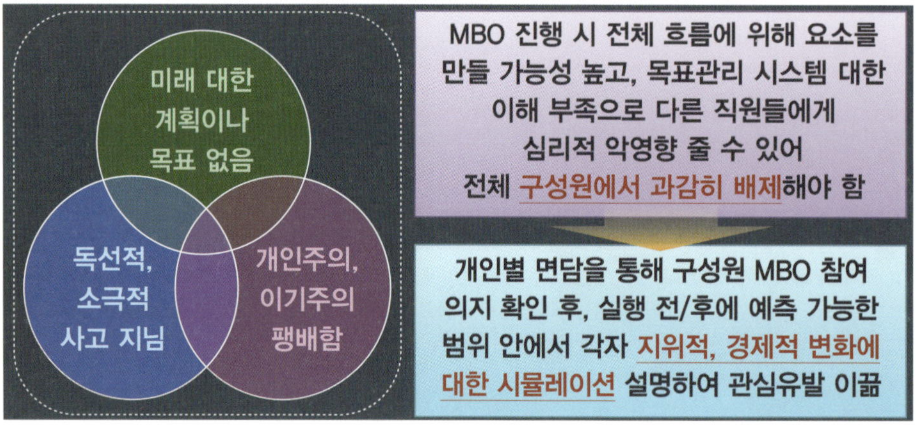

[출처] Daum cafe : 이범식의 뷰티경영사관학교

① MBO진행 시 전체 흐름에 위해 요소를 만들 가능성이 높고, 목표관리 시스템에 대한 이해 부족으로 다른 직원들에게 심리적 악영향을 줄 수 있으므로 전체 구성원에서 과감히 배제하여야 한다.

② 개인별 면담을 통해 구성원의 MBO 참여의지를 확인한 후 실행 전과 실행 후에 대한 예측 가능한 범위 안에서의 각자의 자위적, 경제적 변화에 대한 시뮬레이션(Simulation)을 설명하여 관심 유발을 이끌어낸다.

(4) MBO 기본 학습 개념과 인센티브 적용

복잡하고 포괄적인 MBO의 개념보다는 Salon에서 응용 가능하거나 현재 실행 중인 규정들을 알기 쉽도록 Action plan(행동계획) 위주로 재구성한 살롱 MBO의 개념을 설명한다.

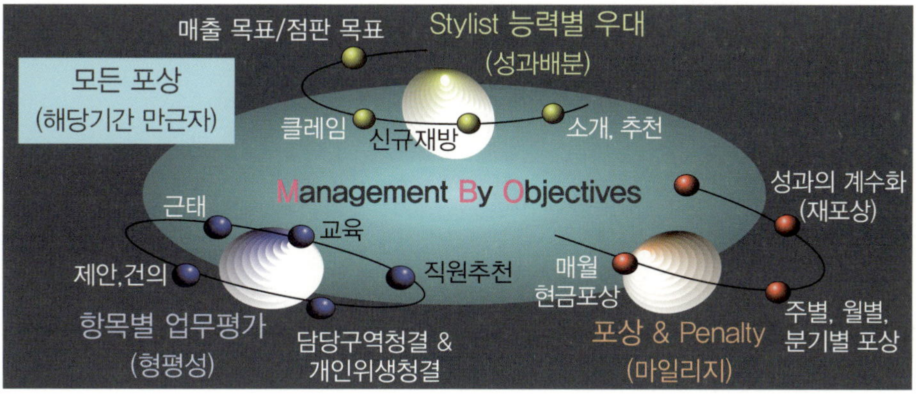

[출처] Daum cafe : 이범식의 뷰티경영사관학교

04 실전 문제 풀이

Q1 SMART 목표 관리법을 처음 제기한 사람은 누구인가?

① 조지 도란

② 베블런

③ 피터 드러커

④ 사무엘슨

Q2 목표 관리법 중의 하나로 직원에게 업무 목표만을 지시하고 그 달성 방법은 직원에게 자발적으로 맡기는 관리 방법은 무엇인가?

① SMART

② STP

③ MARKETING MIX 4P

④ MBO

Q3 사회 내 다양한 기관이 자율성을 지니면서 함께 국정 운영에 참여하는 변화 통치 방식은 무엇인가?

① 데이터 마이닝

② 유비쿼터스

③ 가버넌스

④ SWOT

정답

Q1) ① 1981년 조지 도란이 그의 논문에서 처음 제기하였다.

Q2) ④ MBO에 관한 설명이다.

Q3) ③ 가버넌스에 관한 설명이다.

쉬어가는 페이지 02

INNER BEAUTY의 중요성 '헤디 라마'

[출처] 헤디 라마

뷰티 산업은 이제 외적인 부분의 영역을 넘어 이너 뷰티에 대한 관심까지 폭넓게 발전해 왔다. 겉모습의 화려한 스타일링뿐만 아니라 이너 뷰티를 기초로 한 건강미 또한 미(美)의 기준으로 대두되고 있다.

따라서 유산균, 비타민, 오메가 3 등을 함유한 다양한 이너뷰티 제품들이 개발되고 있으며, 소비 또한 꾸준한 증가세를 보인다.

헤디 라마(Hedy Lamarr, 1913년11월 9일~2000년 1월 19일)는 오스트리아 출신의 미국 배우이자 발명가이며, 본명은 헤드비히 에바 마리아 키슬러(독일어 : Hedwig Eva Maria Kiesler)이다. 흔히 스마트폰의 핵심 기술인 'CDMA 기술'의 개발자로 알려져 있다.

헤디 라마는 자신의 가장 자신 있는 얼굴을 부각시킬 수 있는 당시만 해도 파격적인 5:5 가르마를 선보이며 헤어스타일을 선도하는 등 배우들 중에서도 단연 패셔니스타로서의 면모를 유감없이 발휘하며, 여성들의 워너비 현상을 부추기기도 하였다.

[출처] 비비안 리

명작 '바람과 함께 사라지다' 의 비비안 리는 헤디 라마를 롤 모델로 꼽으며 그녀의 헤어스타일을 따라 하기도 하였다.

한편 헤디 라마는 그의 업적이나 영화에 있어서의 인지도는 연기력에 비해 그리 널리 알려지지 않았다. 굳이 그녀의 대표작을 꼽자면 '삼손과 데릴라' 정도가 전부이다.

'삼손과 데릴라' 는 성경에 바탕을 둔 고전 영화로 삼손을 타락시키고 마지막에야 삼손의 진실된 사랑을 깨닫는 비운의 데릴라 역으로 얼굴을 알렸다. 하지만 그녀의 화려한 은막의 삶 뒤에 따르는 업적인 발명가로서의 삶은 잘 알지 못하고 있다.

그녀가 전성기를 구가하던 세계 제2차 대전 당시에는 여성과 남성에 관한 차별이 심했는데 그 중에서도 헤디 라마는 그녀의 화려한 외모에 가려 그녀의 위대한 업적인 발명품은 지금까지도 크게 부각되지 못하고 있다.

인류의 발전에 공헌한 이들을 기리기 위한 발명의 날은 국가별로 차이가 있는데 독일에서는 헤디 라마의 생일을 기념하여 발명의 날(11월 9일)로 지정하고 있다.

제2차 세계대전이 시작될 무렵, 미국의 민간인과 어린 아이를 태운 여객선이 독일의 잠수함에 의해 격침당하는 안타까운 사실을 접하고는 헤디 라마와 작곡가 조지 안실은 연합군 어뢰의 무선 유도 체계를 개발했다.

이 체계는 대역 확산과 주파수 도약 기술을 사용하여 추축국의 전파 방해 위협을 극복했다.

미 해군은 1960년대까지 이 기술을 채택하지 않았지만, 그들의 작업 원리는 현대의 와이파이, CDMA 및 블루투스 기술에 통합되어 왔으며, 이 작업으로 인해 2014년 국립 발명가 명예의 전당에 올랐다.

외모와 연기력으로도 손색없는 외적인 아름다움의 헤디 라마와 내적인 이너 뷰티의 아름다움이 더해진 불후의 예술작이 와이파이로 부활하여 지금까지도 인류에게 사랑받고 있는 것이다.

Chapter

05 빅데이터와 날씨 마케팅

1 기상 정보의 중요 및 날씨 마케팅과 영향

❶ 날씨 정보의 중요성

① 현대 사회의 산업 분야에서 날씨는 과거와 마찬가지로 많은 영향을 주고 있음

② 한국기상산업진흥원에 따르면 세계경제의 80%는 날씨의 직·간접적인 영향을 받고 있음

– 이 중 날씨의 직접적인 영향을 받는 비중도 GDP의 10% 이상 차지함

③ 특히, 농업, 관광업, 어업, 항공운송업 등과 같은 산업 분야에서는 날씨 정보가 전체적인 생산이나 매출을 좌우함

❷ 날씨 마케팅이란

(1) 날씨 마케팅의 개념

① 일반적으로 소비 동향은 날씨에 좌우되는 경향이 강함

② 날씨가 좋을 때는 소비활동이 활발하게 이루어지고, 반대로 악천후의 경우에는 소비 활동이 둔해짐

③ 유난히 더위가 심한 해에는 에어컨이나 아이스크림, 청량음료 등의 수요가 늘고, 겨울이 길고 날이 추우면 보온에 필요한 의류나 난방용 유류의 수요가 늘어남

④ 날씨와 소비의 관계는 상당히 밀접한 관계가 있음

⑤ 일반적으로 마케팅에서는 기상 정보를 바탕으로 판매, 재고관리, 생산, 주력 상품이나 출입하는 고객의 수 등과 같은 부분을 예상하고자 함

⑥ 의류 생산업체나 놀이공원, 농업, 식품 유통업, 가전제품 제조업체들이 주로 이용하고 있음

⑦ 미국 시카고 선물 거래소는 미래의 날씨를 예측해 투자함으로써 돈을 벌 수 있는 '날씨 파생상품'을 상장시킬 정도로 날씨 마케팅이 널리 파급되어 있음

(2) 날씨 컨설턴트의 개념

① 국내 산업의 약 70% 정도가 날씨와 연관된 직종이라는 통계 결과가 있음. 그러나, 기상청에서 알려주는 날씨 정보는 지역의 범위가 넓고, 기상정보를 활용하고자 하는 기업이나 개인의 요구에 따라 맞춤형으로 기상 정보를 제공하지는 않음

② 날씨 정보를 활용하는 기업은 특정한 장소와 시간에 비가 오는지의 여부에서부터 바람의 방향과 속도, 기온과 습도, 하늘의 상태 등 다양한 정보를 콕 집어주는 '포인트 예보'가 필요함

③ 심지어는 기상예보를 기업의 특수성에 맞게 분석하고 판매 전략을 짜는 사람들이 필요한데 이것이 바로 '날씨 컨설턴트'가 등장하게 된 이유임

(3) 소비 동향 영향 요인

경기 요인	30
날씨 요인	70

(4) 패션과 날씨의 영향

① 제일모직의 트레디셔널 캐주얼 브랜드, 빈폴은 '기후대책 특별부서'를 조직함

② 기후 대책 특별부서는 기온, 강수량, 날씨와의 연관성을 고려해서 2019년 여름상품부터 2020년 겨울상품까지 기획

③ 기후 분석 중, 2020년 초에 한파가 예상된다는 분석이 있어서 점퍼, 아우터, 외투 등의 생산량을 늘리고 축열, 발열 기능의 특수소재 개발에도 더욱 신경 씀

④ 실제 겨울 제품 생산에 기상 정보 회사로부터 최종 피드백을 받고 다운, 패딩 등을 추가 공급

2 날씨 빅데이터를 활용한 기업들

❶ Cargill의 넥스트 필드

[출처] Cargill

카길(Cargill)은 우리나라에서는 생소한 이름이지만 전 세계 70여 개국에 14만여 명의 직원을 두고 있는 150년된 농·산업 기업이다. 우리나라에서도 1956년 지사를 세우고 사업을 운영하고 있다.

- 카길은 전통적으로 농업 분야에 속해있는 기업인만큼 날씨의 중요성을 인식하고 1975년부터 사내에 기상학자를 고용하여 자체적인 날씨 예측 능력을 갖춤
- 빅데이터 예측 능력을 통한 날씨 변화로 인한 리스크를 줄이고 효율성을 높임
- 소금 사업의 경우 눈보라와 같은 기상 변화를 예측하여 눈보라가 예상되는 지역에 제설용 소금을 미리 공급
- 식품 분야에서는 온도 변화에 따라 산란계의 사료 배합을 적절히 조절하여 품질 높은 달걀을 생산
- 자체적인 날씨 빅데이터를 활용하여 각기 다른 환경에 있는 농업인들에게 최적화된 비료나 종자를 추천하고 농업 계획을 수립

❷ IBM의 Green Horizons

[출처] IBM

IBM은 그들이 가진 빅데이터, 사물 인터넷(Iot) 기술과 인공지능 왓슨(Watson)을 접목하여 중국 징진지 지역의 미세먼지를 예측하고 저감하도록 하는 Green Horizons 프로젝트를 수행함

- Green Horizons 프로젝트를 통해 초미세먼지의 수준을 25% 이하로 낮춤
- IBM은 기상 위성, 교통 카메라를 통해 대기오염물질의 확산 방향이나 분산 정도 등을 수집 및 분석하여 짧게는 3일에서 길게는 10일까지의 기상 상태를 거의 정확하게 예측하고 있음

❸ SPC의 파리바게뜨

PARIS BAGUETTE

[출처] 파리바게뜨

최근 5년 간의 기상관측 자료, 10억 건 이상의 상품 판매 자료를 분석한 빅데이터를 통해 소비 패턴을 트래킹함

- 비가 오면 피자빵, 소시지빵 같은 따뜻한 조리 빵이 잘 팔리고, 온도가 1도 내려갈수록 호빵의 매출이 늘지만 너무 추운 영하의 온도에서는 다시 호빵 매출이 줄어든다는 것을 알아냄

3 국내의 빅데이터 날씨 마케팅 현황

❶ 날씨 마케팅 정보와 실태

기상청에 따르면 우리나라의 2013년 기상 장비 산업이 1,013억 원의 매출 실적을 달성한 반면, 예보나 컨설팅 같은 서비스 분야의 매출은 77.9억 원에 불과한 것으로 나타남

아직까지 날씨 정보를 콘텐츠로 제작하거나 컨설팅 하는 산업 분야는 충분히 성장하지 못한 것으로 집계

❷ 날씨 경영 인증제도

기상청에서는 이러한 산업 분야의 확장을 위해 '날씨 경영 인증제도'를 운영

날씨 경영 인증제도는 기상 정보를 가공하여 마케팅 전략 수립, 매출 향상 등 경영 활동 중에 부가가치를 창출한 기업에게 상을 부여하는 제도

❸ ㈜종가집 vs 기상 기후 빅데이터 강원 포럼

㈜종가집 등 총 13개 기업과 기관들이 '날씨 경영 인증기관'으로 선정

㈜종가집은 김치를 비롯한 신선 식품을 다루기 때문에 배추 구입에 큰 비용이 소비됨. 이에 각 부서별 기상 예보에 관심을 갖고 모니터링을 하는 등 날씨 경영으로 궂은 날씨에 대비하여 손해를 줄일 수 있었음

강원도 창조경제혁신센터 내에 '기상 기후 빅데이터 강원 포럼'을 출범하여 다른 산업 분야와 날씨 정보의 접목을 도모

4 빅데이터로 본 국내 기후와 변화

❶ 국내 기후

우리나라는 중위도에 위치하여 냉·온대 기후가 나타남

기후 요소별로 살펴보면 기온의 연교차가 큰 대륙성 기후, 강수량이 비교적 풍부한 습윤 기후, 계절에 따라 풍향이 바뀌는 계절풍 기후가 나타남

계절에 따라 영향을 미치는 기단과 태양 고도 및 일사량 차이 등으로 사계절이 뚜렷한 기후가 나타남

❷ 빅데이터로 본 평균 기온과 강수량

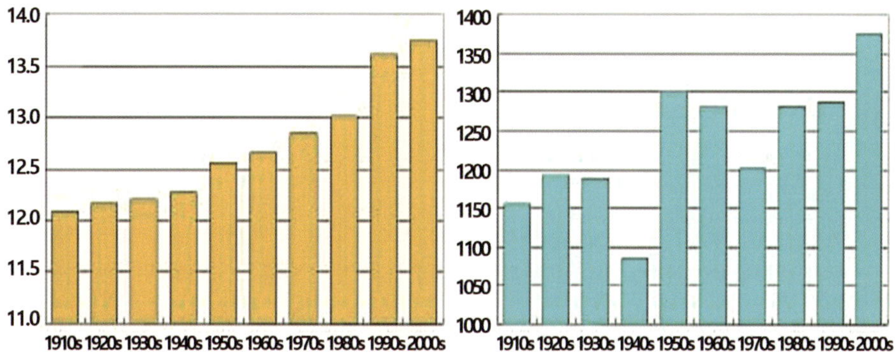

[출처] 1912년~2008년 평균 기온(좌)과 평균 강수량(우) / 국립기상과학원

❸ 교토 의정서

1997년 일본 교토에서 개최된 기후 변화협약으로, 제3차 당사국 총회에서 채택되고 2005년 2월 16일 공식 발효된 지구 온난화의 규제와 방지를 위한 기후 변화협약의 구체적 이행 방안

지구 온난화를 유도하는 온실가스는 이산화탄소, 메탄, 아산화질소, 불화탄소, 수소화불화탄소, 불화유황 등 6가지로 배출량을 감축해야 하며, 배출량을 줄이지 않는 국가에 대해서는 비관세 장벽을 적용하게 됨

의무이행 당사국의 온실가스 감축 이행 시 신축성을 허용하기 위하여 배출권거래, 공동이행, 청정개발체제 등의 제도를 도입하고 있음

5 계절별 기후 변화와 모발 손상

❶ 계절별 기후 변화

구분	고객걱정(모발손상)	상대습도	가전기기	화학시술	RETAIL
봄	황사, 미세먼지	보통	에어워시	커트, 염색 스캘프	기능성샴푸/칼라픽스
여름	자외선, 습도	높음	제습기 에어컨	펌, 하이라이트	수분 에센스
가을	환절기	낮음	바이오 매트	클리닉, 스캘프	유분 에센스/ 기능성샴푸
겨울	정전기	낮음	가습기	열펌, 클리닉	유분 에센스/ 마스크 팩

[출처] 기후 변화와 환경의 미래 / 이승은, 고문현

❷ 여름과 자외선

① 7월과 8월은 1년 중 자외선이 가장 강한 달

– 해당 시기에 자외선에 과도하게 노출되면 홍조(주사), 색소 침착(기미, 주근깨, 검버섯, 다크서클), 광노화, 광과민 질환(햇빛알레르기), 알레르기 접촉피부염 등과 같은 질환에 노출될 위험이 높음

② 무더운 날씨에 피지 분비량이 증가하고 건조한 에어컨 바람으로 피부 속 수분이 줄면서 여드름과 같은 여러 피부 트러블과 모발 손상이 유발되기 쉬움

③ 자외선은 정오를 기준으로 2~3시간 전후에 가장 강력하므로 여름철에는 해당 시간대 외출을 가급적 자제

④ 외출 후 귀가해서는 시원한 물로 샤워를 해 피부 온도를 낮춰주는 것이 좋음

⑤ 무엇보다 여름철 피부 보호하는 지름길은 자외선 차단제(선크림)를 꼼꼼하게 발라주는 것임

– 선크림은 외출 전 20~30분 전에 바르도록 하며 2~3시간이 지나면 다시 한 번 발라줌

– 또한, 모발 전문 클리닉과 외출 시에 헤어 케어 에센스를 함께 발라주면 난반사 효과를 통해 모발 보호 기능을 함

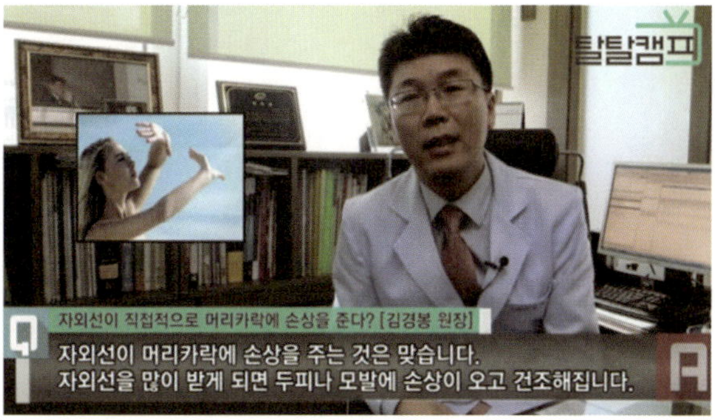

[출처] 탈탈 캠프

⑥ 자외선을 많이 받게 되면 두피도 손상, 겉에 많은 면적을 차지하고 있는 모발도 손상이 되면서 건조해짐

⑦ 지루성 두피염이 있는 경우 두피 염증이 악화되어 지루성 두피염이 더욱 심해질 수도 있음

⑧ 얼굴, 피부에만 뾰루지가 올라오는 것이 아니라 두피에도 문제를 일으킬 위험 요소가 많음

⑨ 자외선이 단백질인 케라틴층을 파괴해 모발을 손상 유발

⑩ 장시간 자외선에 노출되게 되면 살아있는 성장기 모발을 휴지기 모발(죽은 모발)로 전환시킴

⑪ 휴지기 모발의 수가 많아지면 자라지 않는 모발의 수가 늘어나는 것으로 탈모 진행

3 자외선의 특성과 관리

(1) UV-A

① 흐린 날이나 맑은 날이나 지표면에 도달하는 양이 거의 비슷

② 일상생활 중 노출 빈도가 가장 많아 생활 자외선이라고 불림

③ 에너지의 강도가 세지는 않지만 피부 노화와 주름 촉진

④ 자외선 A의 차단지수를 나타낸 것 : PA(+1~4)

(2) UV-B

① 일광 화상을 일으키는 주범으로 햇볕이 강한 날 주로 7, 8월에 강한 지수를 나타냄

② 강한 열을 가지고 있기 때문에 햇빛으로 인한 피부 손상에 매우 큰 영향을 미침

③ 모발손상, 기미, 주근깨, 일광화상 발생

④ 자외선 B의 차단지수를 나타낸 것 : SPF(1~50)

❹ 피서지 모발 손상 원인

피서지	손상원인	해결
바다	염화나트륨 외 광물질	Before / After clinic
워터 파크	Cl	After clinic
계곡	음이온	헤어에센스/ 보습제

[출처] 기후 변화와 환경의 미래 / 이승은, 고문현

6 미세 먼지가 피부에 미치는 악영향

❶ 피부 트러블

미세먼지의 입자는 사람의 모공 크기보다 작음. 따라서 미세먼지가 심각한 날 피부가 노출되면 1개의 모공에 2배 이상의 미세먼지가 침투하여 피부 호흡이 원활하게 되지 않을 수 있음

미세먼지는 피지발생, 각종 트러블을 유발하여 미세먼지가 심각한 날에는 각별히 클렌징에 신경 쓰고 말끔하게 해주는 것이 중요함

② 색소 질환

미세먼지에는 PHA라는 발암 물질이 들어 있음. 해당 발암물질은 기미, 잡티와 같은 각종 색소 질환을 증가시킴

자외선이 심각한 날에만 자외선 차단제를 바르는 것이 중요한 것 아님! 미세먼지나, 자외선으로 인한 색소 질환을 예방하려면 자외선 차단제 꼼꼼하게 바르는 것이 중요함

③ 피부 노화

미세먼지는 노화를 일으키는 활성화 산소를 생성하고 정상 세포를 손상시켜 콜라겐 생성을 감소시키기 때문에 직접적인 피부 노화를 유발

미세먼지는 피부를 건조하게 만들기 때문에 세안 후 마스크 팩을 통한 영양과 수분을 충분히 공급해주는 것이 중요함

④ 탈모

피부만큼이나 중요하고 예민한 것이 바로 두피

- 미세 먼지는 모공을 막고 두피에 달라붙게 되면 피부처럼 호흡이 원활하지 않아 노화를 진행시킴. 또한, 모발이 점점 얇아지고 탈모현상이 나타나기 때문에 미세먼지는 탈모까지 일으킬 수 있음. 지루성피부염이 있는 분들이라면 미세먼지까지 뒤엉켜 염증과 가려움증을 악화시킬 수 있기에 두피 스케일링을 통한 관리를 해주는 것이 중요함

7 미세 먼지로 달라진 기업 전략

❶ CESCO

세스코는 해충을 잡는 회사에서 미세먼지로부터 청정한 공기 정화를 위한 세스코 에어로 전환하며 기존의 주 업무와 병행하고 있음

[출처] CESCO

❷ ETIQA

- Etiquette(에티켓) + Air(공기)
- 모델(신민아)의 밝고 건강함, 고급스러움이 브랜드 이미지와 부합
- PM2.5 이하 초미세먼지 차단
- H13급 고성능 헤파필터 적용
- 화이트, 블랙, 네이비, 그레이, 와인, 그린, 베이지 등 8컬러 구성

[출처] ETIQA

8 날씨 마케팅 관련 빅데이터 활용 사례 및 전설

❶ SEVEN ELEVEN

[출처] SEVEN ELEVEN

① 빅데이터를 이용해 날씨 경영에 적용함

– 추울 때는 어묵을 더울 때는 시원한 음료를 늘려 재고를 줄이고 영업 손실을 감소하여 편의점 업계의 강자로 부상하였음

[출처] SEVEN ELEVEN / 스즈키 도시후미 회장

· 날씨를 연구하여 편의점 업계에 성공 신화를 남김

· 특이한 이력 : NO 창업자, NO 재벌, NO 창업2세, NO 전문 경영인

② 화식열전

① 중국의 역사서 '사기'를 지은 사마천이 사기의 맨 마지막 편에 소개한 것

② 중국 부자 상공인 152명의 부자가 된 공통점 소개

세상의 이치를 아는 사람이 인간의 이치를 알고 돈의 '이치'를 안다고 하였음

→ 여기서 말한 세상의 이치는 날씨와 결코 무관하지 않다.

[출처] 사마천의 화식열전/2000년 전의 비밀. 부를 이룬 사람들/우승택 저/참글세상

05 실전 문제 풀이

Q1 다음 내용이 설명하는 기업은 어디인가?

> 자신들이 가진 빅데이터, 사물인터넷(Iot) 기술과 인공지능 왓슨(Watson)을 접목하여 중국 징진지 지역의 미세 먼지를 예측하고 저감하도록 하는 Green Horizons 프로젝트를 수행하는 기업이다.

① HP　② APPLE

③ GOOGLE　④ IBM

Q2 자외선 A의 차단 지수를 나타내는 것은 무엇인가?

① SPF　② PA

③ NMF　④ STP

Q3 미세먼지가 피부에 미치는 직접적인 악영향이 아닌 것은 무엇인가?

① 피부 노화　② 봉와직염

③ 탈모　④ 색소 질환

정답

Q1) ④ IBM에 관한 설명이다.

Q2) ② 'PA 지수(++++)'로 표시된다.

Q3) ② 봉와직염과는 직접적인 관련이 없다.

Chapter

06 고객 분류와 VVIP 마케팅 창출 전략

1 빅데이터에 의한 고객군 분류

❶ 빅데이터에 의한 연구 논문 사례

미용실 상위 10% 고객군의 과시 소비 성향이 중, 하위 고객군 미용 서비스 구매 형태에 미치는 영향 : 베블린 효과를 중심으로

The Effects of Beauty Salon VVIP Customer The Propensity of Conspicuous Consume for Public Customer Purchase Type
: Focused on Veblen Effects

웨스트민스터신학대학원대학교
사회문화교육학 보건미용교육전공 박사과정
이 범 식

[출처] 미용실 상위 10% 고객군의 과시 소비 성향이 중, 하위 고객군 미용 서비스 구매 형태에 미치는 영향 : 이범식

실제 논문 계획서 작성과 과정을 통해 통계에 의한 객관적으로 빅데이터로 고객군을 분류하였다.

(1) 연구 배경

경쟁 미용실들의 증가와 장기적인 불황에 따른 일반 고객들의 소비 패턴 변화를 파악하고 상대적으로 미용 수요에 있어 가격이 탄력적인 상위 매출군 VVIP고객의 니즈와 과시소비성향을 마케팅에 반영하여 미용실 1인당 객단가 향상과 고객 재방문율 증가를 통해 미용실의 생산성과 수익성을 극대화 하고자 함

(2) 연구 목적

① 미용실 전체 고객 중 상위 매출 20% 이내의 VVIP 고객들의 미용실 선정 기준과 1년간 방문 횟수, 평균 객단가는 전체 매출 대비해 점유율이 얼마나 되는가?

② 2진급 일반 고객들의 재방문과 서비스 시술이 VVIP 소비 패턴에 영향을 주며 미용사의 상담과 심리적 내적 속성이 매개 역할에 관한 변인에도 영향을 미치는가?

③ 미용실 상위 매출 10% 이내의 VVIP 고객들의 과시소비성향은 미용사들의 기술력, 접객 서비스, 스타일 등 미용사들의 내적 요인에도 영향을 미치는가?

(3) 연구 범위 및 설계

<table>
<tr><th>조사 방법</th><td colspan="2">정량 조사(Quantitative Survey)</td></tr>
<tr><th>자료 수집 방법</th><td colspan="2">On-line Survey</td></tr>
<tr><th>지역적 범위</th><td colspan="2">수원광교 ○○미용실, 인천송도○○미용실, 성남분당 ○○미용실</td></tr>
<tr><th>조사 대상</th><td colspan="2">2017.01.01.~2017.12.31.까지 방문한 모든 고객</td></tr>
<tr><th rowspan="7">표본 구성</th><td colspan="2">1,000명</td></tr>
<tr><th>연령</th><th>응답자(단위 : 명)</th></tr>
<tr><td>20~29세</td><td>250</td></tr>
<tr><td>30~39세</td><td>250</td></tr>
<tr><td>40~49세</td><td>250</td></tr>
<tr><td>50세 이상</td><td>250</td></tr>
<tr><th>합계</th><td>1,000</td></tr>
<tr><th>실사 기간</th><td colspan="2">2018년 03월 01일 ~ 2018년 04월 01일 (30일간)</td></tr>
</table>

[출처] 미용실 상위 10% 고객군의 과시 소비 성향이 중, 하위 고객군 미용 서비스 구매 형태에 미치는 영향 : 이범식 박사학위논문

(4) 연구 모형

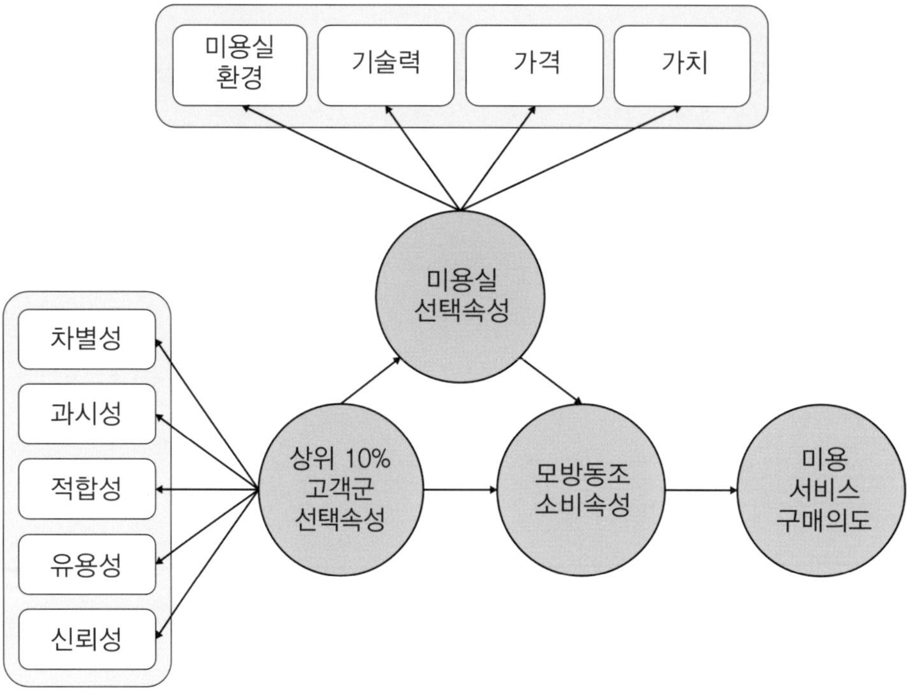

[출처] 미용실 상위 10% 고객군의 과시 소비 성향이 중, 하위 고객군 미용 서비스 구매 형태에 미치는 영향 : 이범식

2 상위 소비 고객 군에서 나타나는 베블런 효과

❶ 베블런 효과의 정의

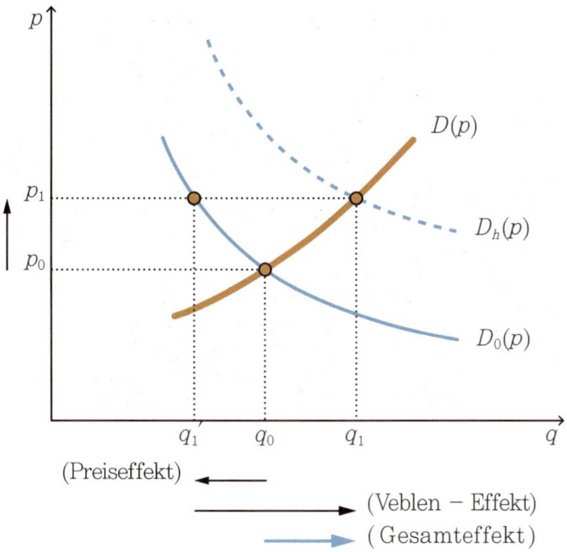

[출처] 유한계급론 / 소스타인 베블런

① 소비재의 가격이 상승하는데도 오히려 수요가 증가하는 현상

② 사회적 지위나 부를 과시하기 위한 허영심에 의해 수요가 발생하기 때문에 가격이 비쌀수록 오히려 소비가 늘어나는 효과

❷ 베블런 효과 사례

① 명품이라는 브랜드 가치가 높은 상품들은 가격이 비싸야 오히려 신뢰를 하고, 비싼 돈을 지불하면서도 가지고자 하는 욕구가 강함. 특히 이러한 명품 구매욕은 자기과시욕과 연계됨

[출처] 글 쓰는 돼지

② 소득 상위계층은 베블런재(Veblen goods)(비싼 가격에도 수요가 급증하는 소비재)의 소비를 자기과시욕은 물론, 다른 계층과의 차별요소로써 구분 짓기 위한 소비행태이며, 일반 소득계층의 경우에는 이러한 상위계층의 소비행태를 흉내 내는 것으로써 자신 또한 상위계층이 된다는 대리만족으로 표출함

[출처] 글 쓰는 돼지

3 빅데이터 분류에 의한 수리학적 법칙들

❶ 파레토의 법칙

① '20 : 80' 법칙이라고도 함

② 이는 '전체 결과의 80%가 전체 원인의 20%에서 일어나는 현상'을 가리킴. 예를 들어 20%의 고객이 백화점 전체 매출의 80%에 해당하는 만큼 쇼핑하는 현상을 설명할 때 이 용어를 사용

③ 이 용어를 경영학에 처음으로 사용한 사람은 조셉 M. 주란

④ 이탈리아 인구의 20%가 이탈리아 전체 부의 80%를 가지고 있다고 주장한 이탈리아의 경제학자 빌프레도 파레토의 이름에서 유래

❷ 롱테일의 법칙

① 역파레토 법칙이라고도 함

② 이탈리아 경제학자 파레토는 경제 분석에 대한 수학적 방법의 적용과 함께 대중과 엘리트 간의 상호 작용에 관한 이론을 제시한 것으로 알려져 있음

③ 파레토의 법칙은 핵심적인 구성원 20%가 전체 가치의 80%를 차지하고 나머지 구성원 80%가 남은 가치 20%를 놓고 경쟁한다는 것

– 이러한 80대 20법칙은 비즈니스 분야에서 마케팅의 기본이 되고 있음

④ 2004년 미국의 인터넷 비즈니스 잡지 〈와이어드〉 편집장 크리스 앤더슨이 쓴 롱테일 기사가 관심을 받으면서 정립된 개념이 롱테일 법칙

– 이는 각각의 매출액은 작지만 이를 모두 합하면 히트상품 못지않은 매출을 올릴 수 있는 틈새상품의 영역을 말함

4 VVIP 고객군의 개념과 정의

❶ VVIP 고객군의 정의

① 부자, 부유층, 경제적 능력이 상위인 고객군

② 고객 가치 평가 기준에 의거, 고객을 몇 개의 등급으로 분류한 고객군 중 최상위 고객군

③ 지속적으로 살롱에 수익을 주는 고객(시술금액 및 방문횟수, 객단가 최상위 고객)

❷ VVIP 고객군의 확장적 개념

① 목표 고객군 선정, 니즈/선호/성향 파악, 새로운 가치 제안 전략 및 VVIP 고객 발굴과 접근 전략 등

② VIVP 고객 유치를 위한 마케팅 활동과 VVIP고객을 지속적으로 유지, 성장시키기 위하여 로열티를 획득, 강화하기 위한 모든 마케팅 활동을 말함

❸ 백화점 VVIP 고객 차별화 서비스 사례

백화점	주요 VIP 고객 차별화 서비스
롯데	· MVG라운지에서 점장도 상품 소개 · 커피/음료 서비스, 패션쇼, 전용주차장 및 발레파킹 서비스 제공 · 다양한 문화, 예술 이벤트 개최 ⇒ 뮤지컬 '킹앤아이' 1회 공연 MVG고객 700명만 초대 · 생일 등 기념일에 축하 케이크 등 제공
현대	· 자스민 클럽 : 음료, 다과, 미니패션쇼, 투자 상담회 등 이벤트 제공 · Top Class Program : 구매금액 0.5~9%까지 환급, 다양한 문화·예술 이벤트 개최
신세계	· 상위 1%, 5% 고객으로 분류 ⇒ 차별화 서비스 제공(각종 공연, 골프투어, 요리강좌) · 무료 열차여행, 무료식사 티켓 제공 · 특산물을 싸게 구입할 수 있는 테마 열차 여행 서비스 등 제공
갤러리아	· Personal Shopper 서비스 ⇒ 스타일리스트와 샵 마스터 각 1명씩 상주해 고객별 1:1 코디네이팅 서비스 · 생일, 기념일 등에 와인과 꽃, 카드 배달(팀장/점장이 직접 배달) · 우수고객 초청 패션쇼, 콘서트(연 2~3회)

5 불황기 VVIP 고객군 마케팅의 필요성

❶ 불황기 소비자들의 일반적 소비 형태

(1) 물품에 대한 구매 빈도 및 수량을 줄이고자 함

내점빈도가 낮아지고 제품구입이 줄어듦

(2) 고가의 제품보다는 저가의 제품을 찾게 됨

고가시술이나 고가제품보다 심플한 시술과 스타일링 위주의 제품구매

(3) 스몰 마켓보다는 대형 유통업체 또는 도매시장으로 몰림

할인 마케팅 매장이나 가격 경쟁력이 큰 매장을 선택

(4) 브랜드 전환을 쉽게 함

다른 살롱으로의 이동이 심함

(5) 충동구매를 자제하고 보다 합리적인 소비를 추구함

정기적 시술보다는 꼭 필요한 상황에 맞추어 시술

❷ 불황을 타계하는 마케팅 4요소

(1) 신뢰 마케팅 : "믿음을 팔아라."

솔직하고 합리적인 가격과 시술상담으로 고객에게 신뢰를 주고 제품의 우수성이나 특성을 자세하게 설명함

(2) 고급 마케팅 : "고급화로 고급화 추종자들을 잡아라."

합리적인 가격으로 '고급스러움'을 유지할 수 있는가? 가 관건이며 친절한 얼굴로 서비스를 최상으로 제공하여 최고의 손님으로 대우 받았다고 느끼게 함

(3) 고객 맞춤형 마케팅 : "고객 맞춤형 상품/서비스를 제공하라."

고객의 입장에서 꼭 필요한 핵심 서비스만을 제공하여 고객이 선택할 수 있도록 하며 완벽한 사후관리가 필수적임

(4) 전략적 제휴 또는 공동 마케팅 : "기업들도 뭉쳐야 산다."

상권 내 이업종과의 마켓이 제휴를 통한 제휴 업체와 서로 경제적 이익을 얻을 수 있는 상생(Win·Win)관계가 되어야 함

6 불황 탈출과 VVIP 마케팅

❶ VVIP 고객 마케팅과 관리의 필요성

(1) 전반적 경기 침체로 신규 고객 유치의 어려움

소셜 커머스, 블로그, 할인쿠폰 마케팅의 한계와 팽창 및 구멍난 수조의 법칙이 현실화 되고 있음

(2) 체감 경기 악화에 따른 고정 고객의 내점빈도 축소와 재방문 주기의 연장

객단가 하락 및 살롱 매출 급감으로 이탈 고객 방지와 고정 고객의 충성 고객화 전략 필요성 대두

(3) 리치 마케팅의 부각

구매력이 높은 고객들에게 고가의 시술이나 제품을 판매하는 데 주력한다는 뜻

리치(Rich) 마케팅으로 불리는데, 이는 남다른 제품이나 서비스를 원하는 특정 계층을 공략하는 것

부자 등 고소득층 고객은 일반 서민에 비해 소득이나 경기에 민감하지 않음

(4) 상위층 대상으로 한 VVIP 마케팅은 경기에 큰 영향 받지 않고 꾸준한 성장세를 유지할 것으로 예상

많은 기업들이 앞 다투어 고급형 제품이나 최고급 서비스 출시로 소수 계층을 타깃으로 한 마케팅 활동을 펼치고 있음

❷ 소형 숍(Shop)일수록 VVIP 마케팅을 해야 하는 이유

(1) 고정 고객을 통해 가치 차별화로 안정된 매출을 확보할 수 있음

이들은 높은 가처분 소득으로 고가시술과 고급 제품을 빈번히 구매함

(2) 가격의 탄력성이 낮기 때문

부유층 소비패턴은 살롱의 명성과 기술력 및 독특한 부대서비스를 중요시하는 특성을 보여 시술의 결과 대비 가격이 상대적으로 중시되는 일반 소득 계층의 소비 행태와 차이가 남

(3) 경기에 영향을 적게 받기 때문

경제위기에도 부유층의 소비규모는 경기변화에도 상대적으로 안정적이기 때문에 이들을 대상으로 한 마케팅 활동은 경제상황으로부터 상대적으로 독립적이라 할 수 있음

(4) 소비패턴이 하위계층의 모방으로 이어짐

부유층의 소비행태는 장기적으로 중하위 계층의 소비특성에 자극을 주며, 결과적으로 VVIP고객 군을 확대하기 위한 살롱의 눈을 더 크게 만듦

7 VVIP 고객 유치를 위한 목표 설정

❶ VVIP 고객 유치를 위한 키워드 분석

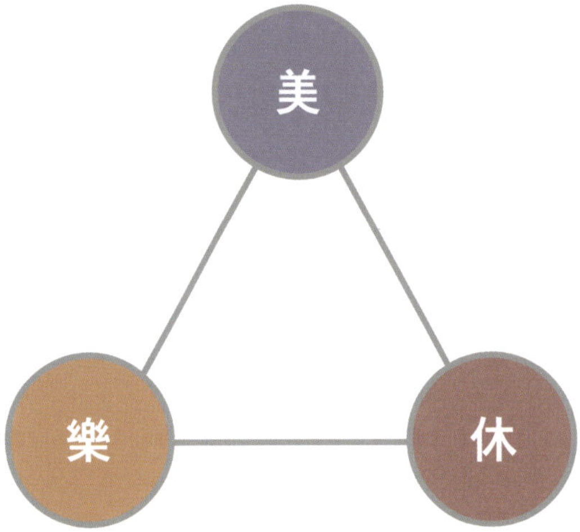

[출처] Daum cafe : 이범식의 뷰티경영사관학교

❷ VVIP 고객 유치를 위한 목표 설정 Flow

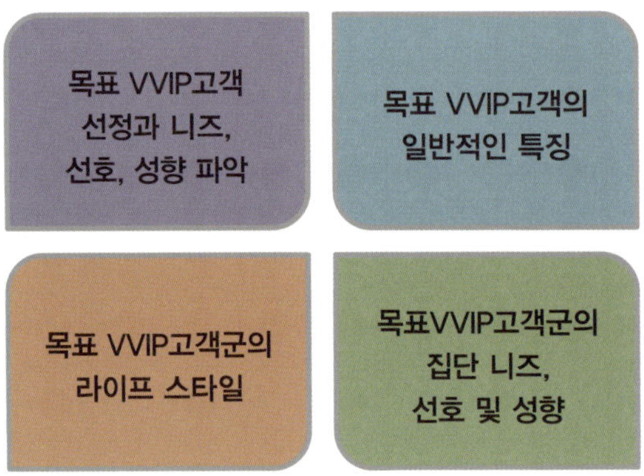

[출처] Daum cafe : 이범식의 뷰티경영사관학교

8 데이터에 근거한 정확한 타깃 분석

❶ 목표 VVIP 고객 선정과 니즈, 선호, 성향 파악

① 목표 고객군 측정가능, DB 구축, 접근 가능성, 변화 가능성 등을 고려하여 3~6개월 단위로 선정

② 목표 VVIP고객군 니즈, 선호 파악 방법

– 질문, 디자이너 인터뷰(해피 콜), 설문조사, 시술 데이터 활용, 가능 VVIP고객 분석

❷ 목표 VVIP 고객군의 일반적인 특징

① 부지런함

② 돈 버는 것에 관심, 호기심이 많음

③ 강한 자부심

④ 까다롭고 이기적이며 자기중심적

⑤ 빠른 결단력

❸ 목표 VVIP 고객군의 라이프 스타일

① 건강, 뷰티, 문화, 예술에 대한 높은 관심과 소양을 보유

② 상류 커뮤니티 가입

③ 결혼이나 사회적 지위에 대한 자부심

④ 자녀 교육에 대단한 열정

⑤ 상위 클래스의 취미나 레저 생활

❹ 목표 VVIP 고객군의 집단 니즈, 선호 및 성향

① 최고의 제품을 넘어 희소성이 있는 제품이나 특별한 시술서비스 선호

② 가격보다는 자신들이 느끼는 가치와 일치하는 시술 서비스나 브랜드 선호

③ 자신만을 위한 차별화된 상품, 장소, 서비스를 선호

④ 그들만의 연대의식, 소속감이 강함

9 고객이 뷰티 살롱에서 인식하는 가치와 제안

❶ 고객 가치 Flow

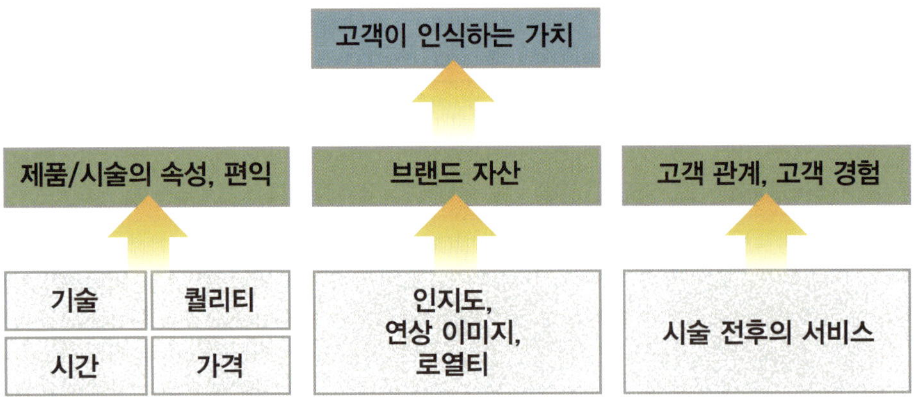

[출처] Daum cafe : 이범식의 뷰티경영사관학교

❷ '가격 제안'이란

① 고객이 특정 살롱의 시술, 제품, 서비스, 브랜드 이미지 등을 통해 인식하는 가치를 향상시키고, 설득하기 위한 마케팅 활동을 말하는 것

② "왜? 내가 당신 살롱의 시술, 제품이나 서비스를 구입해야 하는가?" 고객의 질문에 대한 솔루션

❸ VVIP 가치 제안 전략

(1) 시술 차별화

① 최고급 시술 브랜드 사용

② 프리미엄 샴푸 서비스

③ 전용 시술차트 운영, 클리닉 시술권 증정

④ 퍼펙트 예약제(10분 전 준비)

⑤ 6개월 or 5회 무료 체험권 증정

(2) 제품 차별화

① VVIP 전용 프리미엄 제품 사용

② 전 제품 구입 시 10% 할인 혜택

③ 포인트로 제품 구매 가능(5만점 이상)

(3) 서비스 차별화

① 생일, 기념일 상품권 증정(10만 원)

② 추천 고객 50% 할인 서비스(1회)

③ 프리미엄 음료, 케이크 제공, 영업시간 외 시술 서비스(아침, 저녁, 휴일)

④ 적립 포인트 : 캐시 백

(4) 채널 차별화

① VIP 전용 가운 착용

② VIP 전용 ROOM 서비스

③ 사후 관리 홈 케어

④ 해피 콜 서비스(주치의 개념) 등

06 실전 문제 풀이

Q1 다음 내용이 설명하는 것은 무엇인가?

> 소비재 가격이 상승하는데도 오히려 수요가 증가하는 현상, 사회적 지위나 부를 과시하기 위한 허영심에 의해 수요가 발생하기에 가격이 비쌀수록 오히려 소비가 늘어나는 효과를 말한다.

① 파레토의 법칙
② 롱테일의 법칙
③ 베블런 효과
④ 샤를 팡티에 효과

Q2 소형 숍일수록 VVIP 마케팅을 해야 하는 이유가 아닌 것은 무엇인가?

① 고정 고객을 통해 가치 차별화로 안정된 매출을 확보할 수 있다.
② 가격 탄력성이 높기 때문이다.
③ 경기의 영향을 덜 받기 때문이다.
④ 소비 패턴이 하위 계층의 모방으로 이어지기 때문이다.

Q3 다음 내용이 설명하는 것은 무엇인가?

> 고객이 특정 살롱의 시술, 제품, 서비스, 브랜드 이미지 등을 통해 인식하는 가치를 향상시키고 설득하기 위한 마케팅 활동 등을 말한다.

① 가격 제안
② 가치 제안
③ 편승 제안
④ 롤플레잉

| **정답** |

Q1) ③ 유형성은 3V에 해당하지 않는다.
Q2) ② 빅데이터 분석 기법 중 연관성 분석에 관한 설명이다.
Q3) ① 하인리히 법칙에 관한 설명이다.

Chapter

07 비주얼머천다이징(VMD) 전략

동가홍상(同價紅裳), 같은 값이면 다홍치마라는 뜻으로 우리나라의 비슷한 속담으로는 '보기도 좋은 떡이 먹기도 좋다.'라는 말과 일맥상통한다. 바로 이 장에서 공부할 비주얼머천다이징을 한마디로 표현한 말이라 생각한다.

많은 뷰티 살롱에서 부가수익 창출 전략으로 리테일을 활용하고 있다. 전문 헤어 케어 제품부터 홈 케어용 헤어 보조제품들이 즐비하다. 하지만, 제품의 성능은 좋을지 모르나 진열의 방식부터 정리되어 있지 않고, 또 진열되었다 하더라도 먼지만 켜켜이 쌓여있는 곳이 많다. 이 장에서는 비주얼머천다이징에 대한 원론적 고찰을 통해 뷰티살롱에서의 부가수익을 창출해 보고자 한다.

1 VMD의 출현 배경과 정의

❶ VMD(Visual Merchandising)의 배경

① '비주얼 머천다이징(Visual Merchandising)'이란 시각의 비주얼(Visual)과 판매, 판촉의 머천다이징(Merchandising)의 합성어

② 미국에서 쇼윈도 디스플레이를 위해 예술 전공자를 채용하면서 기업에 디스플레이 관련 전문 부서가 생기기 시작, 아트와 머천다이징이 상호관련을 가지게 됨으로써 VMD의 개념이 출현

③ 1976년 미국 소매업협회가 '비주얼 머천다이징'이란 책을 출판하면서 VMD의 용어가 출현

❷ VMD(Visual Merchandising)의 정의

① 패션 전문 자료 사전

- 판매 장소나 그 근처에 상품을 진열하는 것
- 고객 입장에서 흥미를 일으키도록, 상품을 중심으로 한 시각적 매력을 복합적으로 표현하는 것

② 일본 VMD 협회

- MD(물품배치 및 물품구성)를 시각화, 유통시장에서 상품의 시각적 요소를 연출·관리하는 활동

③ 미국 소매업 협회

- 매출을 일으키기 위한 상품 프레젠테이션을 훌륭히 이해하는 것에서 시작하며 매입 부서와 협력하여 상품을 제공, 전시, 판매하는 방법

2 VMD의 역할과 목적

❶ VMD(Visual Merchandising)의 역할

① 상품 또는 서비스의 가치를 부가하고 특정 상품 및 서비스의 이미지와 정보를 시각적으로 표출해주며 매장의 이미지와 메시지를 형성하는 전략

② 판매활동에 직결되므로 마케팅에서 경영 성패를 좌우하는 핵심적인 역할을 함

❷ VMD(Visual Merchandising)의 목적

① 매장과 상품이 갖는 장점을 최대한 표현하여 매출을 발생시킴

② 브랜드 이미지를 시각화하여 차별화를 시키고 고객이 체험하게 하여 판매율과 재방문율을 높임

3 'MP' : VP, PP, IP

❶ VP(Visual Presentation)

콘셉트, BI가 가장 잘 들어내는 공간(쇼윈도, 스테이지 등)

❷ PP(Point of sale Presentation)

집기나 소품 등을 활용해 연출하는 공간(진열장 상단, 벽면 등)

❸ IP(Item Presentation)

매장 내 상품이 진열된 공간

[출처] 디자인 와라스 by 석구

❹ VP, PP, IP 비교

구분	VP, PP(연출)	IP(진열)
의미	상품의 가치표현	상품자체의 노출
목적	어떻게 보여줄 것인가?	무엇을 보여줄 것인가?
역할	호기심을 주고 끌어들임	고객 구매를 유도
표현	감성적 호소	이성적 호소
위치	쇼윈도, 스테이지, 벽면	점판 진열대, 쇼케이스, 선반 등

[출처] 디자인 와라스 by 석구

① 보테가베네타 : 상품이 아닌 예술품으로 연출한 VP연출

② 트리인더보틀 : 두피와 모발 유형에 맞추어 제품을 선택하는 '샴푸 소믈리에' 콘셉트의 VP연출

- 진열이 아니라 연출이다.
- 여러분의 공간은 어떤 Fantasy를 연출하고 있나요?

4 광고 프로모션

❶ SNS

① 소셜네트워크 서비스를 통해 고객과의 커뮤니케이션을 진행

② 국내에서는 인스타그램, 페이스북, 카카오스토리를 가장 많이 사용

[출처] 인스타그램 / 페이스북 검색

❷ DM

① 특정 대상인에게 발송하는 안내장, 광고지, 카탈로그, 이메일, 문자 메시지 등을 통해 신상품 출시 및 이벤트 소식을 알림

② 세일이나 사은품 관련 정보를 고객에게 직접적으로 전달하여 방문을 목적으로 함

[출처] 디자인 와라스 by 석구

③ POP

① 고객의 구매시점에 행하여지는 광고 요소로서 소비자와 상품을 연결하는 커뮤니케이션 역할

② 고객의 눈에 띄는 곳에 배치하여 신제품 및 이벤트 소식을 알리거나 세일이나 사은품 관련 정보를 고객에게 효과적으로 전달하는 등 다양한 목적으로 행하여짐

③ 최근 POP 표현영역이 넓어져 동적요소를 부가해 움직이는 POP부터 멀티미디어 POP까지 다양한 형태로 제작됨

[출처] 디자인 와라스 by 석구

④ 미디어 광고

TV, 잡지, 라디오 등과 같은 매스 미디어 채널을 통한 광고

[출처] 디자인 와라스 by 석구 / 젤라또 팩토리 Pintaram

5 CI, SI, BI

❶ 네이밍

매장·상품에 대한 철저하고 깊이 있는 연구로 오랫동안 기억되고 사랑받는 상표·이름 짓는 일

[출처] 디자인 와라스 by 석구

[비슷한 상품별 네이밍]

갈아 넣은 배(신송식품) / 갈아 먹는 배(한미약품)

갈아 부순 배(산가리아) / 갈아 마시는 배(삼립식품)

갈아 넣은 고향배(광동제약) / 갈아서 시원한 배(유한양행)

갈아서 만든 배(다향식품) / 갈라서 갈은 배(동원산업)

곱게 갈은 배(명진종합식품) / 먹어봤나 갈은 배(비락)

썰어서 갈은 배(온누리식품) / 갈아서 만든 참배(우성식품)

갈아서 만든 생배즙(영우식품) / 싹싹 갈은 배(경북농협)

❷ 로고

단체나 기업, 제품을 문자 도형디자인으로 고객에게 기억되기 쉽게 하는 일

[출처] 디자인 와라스 by 석구

❸ 브랜드 컬러

매장 또는 상품의 개성이나 분위기를 특정한 컬러로 지속적으로 연출하여 고객에게 각인시키는 일

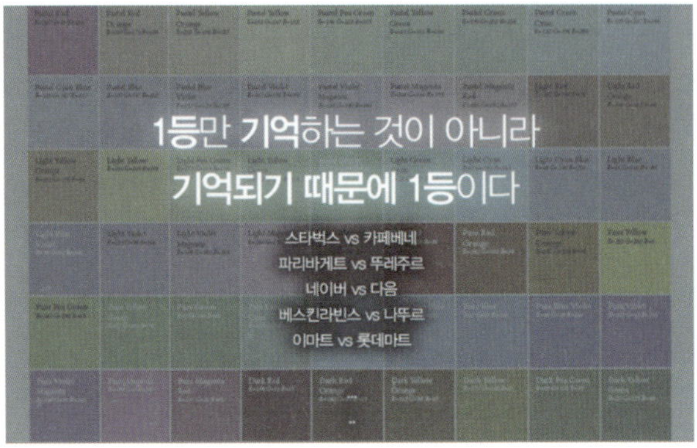

[출처] 디자인 와라스 by 석구

❹ 사인물

매장의 내 외부 간판, 부착물 등을 통하여 브랜드를 지속적으로 표출

[출처] 디자인 와라스 by 석구

❺ 유니폼

매장 또는 기업에서 정해진 규정에 따라 통일된 복장으로 고객에게 전문성을 연출

[출처] 보그코리아

6 점포 디자인

❶ 인테리어

매장과 상품 등의 특정한 연출을 위하여 실내를 장식하는 일

[출처] 이니스프리

❷ 아웃테리어

매장과 상품 등의 특정한 연출을 위하여 실외를 장식하는 일

[출처] 이니스프리

❸ 레이아웃

① 고객이 상품을 돌아보며 매장에 오래 머물도록 회유하기 위한 다섯 가지 기법을 고려하여 연출

- 들어오기 쉽게 한다.
- 고객 스스로 바라보게 구성한다.
- 보기 쉽도록 한다.
- 만지기 쉽도록 한다.
- 상품 분류를 명확히 한다.

❹ 고객 동선

① 고객의 동선은 길수록 좋으나 무조건 긴 것은 효과가 적음

② 관련 상품의 연관 배치 및 중간 중간 볼거리를 제공하는 것도 중요한 방법

③ 고객 동선과는 달리 신속한 업무처리와 낮은 피로도를 위하여 직원의 동선은 짧을수록 효과적

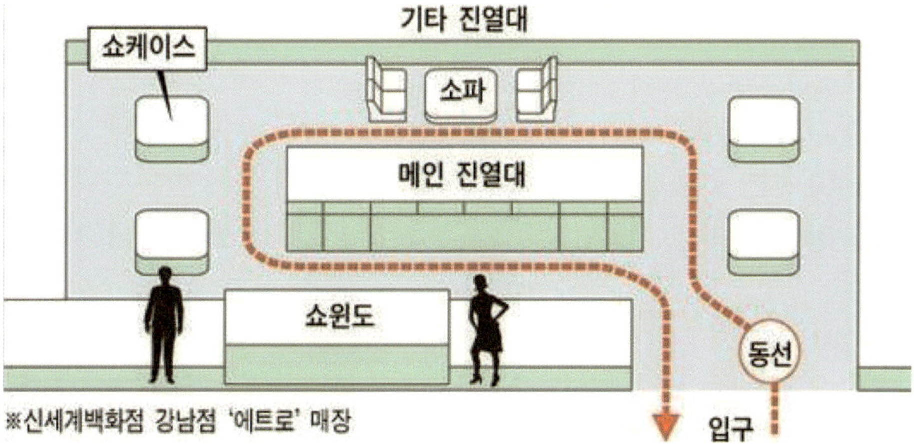

[출처] https://news.joins.com/article/4153383

5 조명

- 상품을 매력적으로 표현하기 위해 광원과 기구를 적절히 활용
- 단순히 밝게 하는 것뿐만 아니라 매장과 취급상품의 특징을 표현할 수 있어야 함
- 조명의 형태는 크게 세 가지로 분류됨

① 기본조명

- 매장 전체를 적정 조도로 밝혀주는 것이 기본조명
- 매장 내 상품의 식별, 매장안내 그리고 고객의 행동에 지장을 주지 않도록 하며 전체적으로 균일한 조도 유지

② 연출조명

- 벽면 상단이나 집기 상단에 연출된 제품 부각을 위한 조명으로 일반적으로 스포트라이트라고 함
- 다양한 연출이 가능함

③ 장식조명

- 샹들리에처럼 장식의 효과를 위해 쓰임

❻ 음악

① 음악의 영향력은 고객들의 소비를 좌우하는 데 큰 역할을 함

② 고객이 붐비는 시간이 아니라면 클래식이나 가사가 없는 음악을 통해 편안하고 느긋한 분위기를 줘서 매장에 오랫동안 머물게 할 수 있음

③ 고객들이 많아 붐비는 시간이면 조금 더 빠른 음악을 통해 고객이 빨리 구매하도록 유도할 수 있음

❼ 향기

① 소비자들의 감각기관 중 하나인 후각을 직접 자극해 구매행동으로 연결시키는 판매촉진의 일환

② 소비자의 욕구를 충족시킴과 동시에 브랜드 및 제품의 정체성을 높일 수 있음

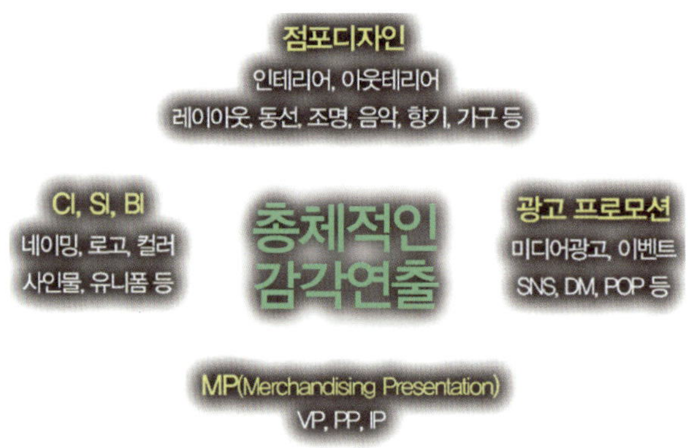

[출처] 디자인 와라스 by 석구

7 빅데이터를 활용한 VMD 전략 사례

❶ 광고 프로모션

[출처] 디자인 와라스 by 석구

(1) 할로윈 데이 검색 키워드를 통한 이벤트 전략으로 고객의 자발적 리뷰 증가 사례

[출처] https://twitter.com/yuri_voice/status/1056046298221039616 / http://picdeer.com/mi_three_

(2) 고객 평균 방문주기 데이터를 활용하여 방문 1주일 전 문자전송을 통해 방문주기를 앞당겨 매출 상승한 사례

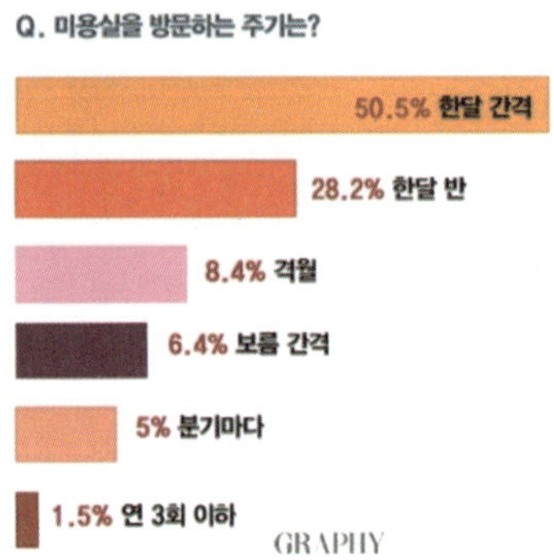

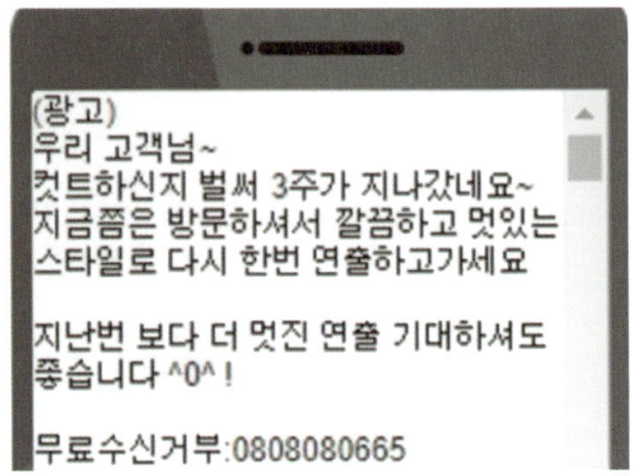

[출처] 그라피 GRAPHY

(3) '미세먼지'라는 사회적 이슈 키워드를 이용한 클렌징 기기와 클렌징 제품도 폭발적 인기

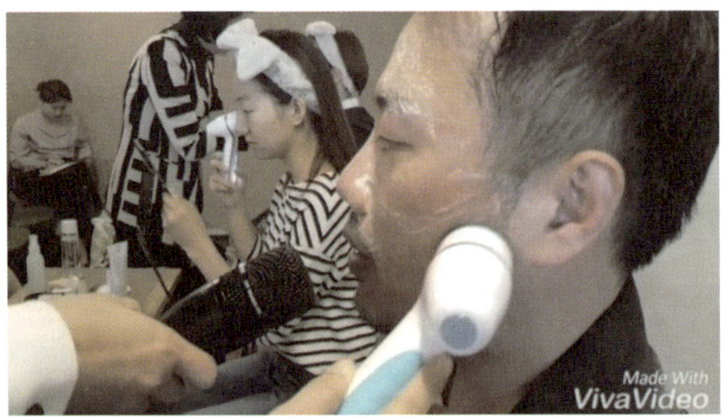

[출처] 디자인 와라스 by 석구

(4) 고객이 느끼는 전문가의 이미지 데이터를 분석하여 유니폼을 착용 – 유니폼을 입으면 고객이 느끼는 신뢰도가 올라가는 사례

VS

[출처] 디자인 와라스 by 석구

❷ CI, SI, BI

(1) 18홀을 65타로 만들어주는 마법의 와인 '1865' 네이밍 사례

[출처] 1865

(2) 고객 동선 데이터를 파악하여 고객이 도착하기 5분 전에 사전 주문하는 사이렌오더 사례

[출처] 스타벅스 코리아

❸ 점포 디자인

(1) 비오는 날 매출이 고객 방문율이 저조하다는 데이터 분석해 적용한 '레이니 데이' 이벤트 사례

(2) 고객이 찾아오지 않는 비오는 날 오히려 고객을 찾아오게 함

[출처] 아리따움 / 롯데리아

(3) 고객이 느끼는 조명에 대한 감정을 분석하여 적용한 조명연출 사례

[출처] 헤어칙스

8 VMD 전략을 위한 빅데이터 수집 방법

1 퍼널(Funnel) 분석

① 고객의 유입에서 부터 상품 구매로 이어지는 흐름을 파악하는 분석

② 신규 고객이 방문객 → 체류객 → 구매객으로 전환되는 변화 흐름을 파악

③ 매장 내에서의 행동 패턴 변화를 분석하는 것

- 방문율 확인 : 고객 통행량, 방문객, 체류객 정보 수집
- 인구 트렌드 파악 : 요일 및 날짜별 유동 인구, 방문자 수 비교
- 매출 증가 원인 파악 : 프로모션 효과 개입 여부 파악, 체류 고객 시선 확인
- 프로모션 효과 정량화 : 구매 전환율 점검

❷ VMD 전략을 위한 공공 빅데이터 활용

VMD란? 좋지 않은 것을 좋아보이게 하는 것이 아니라 좋은 것을 더 좋아보이게 하는 것

(1) 우리 마을가게 상권분석 : golmok.seoul.go.kr

업종분석, 매출분석, 인구분석, 지역분석 제공

(2) 네이버 데이터 랩 : datalab.naver.com

실시간 급상승 검색어 데이터와 쇼핑, 카드사용 통계 제공, 기관에서 제공하는 다양한 공공데이터 확인

(3) K-ICT 빅데이터센터 : kbig.kr

소셜 분석, 교육, 식품, 건강, 재난안전, 과학기술 등 총 16개 카테고리 제공

(4) 한국 데이터산업진흥원 데이터스토어 : datastore.or.kr

누구나 온라인상에서 데이터를 구매하거나 판매할 수 있는 오픈 마켓(유/무료)

(5) 데이터 공공 데이터 포털 : www.data.go.kr

공공기관이 생성 또는 취득하여 관리하고 있는 공공데이터를 한 곳에서 제공하는 통합 창구

(6) 나라지표 : index.go.kr

중앙행정기관이 선정하고 관리하는 주요 지표인 나라지표를 제공하는 웹기반의 통계정보시스템

07 실전 문제 풀이

Q1 판매 장소나 그 근처에 상품을 진열하는 것으로 고객의 입장에서 흥미를 일으키도록 상품을 중심으로 시각적인 매력을 복합적으로 표현하는 것은 무엇인가?

① SPT ② VMD
③ TPO ④ POP

Q2 구매시점에 행하여지는 광고 요소로서 소비자와 상품을 연결하는 커뮤니케이션 역할을 하는 것은 무엇인가?

① VP ② MP
③ SNS ④ POP

Q3 다음 중 고객의 유입에서부터 상품 구매로 이어지는 흐름을 파악하는 분석으로 신규 고객이 방문고객-체류객-구매객으로 전환되는 변화 흐름을 파악하고 매장 내에서의 행동 패턴 변화를 분석하는 것은 무엇인가?

① 변화 분석 ② 회귀 분석
③ 퍼널 분석 ④ 소비 분석

정답

Q1) ② VMD에 관한 설명이다.
Q2) ④ POP에 관한 설명이다.
Q3) ③ 퍼널 분석에 관한 설명이다.

Chapter

08 빅맥지수와 지니계수를 통한 실질 구매력 평가와 소득불평등 분석

1 빅맥지수(Big Mac Index)의 개념과 정의

❶ 빅맥지수의 개념

① 맥도날드의 대표 메뉴 '빅맥(Big Mac)'의 세계 120개국 가격을 달러로 환산하여, 미국의 빅맥 가격과 비교하여 물가수준과 통화가치를 평가하는 지수

② 빅맥은 세계 어느 나라에서도 손쉽게 사먹을 수 있으며, 크기·재료·품질 등이 일정하다는 점에서 착안

③ 영국 경제전문지 〈이코노미스트(The Economist)〉에서 1986년부터 분기마다 한 번씩 발표 즉, 세계적으로 표준화되어 있어 어느 곳에서나 값이 거의 일정한 빅맥 가격을 달러로 환산해서 국가 간 물가수준과 통화가치를 비교하고 이를 통해 각국 환율의 적정성을 측정하는 것

④ 이러한 빅맥지수는 버거노믹스(햄버거 경제학)라고도 함

❷ 빅맥지수의 이론적 배경

① 빅맥지수는 '일물일가의 법칙(Law of One price)'과 '구매력 평가(PPP, Purchasing Power Parity)'이론을 전제로 함

② 일물일가의 법칙

- 모든 개별적인 상품은 전 세계 어느 나라에서나 고정적인 가격을 지니고 있어야 한다는 법칙
- 스웨덴의 경제학자 구스타프 카셀이 제시한 구매력 평가설의 근간이 됨
- 카셀은 두 국가 사이의 통화 교환비율은 각국의 구매력의 비율로 선정되어야 한다고 주장

❸ 세계 각국의 빅맥지수

① 2016년 7월에 발표한 빅맥지수

- 미국에서 빅맥 1개의 값은 5.04달러
- 한국은 3.86달러로 조사 대상 44개국 가운데 16번째 기록

② 이것은 한국에서 빅맥 1개 가격(4,400원)이 7월 환율(1,141원/달러) 기준으로 3.86달러였다는 뜻

③ 빅맥지수를 기준으로 할 때 원화의 적정 환율은 달러당 911원으로 평가

- 일반적으로 빅맥지수가 낮을수록 달러화에 비해 해당 통화가 저평가되고 있는 것으로 해석됨

❹ 빅맥지수 상위 5개국

순위	국가	빅맥 1개 가격($)	대한민국 비교	달러 비교
1	스위스	6.59	1.7배	30.8% 고평가
2	노르웨이	5.51		
3	스웨덴	5.23		
4	브라질	4.78		
5	캐나다	4.60		
16	대한민국	4.02		
23	일본	3.60		

[출처] 위키 백과 – 빅맥지수

❺ 빅맥지수 하위 5개국

순위	국가	빅맥 1개 가격($)	대한민국 비교	달러 비교
1	태국	2.15		
2	동아프리카	2.10		
3	러시아	2.05		
4	말레이시아	1.99		
5	우크라이나	1.57		
16	대한민국	4.02		

[출처] 위키 백과 - 빅맥지수

2 빅맥지수와 물가수준

❶ 빅맥지수를 통한 물가수준 추산

① 빅맥은 맥도날드의 대표적인 햄버거로 거의 모든 나라에서 살 수 있음

② 모든 나라에서 판매되는 빅맥이 동일한 품질을 지닌다고 가정할 때 이 가격을 달러로 환산해 비교한다면, 해당 국가의 물가수준을 추산해 낼 수 있음

❷ 적정 환율 계산 가능

① 빅맥지수가 높은 나라는 물가도 높고, 화폐 가치도 높다는 것

② 빅맥지수가 낮으면 물가도 낮고 화폐 가치가 낮다는 의미

③ 이를 응용하면 단순 계산을 통해 기초적인 수준이긴 하지만 적정 환율을 계산해 낼 수 있음

❸ 적정 환율 예시

(1) 미국 vs. 일본

빅맥 가격에 비교해 볼 때 엔화는 환율상 저평가되어 있는 상태라고 볼 수 있음

기준년도	국가	빅맥 1개 가격	구매력 비율	2019년 7월 환율
2019	미국	5.58$	1$ = 69.89¥	1$당 107.9¥
	일본	390¥		

[출처] 위키 백과 - 빅맥지수

(2) 미국 vs. 한국

빅맥 가격에 비교해 볼 때 원화는 환율상 저평가되어 있는 상태라고 볼 수 있음

기준년도	국가	빅맥 1개 가격	구매력 비율	2019년 7월 환율
2019	미국	5.58$	1$ = 878₩	1$당 1,180₩
	한국	4,800₩		

[출처] 위키 백과 - 빅맥지수

3 빅맥지수와 최저임금

❶ 저소득층 생활수준 비교

① 각 나라별로 임금 수준이 다르기에, 이 지수만 놓고 보면 저소득층의 생활 수준 비교는 불가능
이때는 '맥잡'지수를 이용하게 됨

② '맥잡'이란 저임금 노동자를 뜻하는 용어임
간단히 설명하면, 각국 최저임금으로 1시간 동안 일했을 경우, 몇 개의 빅맥을 사먹을 수 있는지 나타내는 지표

❷ 국가별 최저임금과 빅잡지수

국가	빅맥지수	최저임금($)	빅잡지수(개)
스위스	6.59	22.26	3.36
미국	5.58	15.00	2.69
대한민국	4.02	7.08	1.76
일본	3.60	8.08	2.24

[출처] 위키 백과 – 빅잡 지수

❸ 빅맥지수의 단점

① 빅맥 지수를 통한 물가 산출에 치명적임

- 빅맥지수가 기본적으로 일물일가제를 전제로 하고 있기 때문

② 상품 가격 결정에 있어서는 필연적으로 물품의 외적인 요소인 직원 임금, 점포 임대료, 세금 및 경쟁업체의 유무 등이 크게 관여

- 심지어 이런 것들은 나라별로 제각각이지만, 빅맥지수에서는 전혀 고려되어 있지 않음

4 지니계수의 개념과 정의

❶ 지니계수의 개념

로렌츠 곡선을 토대로 소득의 불평등 정도를 파악하기 위해 고안한 지수

❷ 로렌츠 곡선

로렌츠 곡선은 인구의 누적 비율과 소득의 누적 점유율 사이의 상관관계를 나타냄

- 소득분배가 완전히 평등하다면 기울기가 1인 대각선의 형태가 될 것

· 이는 바꾸어 말하면 현실의 소득 분포가 완전 평등에서 멀어질수록 로렌츠 곡선은 대각선에서 멀어진 곡선의 형태를 가진다는 것을 의미

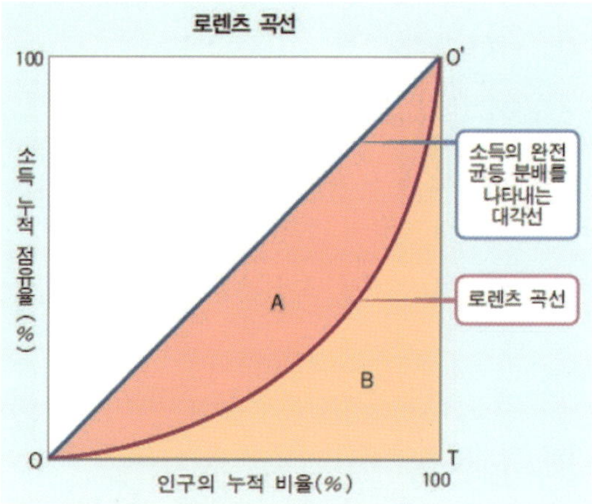

[출처] 위키 백과 – 로렌츠 곡선

5 국가별 지니계수와 소득불평등 현황

❶ 대한민국 지니계수 순위

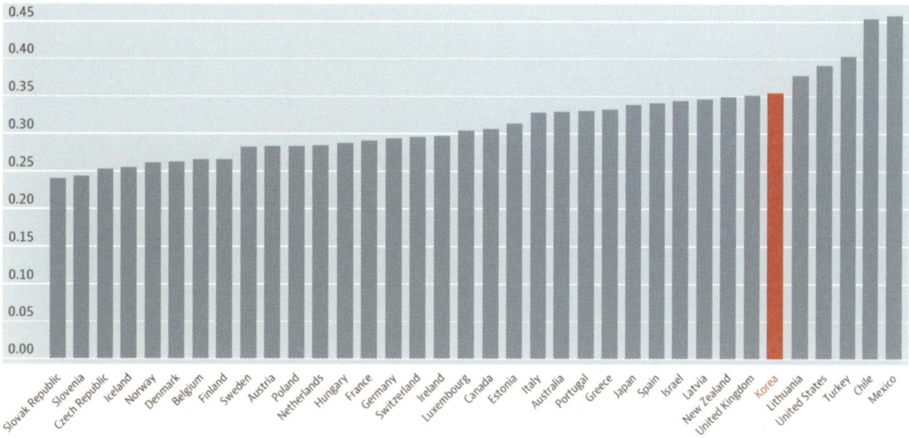

[출처] OECD Data, https://data.oecd.org/inequality/income-inequality.htm

- 대한민국 지니계수 순위 : 30위
- 대한민국 지니계수 : 0.355

❷ 대한민국 지니계수 : 2019년 05월

① 1997년 IMF 이후 지속적으로 불평등한 사회가 되고 있음

② 다른 선진국들의 선례를 보아도 알 수 있듯이 규제완화, 법인세 등의 친기업 정책을 시행하였을 때 불평등은 더욱 심해졌던 사례들이 많음

③ 그에 반해 유럽의 국가들은 증세를 통한 복지 정책을 시행했을 때 불평등 지수가 낮아지는 경우가 많음

④ 지니계수를 통해 대한민국의 양극화가 심화됨을 알 수 있음

⑤ 지니계수가 낮은 나라 즉, 평등한 사회라고 할 수 있는 나라는 유럽 국가들이 많음
노르웨이, 오스트리아, 프랑스, 독일, 덴마크, 벨기에, 핀란드 등 유럽 국가들의 지니계수는 0.2~0.3 정도

⑥ 지니계수가 높은 나라 즉 불평등이 심한 나라는 볼리비아, 칠레, 콜롬비아, 브라질 등 중남미 국가들이 많음
그 외 필리핀, 이탈리아, 폴란드, 미국, 중국 등과 같은 나라의 지니계수는 0.3~0.5 정도

6 빅데이터를 통한 뷰티살롱 양극화 현상

❶ 이용과 미용의 양극화 현상

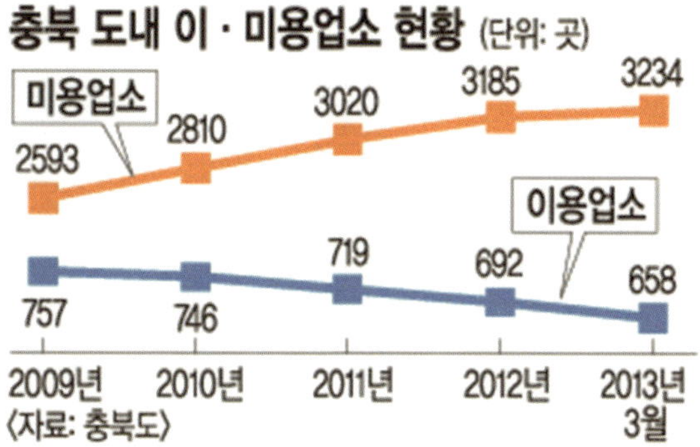

[출처] 충북도

❷ 피부 관리실 양극화 현상

[고급 스파 관리실]

[초저가 피부 관리실]

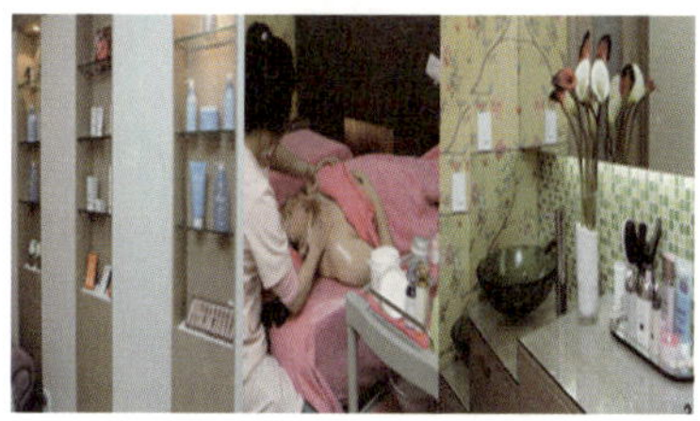

[출처] 창업신문

- 최근 피부미용 시장이 'VIP 고급 스파 관리실과 초저가 피부미용실' 등 양극화 현상이 뚜렷해짐과 동시에 다양한 마케팅을 접목한 시스템의 피부미용실이 속속 등장하고 있음
- 최근 웰빙이 피부미용 업계가 주목해야 할 트렌드로 부상하면서 강남, 압구정, 청담동 일부 지역의 중형관리실이 소수의 VIP 고객을 핵심 타깃으로 고급화되고 있는 추세
- 여기에 지난해에 경기불황 타계를 위한 차별화된 공세 서비스로 등장한 초저가 프랜차이즈 피부미용실이 대학가나 명동 등 젊은 층의 소비자들을 타깃으로 한 꾸준한 성장세를 보이고 있음

7 뷰티살롱 마진 구조와 최저임금 변화 추이

❶ 뷰티살롱 마진 구조

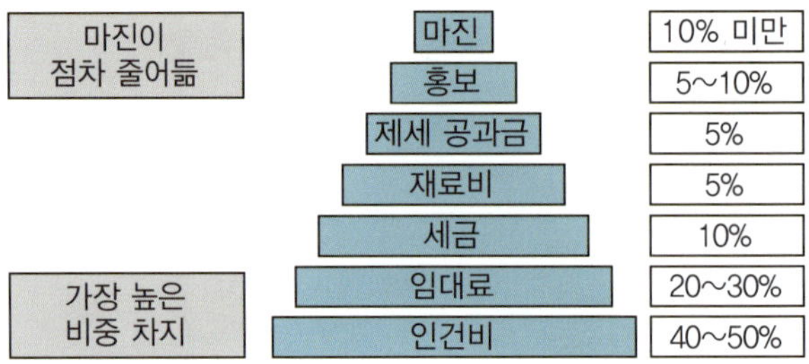

[출처] 이범식의 뷰티경영사관학교

❷ 최근 5년간 최저임금 변화 추이

최저임금 : 국가가 노·사간의 임금 결정과정에 개입하여 임금의 최저수준을 정하는 제도

<table>
<tr><th>구분</th><th>2016</th><th>2017</th><th>2018</th><th>2019</th><th>2020</th></tr>
<tr><td>시급(원)</td><td>6,030</td><td>6,470</td><td>7,530</td><td>8,350</td><td>8,590</td></tr>
<tr><td rowspan="2">월급(원)</td><td rowspan="2">1,260,270</td><td rowspan="2">1,352,230</td><td>1,573,770</td><td>1,745,150</td><td>1,795,310</td></tr>
<tr><td colspan="3">209시간 기준</td></tr>
<tr><td>인상율(%)</td><td>8.1</td><td>7.3</td><td>16.4</td><td>10.9</td><td>2.9</td></tr>
<tr><td>적용대상</td><td colspan="5">1인 이상 근로자를 사용하는 모든 사업 또는 사업장</td></tr>
<tr><td>처벌규정</td><td colspan="5">위반 시 3년 이하의 징역 또는 2천만 원 이하의 벌금 부과, 병과 가능</td></tr>
</table>

[출처] 최저임금위원회

❸ 연도별 최저임금 인상 추이(2010~2019)

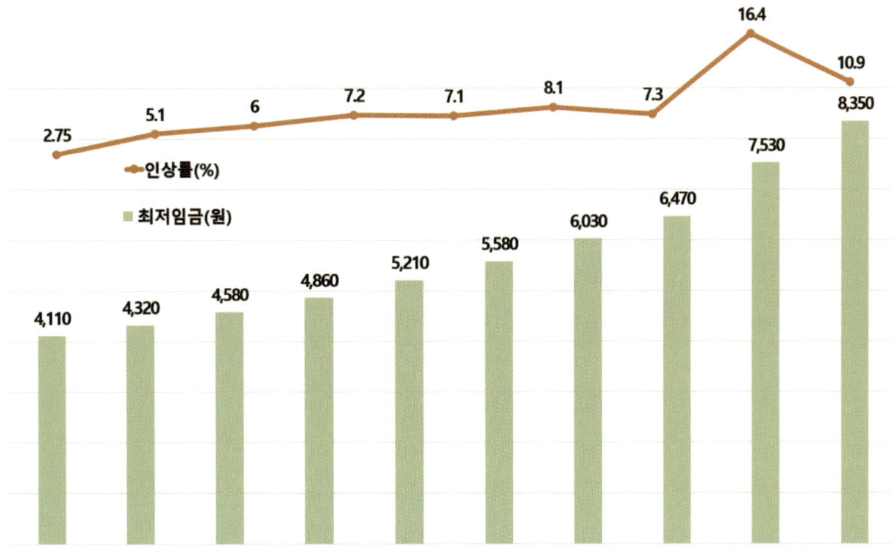

[출처] 최저임금위원회

8 양극화 해소와 탈출을 위한 마인드 리셋

❶ 양극화 해소와 타계를 위한 전략

잡초가 무성한 정원 → 잘 정돈된 정원 → 조직화된 협동조합

뷰티 살롱에 관한 양극화를 설명하려고 할 때 문득 정원이 떠올랐다. 뷰티 살롱과 정원은 상호 연관성이 없어 보이지만 장기적인 불황의 늪을 헤매고 있는 현재의 뷰티 살롱 양극화와 많이 닮아있다.

1인으로 혼자 관리하는 정원은 정원사가 한 눈에 관리할 수 있고 전체적으로 통제도 가능하지만 자칫 소홀하거나 조금이라도 아프기만 한다면 금방 잡초가 무성한 정원으로 변해있을 것이다.

매일 같은 시간에 물을 주어야 하고 품종에 따른 별도의 관리가 필요하며, 주기적으로 잡초를 제거해 주어야 한다. 비록 혼자라 손이 많이 가지만 인건비를 포함한 고정 경비 지출에 있어서는 현저히 줄어 수익률이 가장 높게 나타난다.

잘 정돈된 정원은 비단 정원 자체로만 존재하는 경우가 드물다. 답답한 도심의 아파트가 아닌 전원주택에 끼여 넓은 마당을 제공하고 가족 간의 휴식 공간을 제공하기도 한다. 바닥에는 잔디를 피해 둥글고 널찍한 돌로 징검다리인 양 통로를 내고 그네와 작은 연못까지도 존재한다. 하지만 이 모든 것들을 혼자 할 수는 없다. 그러므로 가족 중에 가장이 가장 많은 시간을 할애하거나 만약 정원에 관한 지식이 부족할 경우에는 전문 정원사의 도움을 받아야 한다. 철따라 수종에 관한 해박한 지식과 정보가 필요하고, 비료나 제초제와 같은 전문적인 관리가 필요하다. 그러다 보니 혼자서하는 수고로움과 시간은 줄어들지만 전문 용역의 채용이나 비용이 발생하게 된다. 혼자보다는 수월하게 정원을 관리할 수 있지만 그에 따른 제반 경비가 포함되기 때문에 수익률은 줄어들 수밖에 없다.

마지막으로 조직화된 협동조합의 경우 협동조합의 목적과 뜻을 같이 하는 조합원이 삼삼오오 지분을 참여하여 누구나 주인정신을 발휘하게 돼 보람과 성취욕이 높게 나타난다. 잘 정돈된 정원 이상을 넘어 생산량까지 기대할 수 있고, SNS를 활발히 할 경우 지역의 관광 명소로도 활용이 가능하다. 적은 비용으로 고효율을 발휘할 수 있고 정원이 중심이 되는 일 외의 다른 일까지 할 수 있다. 하지만 책임 소재에 관하여 모호해지고 회피나 무임승차 현상이 발생할 수 있으므로 주의하여야 한다.

위에 열거한 3가지 정원의 예를 통해 어느 것이 정답이라고 꼭 짚어 얘기할 수는 없다. 한 집 건너 하나라는 말까지 생겨날 정도로 뷰티 살롱은 이제 골목 상권 곳곳에서 넘쳐나고 있다.

전국적으로 서울, 경기권에 가장 많은 미용실이 포진되어 있지만, 전국에는 이미 10만 개를 넘어서고 있다. 그러다 보니 잘 되는 미용실과 잘 되지 않는 미용실이 구분되며, 프랜차이즈냐, 개인 살롱이냐에 따라 매출도 다르게 나타난다.

2020년 최저임금은 주5일, 월급제일 경우 179만 5,310원(209시간 기준)으로 책정되었다. 최저임금의 상승으로 뷰티 살롱에서 서비스와 고객 스킨십을 이끌었던 인턴의 채용은 상대적으로 낮아진 시술 가격과 매출 앞에 어느새 언감생심 쉽지 않은 현실이다.

장기적인 불황 속에서 어차피 미용 경영에 관한 정답은 없다. 알토란같은 1인 미용실을 운영하여 수익률을 높게 창출하든지, 가족 단위의 5인 미만 살롱을 만들어 일을 효과적으로 하든지, 협동조합을 구성하여 새로운 형태의 멀티 플렉스형 미용실을 만들던지 그 어떤 것도 창업자의 의지에 따라 달리 구성할 수 있으나 반드시 경기 현실과 트렌드, 소비자 심리 등을 고려하여야 한다.

❷ 시간관 이론 6가지

시간관	내용
과거 긍정론자	과거에 일어난 좋은 일, 긍정적인 사건에 초점을 맞춘다.
과거 부정론자	과거에 잘못된 모든 일, 부정적인 사건에 초점을 맞춘다.
현재 쾌락주의자	눈앞의 순간만을 살면서 쾌락과 신기함, 감각을 추구하고 고통을 회피한다.
현재 숙명론자	정해진 운명이 인생을 이끌어가므로 미래를 계획하는 것은 불필요한 일이라고 느낀다.
미래 긍정론자	미래를 계획하고 일이 잘 풀려나갈 것이라 믿는다.
미래 부정론자	미래는 이미 정해져 있고 비관적이라고 느끼거나 미래를 대하는 지향성도 없다.

[출처] 도널드 트럼프라는 위험한 사례 : 벤디 리 외

③ 건강한 시간관 vs 건강하지 않은 시간관

건강한 시간관	건강하지 않은 시간관
높은 과거 긍정 / 낮은 과거 부정	높은 과거 부정 / 낮은 과거 긍정
낮은 현재 숙명론 / 온건하고 선택적인 현재 쾌락주의	높은 현재 숙명론 / 높은 현재 쾌락주의
적당히 높은 미래 긍정 지향	낮은 미래 지향 / 미래 지향 없음
영화, 여행, 재밌어, 책, 시간 많아	시간이 없어서, 바빠서, 다음에도 기회가 있어, 잠도 못 잤어, 밥도 못 먹었어

[출처] 도널드 트럼프라는 위험한 사례 : 벤디 리 외

④ 가격이 아닌 전략으로 돌파하라

[사운드 테라피]

[피부 관리실 고객 권리 장전]

피부 관리실 고객 권리 장전

"본 피부관리실의 회원님은 시술 관리의 주체자이자 인격체이며, 존엄한 인간으로 존중 받으며, 관리 받을 권리가 있다."

1. 자기 결정권
고객은 시술 관리에 대한 모든 정보를 제공받고, 시행 여부에 대한 자기 결정권을 갖는다.

2. 알 권리
고객은 담당 관리사로부터 자신의 상태, 관리 계획, 예후 등에 관한 설명을 들을 권리가 있으며, 관리 내역에 대하여 알 권리가 있다.

3. 개인의 신상에 관한 비밀을 보호받을 권리
고객은 시술과 관련하여 사생활 및 신체의 비밀을 보장받을 권리가 있다.
또한, 담당 관리사나 고객이 허용하는 사람을 제외하고는 고객 관리 기록 열람을 금함으로써 시술 관리상의 비밀을 보장받을 권리가 있다

4. 시술을 받을 권리
고객은 어떠한 경우에도 최상의 시술 받을 권리가 있으며, 안락하고 청결한 환경에서 관리를 받을 권리가 있다.
또한, 관리실이 개선하여야 할 사항에 대하여 의견을 제시할 수가 있다.

5. 존중받을 권리
고객은 가치관이나 신념, 종교적인 요구를 보호받을 권리가 있다.

6. 배울 권리
고객은 자신의 시술 관리를 위한 새로운 시술 기법이나 교육의 참여 여부를 선택할 권리가 있다.

[출처] 이범식의 뷰티경영사관학교

9 양극화 해소 및 극복 사례 : TOMMY GUNS

❶ 미용실 + 리테일

[출처] TOMMY GUNS

❷ 시술별 생산성 비교(P. P. H)

ITERM	TIME	PRICE	INCOME	RETURN	REMARKS
PERM	120	80,000	펌제	3~4개월	인건비, 수도세, 전기세 등 기타 제반 비용 공통 상쇄
CUT	20	96,000		1~2개월	
RETAIL	2~3	30,000			

[출처] 이범식의 뷰티경영사관학교

08 실전 문제 풀이

Q1 빅맥지수의 이론적 전제 조건에 해당하는 법칙은 무엇인가?

① 일물일가의 법칙

② 롱테일의 법칙

③ 베블런 효과

④ 샤를 팡티에 효과

Q2 지니계수는 어떤 곡선을 토대로 소득의 불평등 정도를 파악하기 위해 고안한 지수인가?

① 무차별 곡선

② 수요·공급 곡선

③ 로렌츠 곡선

④ 가격 곡선

Q3 2020년 확정된 최저임금의 시급은 얼마인가?

① 8,350원

② 8,590원

③ 9,120원

④ 9,150원

정답

Q1) ① 빅맥지수는 '일물일가의 법칙'을 이론적 전제로 하고 있다.

Q2) ③ 지니계수는 로렌츠 곡선을 토대로 소득불평등 정도를 파악하기 위해 고안한 지수이다.

Q3) ② 2020년 최저임금 시급은 8,590원이다.

쉬어가는 페이지 03

세금 이야기

"Our new Constitution is now established, and has an appearance that promises permanency. but in this world nothing can be said to be certain, except death and taxes."("우리의 새로운 헌법이 설립되었으며, 영속성을 약속하는 모습을 보여줍니다. 그러나 이 세상에서는 죽음과 세금을 제외하고는 확실하다고 할 수 있는 것이 없습니다.")

위와 같은 어록을 남긴 벤자민 프랭클린은 18세기 미국의 정치가, 사상가, 발명가이자 미국 독립선언서 작성에 참여해 건국의 아버지로 일컬어진다. 전기에 관한 실험보고서와 이론은 유럽 과학계에 널리 알려지게 되었는데, 그는 한 번도 과학에 대한 체계적인 교육을 받은 적이 없다. 또한 1757년에 정계에 발을 디딘 뒤 30여 년 동안 큰 족적을 남겼다.

위의 글에서 벤자민 프랭클린이 얘기했듯 인간은 죽음과 세금을 피할 수 없다. 이 장에서는 죽음과 함께 피할 수 없는 세금을 공부하여 세금을 바로 알고 조금이라도 절세할 수 있는 방법을 알아보고자 한다. 혼자서 뷰티 살롱을 운영하는 1인 경영자도 홈택스를 통하면 누구나 쉽고 편리하게 세금 신고를 할 수 있다.

1. 사업자와 세금

1) 부가가치세

사업을 하는 경우에는 원칙적으로 상품(재화)의 거래나 서비스의 제공에 대하여 부가가치세를 내야 한다.

2) 소득세

사업자는 연간 소득에 대하여 1년에 한 번 소득세를 신고하고 납부해야 한다.

3) 근로소득세 원천징수

종업원을 채용하여 월급을 줄 때에는 근로소득세를 원천징수하여 납부하여야 한다.

4) 각종 세금의 신고, 납부 기한

구분	사업자	신고납부기한		신고, 납부할 내용
부가가치세	법인사업자	1기 예정	4.1~4.25	1.1~3.31의 사업실적
		1기 확정	7.1~7.25	4.1~6.30의 사업실적
		2기 예정	10.1~10.25	7.1~9.30의 사업실적
		2기 확정	1.1~1.25	10.1~12.31의 사업실적
	개인사업자 (일반/간이)	1기 확정	7.1~7.25	1.1~6.30의 사업 실적
		2기 확정	1.1~1.25	7.1~12.31의 사업 실적
소득세	개인사업자	확정 신고	5.1~5.31	1.1~12.31의 연간 소득 금액
		중간 예납 (11.15고지)	11.1~11.30	중간 예납 기준액의 1/2
원천징수 이행상황신고	원천징수를 한 사업자	일반사업자	다음달 10일	매월 원천징수한 세액
		반기납부자	7.10, 1.10	

2. 사업자 등록

사람이 태어나면 출생 신고를 하듯이 사업을 하려는 사업자는 반드시 관할 세무서에 사업자 등록을 하여야 한다.

1) 모든 사업자는 사업을 시작할 때 반드시 사업자 등록을 해야 한다. 사업자등록증은 관할 세무서 납세 서비스센터에서 신청 후 1주일 이내에 발급하여 준다.

(1) 사업자등록은 사업장마다 하여야 하며 사업을 시작한 날로부터 20일 이내에 다음의 구비 서류를 갖추어 사업장 소재지 관할 세무서 납세 서비스 센터에 신청하면 된다.

① 사업자등록신청서 1부

② 법인은 법인등기부등본 1부

③ 사업허가증 사본 1부(허가를 받아야 하는 사업의 경우)

④ 사업허가 전에 등록을 하고자 하는 경우에는 사업허가신청서 사본이나 사업계획서

⑤ 사업장을 임차한 경우에는 임대차계약서 사본 1부(임대차계약서에는 1만 원의 인지가 첨부되어야 한다.)

⑥ 2인 이상이 공동으로 사업을 하는 경우 공동 사업 사실을 증명할 수 있는 서류

(2) 사업자등록번호를 한 번 부여받으면 특별한 경우 외에는 바뀌지 않고 평생 사용하게 된다.

(3) 사업을 시작하기 전에 등록할 수도 있다.

(4) 간이 과세자가 되려면 간이과세적용신고도 함께 하여야 한다.

* 간이과세적용대상자 : 전년도 1년가 공급대가 4,800만 원 미만인 개인 사업자

2) 사업자 등록 사항에 변동이 생기게 되면 정정신고

(1) 상호나 업태, 종목 등 사업의 종류를 변경하는 때

(2) 사업장을 이전하는 때

(3) 상속으로 인하여 사업자의 명의가 변경되는 때

(4) 면세 사업자가 추가로 과세 사업을 영위하고자 하는 때

(5) 공동 사업자의 구성원 도는 출자 지분의 변경이 있는 때 등

3) 폐업하는 경우 폐업 신고와 부가가치세 신고

사업을 폐업한 경우에는 폐업 신고와 폐업일까지의 부가가치세 신고를 하여야 한다.

(1) 신고기한 : 폐업일로부터 25일 이내

(2) 제출서류

① 폐업신고서(세무서 납세서비스센터에 비치) 1부

② 사업자등록증 원본

③ 폐업일까지의 부가가치세신고서(세액도 납부하여야 한다.)

3. 부가가치세

1) 부가가치세란?

부가가치세란 사업자가 영업활동을 하는 과정에서 상품(재화)의 거래나 서비스(용역)의 제공 과정에서 얻어지는 '부가가치'(이윤)에 대하여 과세하는 세금이며 매출세액에서 매입세액을 차감하여 납부하는 것이다.

부가가치 = 매출액 - 매입액

[우리나라의 부가가치세 계산구조]

부가가치세 = 매출세액 - 매입세액 = (매출액×세율 10%) - (매입 시 부담한 세액)

(1) 부가가치세는 물건을 구입하는 사람(소비자)이 부담하는 세금이다. 사업자는 소비자가 부담한 세금을 잠시 보관하였다가 국가에 내는 것에 지나지 않는다.

(2) 부가가치세는 사업자가 얻은 수입 중에서 내는 세금이 아니다. 부가가치세는 상품을 판매하거나 서비스를 제공하는 과정에서 거래 상대방으로부터 받아 놓은 세금이므로 결손이 나더라도 세금을 내야 한다.

(3) 부가가치세를 부담하고 물건을 구매하였더라도 세금계산서를 받지 않았으면 매입 세액을 공제받을 수 없다.

(4) 부가가치세는 사업장 단위로 과세한다.

① 2인 이상이 사업장이 있는 경우에는 각 사업장마다 부가가치세를 신고, 납부한다.

② 다만, 주사업장 총괄납부승인을 받은 경우에는 주된 사업장에서 총괄하여 납부 또는 환급받을 수 있다. 이 경우에도 신고는 각 사업장별로 하여야 한다.

(5) 부가가치세는 자율신고, 납부하여야 하는 세금이다. 부가가치세는 자신신고, 납부하는 세금이므로 사업자가 스스로 신고서를 작성하여 사업장 관할 세무서에 신고, 납부하여야 한다.

2) 부가가치세의 신고납부

부가가치세는 6개월을 과세기간으로 하여 신고납부하게 되며 각 과세기간을 다시 3개월로 나누어 중간에 예정신고 기간을 두고 있다.

구분	과세대상기간		신고납부기간	신고대상자
제1기 1.1~6.30	예정신고	1.1~3.31	4.1~4.25	법인사업자
	확정신고	1.1~6.30	7.1~7.25	법인, 개인사업자
제2기 7.1~12.31	예정신고	7.1~9.30	10.1~10.25	법인사업자
	확정신고	7.1~12.31	다음해 1.1~1.25	법인, 개인사업자

(1) 법인사업자 : 예정신고와 확정신고를 모두 한다.

(2) 개인사업자 : 확정 신고만 한다. 예정신고는 하지 않음(절반 고지 납부)

※ 예정고지제도
개인사업자에 대하여 예정신고를 하는 대신 직전과세기간에 대한 납부세액의 1/2을 결정, 고지하여 납부토록 하는 제도

(3) 예정신고 대상자

① 직전 과세기간에 대한 납부세액이 없는 자

② 각 예정신고기간에 신규로 개업한 자

③ 예정신고기간에 간이과세자에서 일반과세자로 변경된 자

④ 각 예정신고기간의 공급가액 또는 납부세액이 직전과세기간의 공급가액 또는 납부 세액의 1/3에 미달하는 자

⑤ 예정신고기간분에 대하여 조기 환급을 받고자 하는 자

⑥ 총괄납부 승인을 얻은 자

(4) 일반과세자와 간이과세자의 구분

부가가치세 과세사업자는 일반과세자와 간이과세자로 구분되며 그 유형에 따라 세금의 납부절차와 세부담에 차이를 두고 있다.

구분	기준금액	세액계산
일반 과세자	직전 1년의 공급대가 4,800만 원 이상 시	납부세액 = 매출세액(매출액의 10%) - 매입세액(매입액의 10%)
간이 과세자	직전 1년의 공급대가 4,800만 원 미만 시	납부세액 = (공급대가 × 업종별 평균부가가치율 × 10%) - 공제세액 * 공제세액 : 매입 시 세금계산서를 교부받으면 세금계산서에 기재된 매입세액 * 당해업종의 부가가치율

공급대가 = 공급가액 + 부가가치세

3) 부가가치세 신고의 역할

(1) 부가가치세 신고 시 매출액은 종합소득세 신고 시 매출액으로 사용된다. 부가가치세 신고를 정확히 함으로써 종합소득세의 금액도 어느 정도 확정되므로 부가가치세 신고는 중요하다.

(2) 올해 부가세 공급대가 신고액으로 다음해 부가가치세 과세유형이 결정된다. 부가가치세 과세사업자는 일반과세자와 간이과세자로 구분되며 그 유형에 따라 세금의 납부 절차와 세부담에 차이를 두고 있다.

(3) 부가가치세 신고 시 준비할 내용

① 전기(6개월) 부가가치세 신고서

② 사업자등록증 사본

③ 당기에 수령한 세금계산서

④ 당기에 발행한 신용카드매출전표(합계액을 조회하여 두는 것이 좋음)

⑤ 당기 예정고지서 납부영수증

⑥ 사업장현황명세서를 기재하는 데 필요한 사항

㉠ 기본사항 : 사업장 면적, 객실 수, 탁자 수, 종업원 수 등

㉡ 기본 경비 : 임차료, 전기, 가스료, 수도료, 인건비, 기타

(4) 신고 시 유의사항

현금 매출과 신용카드 매출의 비율에 대한 사전 준비를 한다.

① 부가가치율

㉠ 일반 이, 미용업 : 70%(1.5억 이상 : 62.9%)

㉡ 비누, 화장품 소매업 : 12.69%(1.5억 이상 : 9.42%)

② 표준소득률

㉠ 일반 이, 미용업 : 19.8%(자가 22.8%)

㉡ 비누, 화장품 소매업 : 12.9%(자가 15.9%)

4) 세금계산서, 계산서, 신용카드매출전표

사업자는 거래를 할 때 세금계산서, 계산서(면세사업자가 발행), 신용 카드매출전표 또는 영수증을 발행하거나 교부받아야 한다.

세금계산서, 계산서, 신용카드(체크카드)매출전표를 '정규 영수증'이라 한다.

(1) 세금계산서 : 일반과세자만 발행

① 세금계산서는 물건을 판매한 사업자가 구매자로부터 부가가치세를 징수하였음을 증명하기 위하여 구매자에게 교부하도록 법에서 정하고 있는 세금 영수증이다.

㉠ 간이과세자 : 세금계산서를 교부할 수 없다. 신용카드매출전표, 영수증 발행

㉡ 일반과세자로서 영수증을 교부하는 경우 : 주로 소비자를 상대로 영업하는 일반과세자(소매업, 음식, 숙박업, 서비스업 등)

② 세금계산서를 주고받으면 다음과 같은 혜택이 있다.

㉠ 일반과세자는 매입세액을 전액 공제받을 수 있다.

㉡ 간이과세자는 매입 세액에 업종별 주가가치율을 곱하여 계산한 금액을 공제받을 수 있다.

㉢ 모든 사업자의 소득세를 계산할 때 필요경비 증빙자료로 인정된다.

③ 세금계산서를 주고받을 때는 다음 사항을 주의하여야 한다. 세금계산서에 아래의 기재사항이 사실과 다르게 기재되면 세금계산서로서의 효력이 인정되지 않으므로 사실대로 정확히 기재하여야 한다.

㉠ 공급하는 사업자의 등록번호, 성명 또는 명칭

㉡ 공급받는 자의 등록번호

㉢ 공급가액과 부가가치세액

㉣ 작성연월일

④ 세금계산서를 주고받지 않거나, 사실과 다르게 주고받을 때는 다음과 같은 불이익을 받게 된다.

㉠ 공급자는 공급가액의 1%를 가산세로 물게 되며, 매입자는 매입 시 부담한 부가가치세를 공제받을 수 없다.

㉡ 허위로 세금계산서를 주고받거나 이를 중개하는 행위에 대해서는 2년 이하의 징역 또는 무거운 벌금을 물게 된다.

(2) 계산서

계산서는 부가가치세 면세사업자가 재화나 용역을 공급할 때 판매자가 구매자에게 교부하도록 법에서 정하고 있는 영수증이다.

(3) 신용카드 매출전표(체크카드 포함)

① 신용카드 매출전표를 발행하면 다음과 같은 혜택이 있다.

㉠ 신용카드 매출 전표에 의한 매출액의 1%(500만 원 한도)를 부가 가치세에서 공제해 준다.

㉡ 신용카드에 의한 매출액 증가분에 대하여는 소득세 부담을 줄여 준다.

② 신용카드로 구매하면 다음과 같은 혜택이 있다.

㉠ 일반과세자는 신용카드 매출전표를 교부받으면 그 매입세액을 공제받을 수 있다.

㉡ 모든 사업자의 소득세를 계산할 때 필요경비 증빙자료로 인정된다.

㉢ 근로자는 연말정산 시 소득공제를 받을 수 있다.

5) 일반과세자의 신고, 납부

(1) 과세표준

부가가치세의 과세표준은 과세기간의 매출액(공급가액 : 부가가치세를 제외한 금액)의 합계액으로 한다.

(2) 매입세액

① 매입세액의 공제 : 매입세액이란 사업자가 재화 또는 용역을 공급받을 때 부담한 부가가치세액을 말하며, 매입세액을 공제받기 위해서는 다음의 요건을 갖추어야 한다.

㉠ 공급받은 재화 또는 용역을 사업자 본인의 과세사업에 사용하였거나 사용할 것

㉡ 세금계산서를 교부받을 것

② 매입세액 불공제 : 다음의 경우에는 매입세액을 공제받을 수 없다.

㉠ 세금계산서를 교부받지 않거나 다음의 필요적 기재사항이 누락 또는 사실과 다른 경우

가. 공급하는 사업자의 등록번호, 성명 또는 명칭

나. 공급하는 자의 등록번호

다. 공급가액과 부가가치세액

라. 작성연월일

㉡ 매입처별세금계산서 합계표를 미제출하거나, 부실 기재한 경우

㉢ 사업과 직접 관련이 없는 매입세액

㉣ 비영업용 소형 승용자동차의 구입과 유지에 관련된 매입세액

㉤ 접대비 등의 지출에 관련된 매입세액

㉥ 면세사업 관련 매입세액

㉦ 등록 전 매입세액

※ 다만, 등록신청일로부터 역산하여 20일 이내의 것은 매입세액을 공제 받을 수 있다.

(3) 신용카드 매출전표 수취명세서 제출분 매입세액공제

공급자(일반과세자)가 신용카드 매출전표 또는 체크카드 영수증에 공급받는 자와 부가가치세액을 별도로 기재하여 교부한 경우에는 '신용카드 매출전표 수취명세서'를 제출하고 매입세액공제를 받을 수 있다.

※ 참고
전기료, 전화료, 휴대폰 요금, 기타 지로 등으로 고지서가 발행되는 지출의 경우 고지서, 영수증 등에 부가가치세가 구분 표시되고, 공급자는 사업자의 사업자등록번호가 기재되어 있는 경우 매입세액으로 공제가 가능하다.

(4) 경감, 공제세액

① 신용카드 매출전표 발행 공제 : 신용카드 매출전표(체크카드, 전자화폐 포함)를 발행한 개인사업자는 신용카드 매출전표발행금액의 1%를 공제 받을 수 있다.(연간 500만 원 한도)

※ 법인은 적용하지 않는다.

② 기타의 공제, 경감세액에는 다음과 같은 것이 있다.

㉠ 예정고지세액

㉡ 예정신고 미환급 세액

(5) 가산세

① 사업자 미등록 가산세

사업자가 사업개시일로부터 20일 이내에 사업자등록을 신청하지 않은 경우에는 공급가액의 1%를 가산세로 물게 된다.

② 매입세금 계산서 관련 가산세는 다음과 같은 것이 있다.

㉠ 매입처별세금계산서 합계표상의 공급가액을 사실과 다르게 과다 기재하여 신고한 경우 : 공급가액 × 1%

㉡ 공급시기까지 세금계산서를 교부받지 않았으나 당해 공급일이 속하는 과세 기간 내에 세금계산서를 교부받아 매입세액을 공제 받은 경우 : 공급가액 × 1%

③ 신고 불성실 가산세

부가가치세 신고를 아니하거나 미달하게 신고한 경우에는 미달한 납부세액의 10%를 가산세로 물게 된다.

④ 납부 불성실 가산세

신고와 함께 납부하여야 할 세액을 납부하지 아니하거나 미달하게 납부한 경우

공급대가 = 공급가액 + 부가가치세

6) 간이과세자의 신고납부

직전연도 공급대가가 4800만 원 미만인 사업자는 간이과세자로 구분된다. 간이과세자는 영세한 사업자로 간편한 방법으로 부가가치세를 신고 납부하도록 하고 있다.

※ 법인은 간이과세자가 될 수 없다. 간이과세자의 납부할 세액은 다음과 같이 계산한다.

납부할 세액 = (매출액 × 업종별 부가가치율 × 10%) − 공제세액 + 가산세

※ 과세기간(6개월)의 매출액이 1,200만 원 미만인 경우에는 납부할 세금을 면제한다.

(1) 매출액(공급대가 : 공급가액 + 부가가치세)

물건을 팔거나 용역(서비스)을 제공하면서 부가가치세를 포함하여 받은 대가를 말한다.

(2) 업종별 부가가치율

업종 \ 연도	업종별 부가가치율
제조업, 소매업, 전기, 가스, 수도업	20%
건설업, 부동산 임대업, 기타 서비스업, 농수임어업	30%
음식업, 숙박업, 운수, 창고, 통신업	40%

(3) 공제세액

거래질서 정상화 및 소규모 사업자의 세부담 경감을 목적으로 다음과 같은 여러가지 공제제도를 두고 있다.

구분	공제세액 계산방법
예정고지세액 또는 예정신고세액	부가가치세는 원칙적으로 매 3개월마다 신고하여야 하나 개인사업자에 대하여는 예정신고의무를 면제하고 정부가 예정고지하는 일정세액을 납부하는 제도를 운영하고 있다. 이 때 개인사업자는 확정신고때 6개월의 사업내용을 대상으로 부가가치세를 신고납부하여야 하는데, 이 때 예정 고지세액을 기납부세액의 성격으로 납부세액에서 차감한다.
매입세금계산서에 대한 세액공제	매입세금계산서에 기재된 부가가치세의 합계액×업종별 부가가치율 *제출서류 : 매입처별 세금계산서합계표
신용카드매출액에 대한 세액공제	신용카드매출액×1%(연간 500만 원 한도) *제출서류 : 신용카드매출전표 발행금액 등 집계표

(4) 일반과세자와 간이과세자의 차이점

간이과세자의 과세기간(6개월)의 매출액이 1200만 원 미만인 경우에는 신고서만 제출하고 부가가치세는 납부하지 않아도 된다.

구분	일반과세자	간이과세자
매출세액	공급가액×10%	공급대가×10%×업종별 부가가치율
세금계산서 발행	발행	발행할 수 없음
매입세액 공제	전액 공제	매입세액×업종별 부가가치율
기장의무	매입·매출장 등 기장의무	주고받은 영수증 및 세금계산서만 보관하면 기장한 것으로 봄

4. 소득세

1) 종합소득세 일반

종합소득(이자, 배당, 부동산임대, 사업, 근로, 연금, 기타소득)이 있는 사람은 다음연도 5월 1일부터 5월 31일까지 종합소득세를 신고 납부하여야 한다.

(1) 종합소득세는 1년을 단위로 과세된다. 종합소득이 있는 사람은 매년 1.1부터 12.31까지의 소득을 합하여 다음해 5.1부터 5.31까지 신고 · 납부해야 한다.

(2) 소득세는 주소지를 납세지로 한다. 즉, 사업장소재지와 관계없이 주소지 관할 세무서에 신고한다.

(3) 소득세는 개인별로 과세한다.

(4) 소득세는 누진세율 구조로 되어 있다. – 8%~35%까지 4단계로 되어 있다.

(5) 소득세는 자율신고 · 납부하여야 하는 세금이다. – 신고기간 : 다음연도 5.1~5.31

2) 소득세란

소득세는 여러 가지 경제활동을 통하여 얻는 소득에 대하여 내는 세금이다.

[종합소득세계산구조]

총수입금액 - 필요경비 = 종합소득금액

소득금액 - 소득공제 = 과세표준

과세표준 × 소득세율 = 소득세 산출세액

산출세액 - 중간예납세액 = 납부할 세액

3) 종합소득금액

소득이란 연간 총수입금액(매출액)에서 그 수입을 얻기 위하여 지출한 경비(비용)를 뺀 금액을 말한다. 종합소득은 이자, 배당, 부동산임대, 사업, 근로, 연금, 기타소득의 소득의 합계액을 말한다.

소득금액 = 연간총수입금액 - 필요경비

(1) 총수입금액

총수입금액이란 매출액을 말하는 것으로 부가가치세 과세사업자는 부가가치세 과세표준을 말한다. 한편, 다음연도 5월 중순경 사업자의 주소지로 발송되는 소득세 신고 안내문에 총수입금액이 기재되어 있으므로 그 금액을 총수입금액으로 사용하여도 된다. 단, 이러한 안내액이 실제 신고액과 다른 경우가 있으므로 부가가치세 신고서상 금액과의 차이를 확인하여 정확한 금액을 사용하여야 한다.

(2) 필요 경비

필요경비란 매출을 얻기 위하여 지출된 비용을 말하며, 이를 인정받기 위해서는 장부 및 증빙서류를 기록 · 보관하여야 한다. 필요경비의 예는 다음과 같다.

① 필요경비로 인정되는 비용

- 재료비, 임차료 · 관리비, 인건비
- 사업용 자산에 대한 손해보험료, 자동차보험료
- 사업용 고정자산의 감가상각비
- 각종 사업용 경비(소모품구입비, 직원식대, 전기료, 전화료, 신문·잡지 구독료, 종업원교육비, 커피·차 구입비)
- 의료보험 · 고용보험법에 의하여 사용자가 부담하는 의료보험료 · 고용 보험료 등

② 필요경비로 인정되지 않는 비용

- 사업과 관련 없이 가정에서 지출한 경비
- 소득세와 소득 할 주민세, 벌금, 과태료, 세법에 의한 가산금과 체납 처분비
- 접대비의 한도초과액(접대비는 세법상 정하는 금액까지만 경비로 인정)
- 직접 그 업무와 관련이 없다고 인정되는 금액 등

(3) 장부의 비치 · 기장

① 개요

모든 사업자는 장부를 비치 · 기장하여야 한다. 소득세는 납세자 스스로 본인의 소득을 계산하여 신고 · 납부하는 세금이다. 하지만, 소득의 계산은 납세자 임의의 방법으로 하는 것이 아니고 세법에 의한 장부를 기록 · 보관하고 이를 토대로 계산하여야 한다. 따라서 사업자는 사업규모에 따라 복식부기장부 또는 간편장부를 비치 · 기장하여야 하고, 이를 이행하지 않으면 여러 가지 불이익을 받게 된다.

5. 장부 기장 의무 및 신고 방법

종합소득세는 장부를 기장하여 신고하는 방법과 무기장에 의한 신고방법이 있다.

1) 장부기장의무

(1) 직전년도 수입금액(매출액) 7,500만 원 이상 시 : 복식부기

(2) 직전년도 수입금액(매출액) 7,500만 원 미만 시 : 간편장부

2) 장부무기장 시 과세방법

(1) 직전년도 수입금액(매출액) 4,800만 원 이상 시 : 기준경비율제도 적용

(2) 직전년도 수입금액(매출액) 4,800만 원 미만 시 : 단순경비율제도 적용

3) 장부기장과 무기장 시 경비인정 범위

(1) 장부기장 시

세금계산서, 신용카드매출전표, 계산서 또는 영수증을 구비하여 지출을 입증한 금액을 필요경비로 인정한다.

(2) 무기장 시

구분	내용
직전년도 매출 4,800만 원 이상자 (기준경비율제도 적용)	주요경비를 세금계산서, 신용카드매출전표, 계산서의 정규증빙을 수취, 보관하여야 인정한다. 단, 10만 원 미만의 지출의 경우에는 영수증을 수령하여도 된다.
직전년도 매출 4,800만 원 미만자 (단순경비율제도 적용)	과거의 표준소득률제도처럼 현실적으로 증빙을 갖추지 않아도 일정비율의 경비를 인정한다.

※ 참고 : 지출증빙으로 신용카드매출전표 또는 세금계산서의 수령의무

① 접대비의 경우 5만 원을 초과 시 신용카드 또는 세금계산서를 수령하지 않는 경우 경비로 인정되지 않는다.

② 일반경비는 5만 원 초과액을 지출 시 신용카드 또는 세금계산서를 수령하지 않는 경우 지출액의 2%를 가산세로 납부하여야 한다.

③ 신용카드란 은행계카드, 백화점카드, 직불카드를 말하며, 종업원 명의로 된 카드는 인정하지 않는다.

4) 복식부기의무자

복식부기의무자란 다음에 설명하는 간편장부 대상자를 제외한 모든 사업자를 말한다. 복식부기의무자는 사업의 재산 상태와 손익거래 내용의 변동을 빠짐없이 이중으로 기록한 장부를 기록 · 보관하고 이를 기초로 작성된 대차대조표, 손익계산서 등을 신고서와 함께 제출하여야 한다.

5) 간편장부대상자

(1) 당해 연도에 신규로 사업을 시작한 사업자

(2) 또는 직전년도의 수입금액이 7,500만 원 미만인 사업자를 말한다.

6) 무기장 시 불이익

장부를 기장하지 않으면 다음과 같은 불이익을 받게 된다.

(1) 간편장부대상자는 기장세액공제(10%)를 받지 못하고, 산출세액의 10%를 무기장 가산세로 물게 된다.

(2) 수입보다 비용이 많아 결손금이 발생했더라도 이를 인정받지 못하고 세금을 내야 한다.

7) 간편장부

① 간편장부는 중 · 소규모 개인사업자를 위하여 국세청에서 특별히 고안된 장부이다.

② 간편장부는 회계지식이 없는 사람이라도 쉽고 간편하게 작성할 수 있으며 이에 의하여 소득세와 부가가치세의 신고가 가능하다.

③ 거래가 발생한 날짜 순서로 기록만 하면 장부를 기장한 것으로 인정한다.

8) 기준경비율제도

기준경비율제도란 무기장자도 사업에 기본적인 경비(주요경비)는 증빙(증거서류)이 있어야만 필요경비를 인정받고 나머지 경비는 정부가 정한 기준경비율에 의해 필요경비를 인정받는 제도이다.

(1) 기준경비율에 의한 소득금액 계산방법

소득금액 = 수입금액 - 주요경비 - (수입금액×기준경비율)

(2) 주요경비 : 매입경비, 인건비, 임차료

① 매입비용 : 상품, 원재료의 매입과 외주가공비를 말한다. (제외 : 고정 자산의 매입, 음식료, 보험료, 수리비 등)

㉠ 인정요건 : 세금계산서, 계산서, 신용카드매출전표를 수취하여야 한다.(5만 원 이하의 지출 시는 영수증 수취가능)

② 인건비 : 종업원의 급여 · 임금 · 일용근로자의 임금과 실지 지급한 퇴직금

㉠ 인정요건 :

- 급여, 임금, 퇴직금 : 원천징수영수증을 세무서에 제출하여야 한다.
- 일용근로자 임금 : 소득을 지급받은 자의 주소, 성명, 주민등록번호 등 인적 사항을 확인하고 소득을 지급받은 자가 서명 날인한 증빙 서류를 보관하여야 한다.

③ 임차료 : 사업용 고정자산(건축물 및 기계장치)의 임차료를 말한다.

㉠ 인정요건 : 세금계산서, 계산서, 신용카드매출전표를 수취하여야 한다. (5만 원 이하의 지출 시는 영수증 수취가능)

※ 참고 : 표준소득률과 기준경비율의 차이점

① 표준소득률 : 주요경비가 지출되는 것을 감안하여 정하여진다.

② 기준경비율 : 주요경비를 제외한 지출만을 감안하여 정하여진다.

③ 차이 : 주요경비의 증빙이 없을 경우에는 기준경비율에 의한 소득이 표준소득율에 의한 소득보다 훨씬 많게 된다.

(3) 단순경비율에 의한 소득금액 계산방법

소득금액 = 수입금액 - (수입금액×단순경비율)

6. 소득 공제

소득금액 - 소득공제 = 과세표준

소득공제에는 다음과 같은 것이 있다.

구분	공제 금액	비고
기본공제	1인당 100만 원	
추가공제	1인당 50만 원 또는 100만 원	
다자녀추가공제	자녀 2인 이상 시 공제	
특별공제(표준공제)	60만 원	
개인연금저축	불입액의 40%(72만 원 한도)	2000년 이전 가입분
	불입액 전액(240만 원 한도)	2001년 이후 가입분
국민연금보험료공제	전액	

1) 기본공제

다음에 해당하는 가족 수에 1인당 100만 원을 곱한 금액을 소득금액에서 공제한다.

(1) 거주자(납세자 본인)

(2) 거주자의 배우자(배우자의 소득금액이 100만 원 이상이면 제외)

(3) 거주자와 생계를 같이 하는 다음의 부양가족(부양가족의 소득금액이 100만 원 이상이면 제외)

① 거주자(배우자포함)의 직계존속으로서 60세(여자 55세) 이상인 자

② 거주자의 직계비속과 입양자로서 20세 이하인 자

③ 거주자(배우자 포함)의 형제자매로서 20세 이하 또는 60세(여자 55세) 이상인 자

④ 국민기초생활보장법 제2조 제2호의 수급자

※ 추가공제 대상 장애자에 해당되는 경우에는 연령 제한을 받지 않는다.

2) 추가 공제

기본공제대상자가 다음의 사유에 해당하는 경우 해당하는 인원수에 다음 금액을 곱한 금액을 추가로 공제한다.

(1) 장애인공제 : 1인당 200만 원을 추가공제

(2) 경로우대공제 : 기본공제대상자가 65세~70세 미만 시 1인당 100만 원을 추가공제. 기본공제대상자가 70세 이상 시 1인당 150만 원을 추가공제

(3) 부녀자공제 : 당해 소득자가 배우자가 없는 여성으로서 부양가족이 있는 세대주이거나 배우자가 있는 여성인 경우 50만 원을 추가공제

(4) 기본공제자가 6세 이하의 직계비속인 경우 직계비속 1인당 100만 원을 추가공제

3) 다자녀 추가공제

(1) 기본공제대상자인 자녀가 2인인 경우 50만 원을 추가공제

(2) 기본공제대상자인 자녀가 2인을 초과하는 경우 1인당 100만 원을 추가 공제

4) 개인연금저축에 대한 소득공제

본인 명의로 개인연금저축에 가입한 거주자는 다음의 금액을 소득 금액에서 공제한다.

(1) 2000년 이전 가입자 : 당해 연도 저축 불입액의 40%(72만 원 한도)

(2) 2001년 이후 가입자 : 당해 연도 저축 불입액 전액(240만 원 한도)

5) 국민연금보험료에 대한 소득공제

본인 명의로 국민연금에 가입한 거주자는 당해 연도에 납부한 보험료 전액

6) 준비서류

구분	소득자가 준비해야할 소득공제 증빙서류
기본 공제	주민등록표등본, 호적등본(부양대상 직계존속이 주거를 함께 하지 아니하는 경우에 제출한다), 수급자증명서 등
추가 공제	장애인증명서 또는 장애인등록증(수첩) 사본
(개인)연금저축공제	(개인)연금저축납입증명서 또는 (개인)연금저축통장 사본

7. 종합 소득세율

과세표준	세율	누진공제
1,000만 원 이하	8%	-
1,000만 원 초과 4,000만 원 이하	17%	900,000원
4,000만 원 초과 8,000만 원 이하	26%	4,500,000원
8,000만 원 초과	35%	11,700,000원

8. 중간 예납 제도

소득세는 1년간의 세금을 일시에 납부함에 따른 부담을 덜어주기 위하여 세액의 일부를 미리 납부하는 "중간예납" 제도를 채택하고 있다.

1) 납부할 세액

전년도 납부 종합소득세액의 1/2
단, 중간예납세액이 20만 원 미만 시는 중간예납세액이 고지되지 않으므로 납부하지 않아도 된다.

2) 납부방법

세무서에서 발송한 중간예납고지서에 의하여 납부

3) 납부기간

11월 15일~11월 30일까지

9. 종합 소득세의 신고 납부

1) 신고기간

다음연도 5월 1일부터 5월 31일까지

2) 신고 시 제출할 서류

신고 시 제출할 서류는 다음과 같다.

(1) 종합소득세 · 농어촌특별세 과세표준확정신고 및 자진납부계산서

(2) 소득공제신고서

(3) 주민등록등본 또는 호적등본(소득공제사항이 전년도 신고내용과 변동사항이 있는 경우에만 제출)

(4) 납세의무자 또는 동거가족이 취학, 질병의 요양, 근무상 또는 사업상 형편 등으로 본래의 주소 또는 거소를 일시 퇴거한 경우

① 일시퇴거자 동거가족 상황표

② 퇴거 전 주소지와 일시퇴거지의 주민등록등본

③ 일시퇴거확인증명서(재학증명서, 요양증명서, 재직증명서, 사업자등록 사본 등)

3) 소득할 주민세의 납부

종합소득세 납부세액의 10%의 주민세를 소득세에 덧붙여 5월 31일까지 납부하여야 한다.

Chapter

09 필립 코틀러 마케팅

1 필립 코틀러의 마케팅 정의

고객이 원하는 것을 수익을 얻으면서 충족시켜 주는 것

2 필립 코틀러의 6가지 기업 사회 공헌 유형

❶ 공익 캠페인(Cause Promotions)

공익 캠페인은 특정 사회 문제에 대한 대중의 인식과 관심을 환기시키기 위한 활동으로 성공의 관건은 효과적인 커뮤니케이션이다. 또한 기업의 사명에 부합하는 사회 문제일수록 좋다.

추진 시에는 그 해당 사회 문제에 전문성을 가지고 있는 비영리기관과 파트너십을 맺는다. 인식 변화에 초점을 두고 있는 만큼 사람들의 행동 변화에 목표를 두고 있는 것은 아니다.

(1) 공익 캠페인 성공 사례

기업	대표적 활동	주요 파트너
벤앤제리스	새로운 맛의 아이스크림 콘서트 투어, CD, 웹사이트, 공익광고	데이브 매튜스 밴드, Save Our Environment.org
펫츠마트	매장과 웹사이트를 통한 기금 모금, 매장 안에 애완동물 입양센터를 위한 공간 제공	펫츠마트자선재단, 동물보호단체
앨리브	관절염 환자 걷기 대회 홍보: 인쇄물, 공익광고, 웹사이트, 티셔츠, 현수막, 행사 안내소	관절염 재단
브리티시 항공	동전 수거용 봉투 제공, 승무원들의 안내, 웹사이트	유니세프
월마트	매장 직원들의 홍보	어린이를 위한 기적의 네트워크
퍼레이드	그레이트 아메리칸 빵 판매 행사, 웹사이트	SOS, ABC TV
노드스트롬	매장 내 사진 전시회, 공익광고	흑인 사진작가들
바디샵	매장 내 캠페인 표어설치, 인쇄물, 배지, 탄원서, 포장지에 스티커 부착, 공익광고, 웹사이트	동물보호단체
존슨앤존슨	광고, 간호사 모집 홍보 자료, 특별 행사, 공익광고, 웹사이트	간호사협회, 단과대학, 종합대학, 보건의료기관
렌즈크래프터스	안경 수거, 직원 자원봉사, 인쇄물, 웹사이트	국제라이온스클럽, 북아메리카의 자선단체들

[출처] 착한 기업이 성공한다. / 필립 코틀러

❷ 공익 연계 마케팅(Cause-Related Marketing)

기업이 특정 상품의 판매량을 기준으로 수익의 일정 부분을 특정 사회 문제에 기부금 형태로 제공하는 것이다. 특정 상품 판매 촉진과 함께 비영리 기관의 한시적인 기금 마련에 도움을 주는 경우가 해당된다. 때론 아예 기부를 위한 상품을 만들어 마케팅을 펼치는 경우도 있다.

기업은 물건을 팔아서 좋고 비영리 기관은 사업비 및 운영비를 확보할 수 있어서 좋다. 전형적인 마케팅 기법이 동원되어야 한다. 얼마나 많이 파느냐가 관건이다. 거의 'B to C(Business to Customer)'기업에만 적용 가능한 마케팅이다.

(1) 공익 연계 마케팅 성공 사례

기업	대표적 활동	주요 파트너
금융기업들과 제휴카드	제휴 신용카드 사용 시 수수료를 근거로 금융기업이 자선단체에게 기부금 제공	NGO와 협회들
에이본과 에이본 재단	'핑크 리본' 상품 판매액의 일정 비율이 에이본 재단에 기증됨	에이본의 상품 판매처 유방암 관련 단체
QVC	'단짝 친구들'기념 선버스트 핀의 판매액 5퍼센트를 기부금으로 적립	미국유산재단
라이솔	라이솔의 특정 상품 할인 쿠폰 사용 시 5퍼센트씩 적립	미국을 아름답게(KAB)
타깃	모든 구매액의 1퍼센트, 타깃 비자카드로 물품 구매시 0.5퍼센트를 고객이 지정한 학교에 적립	공립학교들
AT&T 브로드밴드 컴캐스트	초고속 인터넷 서비스 설치 1건당 7달러씩 기부금으로 적립	RMHC
아테나 워터	순이익금 100퍼센트를 연구 기금으로 기부	여성 암 연구 및 보건의료단체들
노스웨스트항공	회원이 기부한 마일리지 상요에 장애 아동을 연계해 무료 여행 지원	아동복지를 위한 자선단체들
아메리칸 익스프레스	카드 사용과 거래를 근거로 기부금 적립	기아구제단체들

[출처] 착한 기업이 성공한다. / 필립 코틀러

③ 사회 마케팅(Corporate Social Marketing)

공공의 건강, 안전, 환경 또는 사회복지 개선을 목표로 기업이 특정 행동의 변화를 기획, 시도할 때 하는 방식을 말한다. 공익 캠페인과 다른 점은 행동 변화에 목표를 두고 있다는 것이다.

사회적으로 바람직한 특정 행동을 할 수 있도록 하는 것이다. 소비자의 행동 변화 자체가 기업의 마케팅 활동에 긍정적인 영향을 미칠 수 있으면 더없이 좋다. 돌(Dole)에서 진행한 '하루 5가지(5A Day)'같은 캠페인이 대표적이다.

(1) 사회 마케팅 성공 사례

기업	대표적 활동	주요 파트너
서브웨이	라디오, TV, 팸플릿	미국심장협회
P&G	신생아용 기저귀에 '아기 바로 뉘어 재우기' 로고 부착	SIDS재단, 캐나다 보건부
베스트바이	웹사이트, 인쇄물, 재활용 행사, 라디오	지역별 행정기관
머스탱	야외 광고물, 할인쿠폰, 구명조끼 대여 프로그램	아동병원, 구급의료단체, 지역별 행정기관
프리메라 블루 크로스	포스터, 소식지, 뉴스 기사	워싱턴주립의료협회, 워싱턴주립보건국
돌	웹사이트, CD-ROM, 요리책	국립암연구소
세븐일레븐	매장 내 포스터, 특별 행사	텍사스 교통국, 아름다운 텍사스 만들기
크레스트	구강 위생 교육, 치과치료, 구강 위생 도구	미국치과의사협회, 보이스앤드걸스클럽
세이프코	화재 예방법 홍보 인쇄물, 비디오, 강연 행사	소방대원, 지역별 세이프코 지부
홈디포	팸플릿, 워크숍, 할인쿠폰, 웹사이트	수도 설비 공급업체, TV 방송사

[출처] 착한 기업이 성공한다. / 필립 코틀러

4 기업자선(Corporate Philanthropy)

특정 사회 문제에 기업의 자산을 직접 기부하는 방식을 말한다. 기업 사회 공헌 활동에 있어 가장 전통적인 방식이지만 여전히 유효하고 필요한 활동이다.

비영리기관의 든든한 재정적 후원자가 되는 것이다. 단순 기부를 넘어 유통 채널, 기술적 노하우 등 비금전적 기업 자산을 기부하는 형태로 확장되고 있다. 기업 재단을 설립하는 형태로 이 방식에 속한다고 한다.

(1) 기업자선 성공 사례

기업	대표적 활동	주요 파트너
콘아그라 푸즈	전국의 푸드 뱅크 지부, 어린이	아메리카 세컨드 하비스트, 지역별 아동복지단체
GE	옐로스톤국립공원	옐로스톤재단, 미국국립공원관리공단
뉴욕타임즈 컴퍼니 재단	대학, 대학생	대학, 저널리즘 전문가
GM	세이프 키즈의 어린이 보행 안전 캠페인, MADD	자동차판매대리점, 자동차노조연맹,전미 유색인종지휘향상연합
제너럴 밀스	지역별 NGO와 학교	미국영양협회, 제너럴 밀스재단
케네스콜	관련된 사회 문제를 지원하는 몇몇 NGO와 공익재단	주요 사회문제에 주력하는 유력한 NGO
마이크로소프트	전 세계의 빈곤층 지역 사회	각 지역별 정보교육센터들
코스트코 홀세일	조기학습가정과 보육센터	벨뷰커뮤니티대학
REI	지역사회 NGO와 공익기관들	직원

[출처] 착한 기업이 성공한다. / 필립 코틀러

⑤ 지역사회 봉사활동(Community Volunteering Employees Donating Their Money and Talents)

기업의 임직원들이 지역사회 문제에 동참하는 것이다. 가장 쉬워 보이지만 가장 어려운 일이다. 임직원들에게 동기부여도 해야 하고 적절한 봉사 프로그램도 있어야 한다.

물론, 경영진들의 결단도 필요하다. 어려운 만큼 임직원, 자원 봉사자 모두에게 정서적으로 가장 강력한 영향을 미친다.

(1) 지역사회 봉사활동 성공 사례

기업	지원하는 사회문제	대표적 활동	기업의 지원
포드자동차	저렴한 주택 공급	디트로이트 해비타트의 주택 건설 사업에 동참	직원들의 자원봉사 권장, 포상제도
HP	전 세계의 디지털 격차 해소	인도의 시골 마을 등 빈곤층 지역 사회에서 근무	해당 지역에 일정 기간 직원들 파견
페덱스	유나이티드 웨이, 세이프 키즈, 미국 적십자	유나이티드 웨이의 '일일봉사' 행사에 동참	유급 휴가 제공
연방저당공사	저소득층 주택 마련	'노숙자 돕기' 프로그램에 동참	매칭 프로그램, 유급 휴가 제공
셸	환경보호	해안 지역의 잡초와 쓰레기 제거, 물새 연구 프로젝트 참가	자원봉사 프로그램 개발, 특정 프로젝트 참가, 직원에게 기금 지원
AT&T 와이어리스	적십자와 직원들이 선정한 기타 자선단체	특정 지역 사회 단체를 위한 자원봉사팀 조직	직원들이 봉사 활동하는 자선단체에 기부금 지급
팀버랜드	지역사회 단체들	지역사회 자원봉사에 직원 소비자, 공무원까지 동참	연간 40시간의 유급 휴가
IBM	학령기 청소년 지도	직원 봉사자들이 학생들에게 일대일 멘토링 제공	온라인 학생 지도를 지원하는 소프트웨어 제공
리바이스	에이즈	음식물 배송 프로그램, 현장봉사, 교육 활동에 동참	전 직원이 자원 봉사에 동참하도록 독려

[출처] 착한 기업이 성공한다. / 필립 코틀러

6 사회 책임 경영 프랙티스(Socially Responsible Business Practices)

기업이 임의의 경영 및 투자 활동을 통해 지역 사회의 복지 개선과 환경보호에 기여하는 사회 참여 방식이다. 여기서 가장 중요한 단어는 '임의의(任意, Discretionary)'이다. 법이나 규제에 의한 강제가 아니라 기업이 상위의 도덕적, 윤리적 기준에 따라 실천하는 의미를 가지고 있다. 제조, 유통, 판매, 협력업체, 직원 등과 관련된 기업의 주요 방침 및 절차를 포함하는 것이다.

CSV(Creative Shared Value)와 어느 정도 맥을 같이 한다. 사회가 연결되고 투명해질수록 사회 책임 경영은 임의로 선택할 문제가 아니라 필수적으로 해야 하는 활동이 되어 가고 있다.

(1) 사회 책임 경영 프랙티스 성공 사례

기업	대표적 활동	주요 파트너
시스코시스템스	에너지 절약 장비, 생산 시설 설계, 건설	공기업, 미국환경보호국
코카콜라	교육 프로그램	UNAIDS, 각국정부, 제약회사
나이키	정책 개발, 상품 성분 변경	나이키 환경 실천팀
모토롤라	포장재 재사용 시스템	미국환경보호국
인텔	작업 공정 변경, 홍보	협력업체
화이트 웨이브	생산 현장에서 전기 대신 풍력 에너지로 대체	미국환경보호국
스타벅스	기보 ㄴ지침 마련, 교육, 친환경적 커피콩 재배	국제보존협회
크레프트 푸트	라벨표기, 상품 크기 다양화, 교육	외부 자문위원회
치키타	자체 환경인증제도, 기업의 핵심 가치 준수	열대우림동맹

[출처] 착한 기업이 성공한다. / 필립 코틀러

3 NGO가 기업 지원을 이끌어 내는 10가지 방법

(1) 높은 성과를 얻을 수 있는 사회 문제를 선택하라.

(2) 선택한 사회 문제와 연관된 기업들의 명단을 만들어라.

(3) 기업과 접촉하여 관심과 경험의 수준을 파악하라.

(4) 기업의 비즈니스 욕구에 귀를 기울여라.

(5) 가지고 있는 자원과 능력을 적절히 보여줘라.

(6) 지원 사업의 제안을 프레젠테이션을 준비하라.

(7) 실천 계획을 마련하는 기획 단계에 참여하라.

(8) 사업 실행 과정에서 발생하는 사무적인 일을 담당하라.

(9) 성과를 측정하고 보고하는 일에 동참하라.

(10) 기업의 지원 노력에 대한 그 기업이 선호하는 방식으로 인정해 주어라.

09 실전 문제 풀이

Q1 다음 중 마케팅의 정의를 "고객이 원하는 것을 수익을 얻으면서 충족시켜 주는 것"이라고 말한 사람은 누구인가?

① 앨빈 토플러　② 피터 드러커
③ 필립 코틀러　④ 빌 게이츠

Q2 필립 코틀러의 6가지 기업 사회 공헌 유형 중 특정 사회 문제에 대한 대중의 인식과 관심을 환기시키기 위한 활동으로 성공의 관건은 효과적인 커뮤니케이션을 강조한 것은 무엇인가?

① 공익 캠페인　② 공익연계 마케팅
③ 사회 마케팅　④ 기업자선

Q3 지역사회 봉사활동 성공 사례 중 리바이스 기업이 지원하는 사회문제는 무엇인가?

① 결핵　② 심정지
③ 유방암　④ 에이즈

| 정답 |

Q1) ③ 필립 코틀러의 마케팅 정의이다.
Q2) ① 공익 캠페인에 관한 설명이다.
Q3) ④ 리바이스는 에이즈를 사회문제로 지원하고 있다.

Chapter

10 글로벌 K-뷰티 현재와 미래

1 한류의 주역, K-뷰티

현재 K-뷰티는 K-POP과 함께 한류를 이끄는 주역으로 평가받고 있다. 일반적으로 뷰티는 메이크업부터 네일, 헤어 등 넓은 미용 분야를 지칭하는 말이나, 글로벌 환경에서의 K-뷰티는 스킨케어, 색조 등으로 구성된 메이크업 제품과 맑고 촉촉한 피부를 연출하는 화장술, 그리고 메이크업 제품 제조 기술 등을 칭하는 말로 통용된다.

미국의 유명 편집숍 세포라에는 한국의 토니모리, 투쿨포스쿨 같은 국내 로드숍 제품부터 국내에서는 생소하지만 아예 글로벌 마켓을 타깃으로 K-뷰티 제품임을 전면적으로 내세우며 출시된 kaja 등이 인기를 얻고 있다.

색조 화장품 외에도 국내의 스킨케어 루틴은 하루를 마치고 나에게 선사하는 힐링의 개념으로 외국에 수출되고 있기도 하다.

한국 화장품의 기술력은 이미 전 세계적으로 인정받고 있다. 특히 로드샵 브랜드를 주축으로 한 국내 뷰티 제품은 저렴한 가격에 비해 뛰어난 퍼포먼스를 보이며 성분면에서도 안정성을 높게 평가받고 있다.

특히 외국인들이 생소하게 여기는 달팽이 점액, 봉독 등을 화장품에 활용하는 등의 색다른 시도가 해외 소비자들에게 매력적으로 다가간다는 평이다.

그 중에서도 지리적으로도 문화적으로도 가까운 중국 시장을 중심으로 크게 성장하고 있는 추세다.

최근에는 중국뿐만 아니라 미국, 중동, 유럽, 오세아니아, 인도네시아 등으로의 적극적인 모색이 이루어지고 있다.

2 유튜브, 뷰티 크리에이터 그리고 K-뷰티

K-뷰티의 인기를 견인하고 있는 것은 단연 유튜브의 힘이 크다. 초창기에 K-뷰티는 K-드라마의 확산으로 인한 한국 스타들의 해외 진출과 함께 관심도가 높아졌다. 한국 스타들의 화장법과 스타일을 따라 하고자 하는 팬층이 형성되며 자연스럽게 한국 뷰티 산업계에 대한 호감과 관심이 형성된 것이다. 이때 해외인들의 관심은 단순히 한국 화장품에만 초점이 맞추어진 것이 아니라 한국 특유의 스킨케어 루틴, 메이크업 스타일 등까지 주목하게 되었다. 이러한 시대적 상황에서 등장한 소셜 네트워크 서비스, 그 중에서도 유튜브는 밈(meme)현상의 대표적인 발화장이 되어 K-뷰티 콘텐츠를 제작하고 유통시키는 거대한 기반이 되었다. 피부에 직접적으로 영향을 끼치는 뷰티 제품의 특성상 제품의 실제 사용 경험 정보 등이 중요하다는 점 또한 한국의 뷰티 스타일을 흡수한 수용자들이 그것을 모방하고 재창조하고자 하는 욕망이 있다는 점에서 유튜브는 2가지 모두를 충족시키는 훌륭한 플랫폼이었다.

3 대표 K-뷰티 크리에이터

현재 한국의 대표 뷰티 콘텐츠 크리에이터로는 가장 먼저 포니를 들 수 있다. 포니는 2018년 11월 현재 약 462만 명의 구독자 수를 자랑하는 파워 유튜버이자, 본인의 메이크업 브랜드 또한 런칭해 높은 부가가치를 창출하고 있는 크리에이터이다.

포니는 기존에도 포털 사이트 싸이월드를 기반으로 한 뷰티 콘텐츠를 약 10년간 제작해왔기 때문에 국내 인지도를 일정 부분 확보한 상태였다. 또한 아티스트 CL의 메이크업 아티스트를 맡으면서 뛰어난 메이크업 실력, 일반적인 연예인보다 아름다운 외모 등으로 국내뿐만 아니라 해외 인지도가 매우 높아졌다.

포니를 K-뷰티의 대표 크리에이터로 급부상시킨 영상 콘텐츠는 해외 유명 가수 테일러 스위프트 커버 메이크업과 촉촉 코랄 메이크업이다. 전자가 동양인의 외모를 메이크업만으로도 테일러 스위프트와 거의 흡사하게 탈바꿈시켰다는 점에서 큰 호응을 얻었다면, 후자는 자연스럽고 맑은 피부표현, 코랄로 통일한 은은한 색조 메이크업 등의 한국식 뷰티를 보여주면서 큰 호응을 얻었다.

각각 조회수는 약 1,900만, 1,300만에 가깝다. 두 콘텐츠는 메이크업 아티스트로서 포니의 전문성을 보여줌과 동시에 뷰티 튜토리얼로서 흡입력까지 갖추었다는 점, 그리고 일반적인 K-스타들 못지않은 크리에이터 본인의 외모를 적절히 활용한다는 점에서 유튜브 수용자들에게 모방과 재현을 추동할 정도로 매력적인 콘텐츠라고 하겠다.

또다른 뷰티 콘텐츠 크리에이터로는 이사배가 있다. 이사배는 아프리카 TV에서 메이크업을 실시간으로 보여주고 소통하는 BJ로 먼저 인기를 얻었다. 이후 아프리카 TV 외에 콘텐츠 업로드 플랫폼을 확장하면서 현재는 유튜브를 주 플랫폼으로 활동하고 있다.

이사배는 메이크업 아티스트로서 쌓은 다년간의 경력을 바탕으로 유명 연예인의 커버 메이크업을 생방송으로 진행함으로써 많은 화제를 낳았다. 전문가가 아닌 다른 뷰티 콘텐츠 크리에이터로서는 따라할 수 없는 영역을 선구적으로 파고듦으로써 이목을 끈 것이다.

특히 가수 선미의 커버 메이크업이 큰 호응을 불러 일으켜 현재는 국내 뷰티 유튜버 구독자 수 2위에 달할 만큼 파워 유튜버로 거듭나게 되었다.

이처럼 이사배는 제품 리뷰보다는 아티스트로서 메이크업을 활용한 '변신'에 초점을 맞춘 크리에이터라고 할 수 있다. 특히 연예인 커버 메이크업 외에도 제품을 소량씩 사용하여 조금씩 메이크업을 덧칠하는데도 결과물을 보면 처음 얼굴과는 확연히 달라진 모습에 시청자들은 감탄을 자아낸다.

아주 작은 점과 잡티들을 몇 개 커버하고 눈 앞머리를 1mm 덧그리거나 콧대에 선 하나 그은 것에 불과한데도 결과물을 보면 완전히 다른 사람이 태어나는 것이다. 전술한 이사배만의 전문적인 메이크업 기술이 누구나 따라하고 싶은 K-스타들의 외모와 만나 보다 극대화된 효과를 창출하고 있다고 하겠다.

마지막으로 정샘물 아티스트는 국내에서 이미 메이크업 아티스트의 대모이자 선구자로서 존경받아왔으나, 탕웨이의 메이크업 전후 사진이 공개되면서 본격적으로 일반인에게까지 유명해진 사례다.

배우 탕웨이는 2010년 영화 〈만추〉를 계기로 한국 활동을 시작했으나 부자연스러운 메이크업 때문에 고유의 매력이 제대로 드러나지 못하고 촌스러운 느낌마저 전달되는 상황이었다. 그러나 본인의 혈색과 매력을 살리는 정샘물표 메이크업을 받은 이후 지적이면서도 온화한 느낌을 주는 얼굴로 변하게 되어 많은 이들의 극찬을 받았다.

이를 필두로 정샘물은 화장을 하면 할수록 점점 본인의 피부 같이 보이는 내추럴 피부표현, 전문가로서 제안하는 색조의 활용 등을 전달하는 정보성 뷰티 프로그램에 출연하며 명실 공히 한국 최고의 아티스트로서의 입지를 쌓았다. 이후 2015년 본인의 뷰티 브랜드 '정샘물(JUNG SAEM MOOL)'을 런칭하였으며 그 가치를 입증 받아 아시아에서 사랑받는 2018 대표한류브랜드(브랜드 스타즈 선정 위원회)로 선정된 바 있다.

이처럼 정샘물은 브랜드를 통한 부가가치를 창출할 뿐만 아니라 더 나아가 본인의 뷰티 제품들을 활용한 콘텐츠를 유튜브에 업로드하며 한국 메이크업 아티스트의 실력을 널리 알리고 있다. 아직 포니와 이사배에 비해 유튜브 구독자 수는 다소 적은 축에 속하지만 한국하면 먼저 떠오르는 K-뷰티의 대표적인 아티스트로 자리매김했다는 점에서 그 의미가 있다고 하겠다.

4 K-뷰티 크리에이터의 특징

앞서 나열한 뷰티 크리에이터들은 모두 1세대 크리에이터들보다 몇 년이나 후에 출발한 후발 주자들이다. 그러나 인지도, 유튜브 구독자 수 등 일정 부분에서 선발 주자들을 추월하고 있는 것을 볼 수 있다. 더 나아가 글로벌 시장에서 K-뷰티의 대표성을 띤 K-뷰티 셀럽으로서 자리매김하고 있다.

이러한 세 크리에이터들의 공통된 특징은 첫째, 전문성이다. 메이크업 아티스트가 아닌 일반인으로서 시작한 1세대 뷰티 콘텐츠 크리에이터들과 달리 포니 이사배, 정샘물 모두 메이크업 아티스트로서 교육 과정을 밟고 전문가로서 활동한 경력을 바탕으로 콘텐츠를 제작했다.

이와 같은 탄탄한 경험이 뒷받침해줌으로써 아주 초보부터 메이크업을 어느 정도 할 줄 아는 중수격의 대중들까지 모두 따라할 수 있는 뷰티 콘텐츠를 만들어낼 수 있는 것이다. 따라서 많이 알아야 더 쉽게 가르칠 수 있는 것처럼 그들이 제작하는 콘텐츠는 타 크리에이터보다 그 타깃층이 넓다고 할 수 있다.

둘째, 메이크업을 통한 변신에 주목했다는 점이다. 해외의 경우 다양한 제품들을 리뷰하는 리뷰 콘텐츠에 집중하는 파워 유튜버가 존재하지만 한류를 대표하는 K-뷰티 유튜버의 경우 연예인 커버 메이크업, 혹은 메이크업 기술에 중점을 둔 콘텐츠가 인기를 얻는다는 점에서 특징적이다. 이는 K-뷰티에 대한 관심이 제품뿐만 아니라 한국식 메이크업의 모방과 재현까지 확장되어 있는 글로벌의 욕구를 정확히 파악한 콘텐츠라 할 수 있다. 때문에 뷰티 튜토리얼을 통해 K-뷰티 제품 정보뿐만 아니라 메이크업 기술까지 가르쳐주는 크리에이터의 영상이 보다 높은 파급력을 지니고 있다 하겠다.

셋째, 동일시 효과를 불러일으키는 외모다. 얼굴이 전면으로 드러나는 영상 콘텐츠 크리에이터로서 특히 뷰티 유튜버로서 외모는 부정할 수 없을 정도로 매우 중요한 요소다. 타인이 따라하게끔 하고자 하는 목적을 지닌 뷰티 튜토리얼 콘텐츠는 마치 K-스타를 보고 따라하고 싶은 마음을 드는 것과 최대한 가깝게 만들어야 보다 많은 사용자에게 전파될 수 있다. 이런 측면에서 지상파 광고에도 기용될 만큼 대중적인 아름다움을 인정받는 포니와 이사배는 동일시 효과를 불러일으키는 크리에이터로서 단연 독보적이라고 할 수 있다.

다만 정샘물의 경우에는 본인이 직접 나서지 않고 모델을 기용해 콘텐츠를 제작한다는 점에서 타 크리에이터와 차이점을 보이나 '갓(God)샘물'이라고 불릴 만큼 뛰어난 메이크업 기술로 이를 보완하고 있다고 하겠다.

5 K-뷰티의 해외 반응 콘텐츠

K-뷰티에 대한 해외 유튜브 콘텐츠는 크게 3가지로 나뉜다. 첫째, 한국의 메이크업 제품들을 리뷰하는 영상이다. 이는 한국 제품에 대한 호기심에서 비롯된다고 볼 수 있으며, 특히 Shaaanxo, Tati와 같이 제품 리뷰를 주 콘텐츠로 삼는 파워 유튜버들의 리뷰 콘텐츠에서 많이 찾아볼 수 있다.

한국 제품은 귀여운 패키지가 독보적이며, 쿠션 제품과 같은 타국의 메이크업 브랜드에서 찾을 수 없는 혁신적인 제품이라는 등의 평가가 주를 이룬다. 특히 동물 캐릭터를 모티브로 한 메이크업 제품들이 자주 등장하는데 대표적으로 토니모리의 팬더 핸드크림이나 동물 모양의 마스크 팩 등이 호응을 얻고 있다.

둘째, 한국식 메이크업의 모방과 재창조다. 이 때 한국식 메이크업이라 함은 보편적으로 K-스타들의 메이크업을 지칭하며, 이를 따라하는 것이 주를 이룬다. 한국과는 전혀 다른 외모적 특성을 지닌 유튜브 크리에이터가 한국식 메이크업을 따라하면서 느끼는 낯섦을 비롯한 감정 표현, 혹은 본인에게 걸맞게 재창조하는 모습들이 콘텐츠가 대표적이었다.

전술한 콘텐츠 유형은 특히 유튜버 Sichen makeup holic처럼 한국과 같이 아시아 지역에 속하면서 다른 나라들보다 한류가 깊이 침투한 국가의 유튜버들에게서 많이 발견되었다. 그러나 한류가 보다 넓은 지역 및 국가를 타깃팅 하는 오늘날에는 아시아 지역 유튜버뿐만 아니라 미국, 유럽권에서도 한국식 메이크업 재현 콘텐츠들이 다수 발견되고 있다.

한국식 메이크업을 재현하고 모방하는 콘텐츠들이 인기를 얻음에 따라 콘텐츠 내에서 각 유튜버별로 보다 다각화된 관점이 드러나는 것이 인상 깊다.

마지막으로 한국식 메이크업과 타 문화권 메이크업의 비교 콘텐츠다. 특히 미국식 메이크업과의 비교 콘텐츠가 매우 상위권에 위치해 있으며 이러한 콘텐츠를 등록한 크리에이터의 국적 또한 미국 국적인 경우가 다수였다.

맑은 피부 표현과 옅은 색조 등 동안 메이크업이 주 특징인 한국식 메이크업은 매트한 피부표현, 아치형의 눈썹, 각진 얼굴형과 진한 색조 등이 특징인 미국식 메이크업과 강렬한 대비를 보이며 큰 화제가 되었다.

이 같은 콘텐츠들이 시발점이 되어 미국에서는 미국식 메이크업의 대표적 기술인 진한 컨투어링에서 벗어나 피부에서 흐르는 빛 표현이 중점이 된 스트로빙 메이크업이 새로운 트렌드로 제시되는 현상까지 파생되었다. 해외 시장에서 유통의 편리성을 위해 '한국식 메이크업'이라는 대표성을 띤 스타일의 구축은 매우 중요하다. 그러나 그것을 소비하고 재창조하는 수용자들의 인종, 성별, 문화층이 다양하다는 것을 감안할 때 우리는 보다 더 많은 시도들을 수행해야할 필요가 있다.

최근 태닝 메이크업을 지속적으로 선보이는 뷰티 크리에이터 젤라가 급부상하고 있다. 그는 기존의 한국 뷰티 크리에이터 중에서는 볼 수 없었던 태닝된 어두운 피부를 전면에 내세우며 하얀 피부를 가진 크리에이터는 할 수 없는 다양한 채도와 명도의 '한국식' 메이크업을 선보인다. 그의 콘텐츠는 한국식 메이크업을 따라하고 싶지만, 피부톤이 너무 동떨어져 모방에 어려움을 겪던 해외 이용자에게 큰 호응을 얻었다.

뿐만 아니라 하얀 피부에 맞춘 메이크업에 고루함을 느끼던 국내 사용자들에게도 메이크업의 다양성을 보여준다는 점에서 큰 지지를 얻고 있다.

앞으로 유튜브 콘텐츠는 중국을 비롯한 아시아권뿐만 아니라 북미, 유럽과 같이 다인종, 다문화가 공존하는 시장을 대상으로 보다 다각화될 필요가 있다고 하겠다.

6 한류로서 K-뷰티와 유튜브

2017년 10월 30일부터 11월 13일까지 온라인 설문조사 방식으로 수행된 「2018 해외한류실태조사」에 따르면 한류는 비교적 주변에서 접하기 쉬운 '패션/뷰티'와 'K-POP'을 중심으로 대중적 인기가 확대되고 있다고 조사되었다. 특히 대륙별로 살펴보았을 때 아시아, 미주, 유럽에서는 '패션/뷰티'가 1위를 차지했다.

이처럼 K-뷰티는 높은 접근성으로 인해 세계 시장에서 대중적인 인지도를 확보하고 있으며 이는 대중 매체 뿐만 아니라 소셜 네트워크 서비스 등 다각화된 미디어의 활용 덕분으로 보인다.

실제로 대륙별로 주활용 미디어에 따라 한류 콘텐츠의 인기도가 차이를 보였다. 이러한 상황을 고려할 때 한류 콘텐츠를 유통할 수 있는 미디어의 선정과 활용은 매우 중요한 의제로 제시된다고 하겠다. 이러한 시장적 관점에서 유튜브라는 플랫폼은 다음과 같은 2가지 장점을 지닌다.

첫째, 수용자들의 미디어 향유 패턴이 모바일로 옮겨감으로써 보다 높은 노출 효과를 지닌다는 점이다. 스마트 디바이스의 출현과 소셜 네트워크 서비스의 출현에 따라 수용자들은 더 이상 TV 앞에 앉아 송출되는 콘텐츠를 기다리지 않는다. 수용자들은 적극적으로 언제 어디서나 자신이 원하는 콘텐츠를 찾고 쉽게 접속하는 유동적 수용자로 변모하였다. 따라서 유튜브는 새로운 것과 혁신적인 것을 찾아다니는 젊은 소비자층에게 기존의 매스 미디어보다 더 적극적으로 다가갈 수 있다.

둘째, K-뷰티 셀럽을 탄생시키면서 K-뷰티 제품의 신뢰도 증진과 마케팅 효과를 최대로 누릴 수 있다는 점이다. 실제로 국내에서 파워 뷰티 크리에이터들이 진행하는 뷰티 마켓은 단 5분 만에 1억 원의 매출을 올릴 정도로 그 파급력이 매우 크다.

유튜브 댓글을 통해 쌍방향으로 소통하는 뷰티 크리에이터가 추천하고 사용하는 제품이 대중들과 소통할 수 없는 일반 연예인들이 드라마에서 PPL을 위해 사용하는 메이크업 제품들보다 더 높은 신뢰도를 지니기 때문이다. 이처럼 유튜브는 K-뷰티 크리에이터를 통해 제품에 신뢰를 덧입히면서 수익을 창출하고 동시에 브랜드 이미지까지 제고할 수 있는 플랫폼인 것이다.

7 K-뷰티의 미래

화장품 업계의 화두가 '이노베이션'과 '스피드'인 것을 감안할 때 유튜브 플랫폼은 혁신적인 제품과 한국의 메이크업 기술을 가장 빠르게 수용자들에게 전달할 수 있는 매개체라고 할 수 있다.

K-뷰티는 현재 중국, 동남아사아에 이어 미국, 유럽, 중남미 시장까지 진출하면서 연간 수출액이 6조원에 육박하고 있으며, 이는 최근 3년간 3배가량 증가한 수치다.

이 때, 수출 상품은 K-뷰티의 완제품뿐만 아니라 한국 뷰티 산업계의 신선한 아이디어와 안정성 및 품질까지 갖춘 제조 기술까지로 확장되고 있다. 전 세계적으로 K-뷰티에 대한 관심이 증가하는 추세에 있으며, K-뷰티의 지속 가능성에 대한 부정적 인식도 해마다 감소하고 있음을 전제할 때 앞으로 K-뷰티의 미래는 타 산업에 비해 밝은 편이다.

정부 차원에서도 K-뷰티의 수출을 지원하기 위한 기업과 정부 간 간담회를 지속 개최하고 있다. 경기도는 2012년 지자체 최초로 '뷰티산업 진흥 조례'를 마련하고, 뷰티 산업 육성 및 R&D 지원을 강화하고 있다.

또한 민간 차원에서는 한국 아마존이 지난 11월 6일 'D2C(Direct to Customer/생산자와 소비자 간 직거래)' 모델을 도입한다고 발표하며, 인기 있는 한류 콘텐츠인 패션과 뷰티를 중심으로 먼저 지원하겠다고 언급한 바 있다.

이처럼 K-뷰티에 대한 유통과 반응이 적극적으로 이루어지는 유튜브와 크리에이터들에 대한 이해와 연구가 선행되고 정부와 민간이 합작하여 K-뷰티를 지원할 때 보다 더 나은 산업적 발전을 기대할 수 있을 것이다.

10 실전 문제 풀이

Q1 글로벌 마켓을 타깃으로 K-뷰티 제품임을 전면적으로 내세우며 출시된 메이크업 브랜드는 무엇인가?

① 세포라

② 카자

③ 메이블린

④ 설화수

Q2 K-뷰티의 인기를 견인하고 있는 메이크업 아티스트 3대 파워 유튜버가 아닌 것은 무엇인가?

① 백종원

② 포니

③ 이사배

④ 정샘물

Q3 대개 모방의 형태로 인터넷을 통해 사람에서 사람 사이에 전파되는 어떤 생각, 스타일, 행동 따위를 일컫는 현상은 무엇인가?

① Nimby

② Butterfly

③ Placebo

④ Meme

정답

Q1) ② 카자(kaja)에 관한 설명이다.

Q2) ① 백종원은 요리 레시피 전문 파워 유튜버이다.

Q3) ④ 인터넷 밈(Meme)현상에 관한 설명이다.

BEAUTY BUSINESS ADMINISTRATION

PART 02

K-뷰티

Chapter 11 신남방 정책과 K-뷰티

Chapter 12 4차 산업혁명과 뷰티 산업

Chapter 13 코스메틱 마케팅

Chapter 14 코스메틱 기업의 미션과 매니지먼트

Chapter 15 코스메틱 기업의 비즈니스 전략

Chapter 16 경쟁력 있는 피부 관리실 만들기

Chapter 17 펀(Fun) 경영과 매장 운영

Chapter 18 연간 마케팅 캘린더

Chapter 19 뷰티 인살롱 마케팅과 미용인의 힐링

Chapter 20 고객 묶어두기 전략
: 선불 정액권 멤버십 티켓팅

Chapter 21 뷰티 살롱 접객 서비스와 에티켓(Etiquette)

Chapter 22 창업 환경과 소자본 스마트 창업

Chapter 23 직장 내 성희롱

부록 2020 근로 기준법

Chapter

11 신남방 정책과 K-뷰티

1 신남방 정책이란?

아세안과 인도 등 신남방국가들과 정치·경제·사회·문화 등 폭넓은 분야에서 주변 4강(미국·중국·일본·러시아)과 유사한 수준으로 관계를 강화시켜 한반도를 넘어 동아시아, 전 세계 공동번영과 평화를 실현하고자 하는 문재인 정부 핵심 외교정책이다.

사람(People)·평화(Peace)·상생번영(Prosperity) 공동체를 핵심 개념으로 한다. 문재인 대통령이 2017년 11월 9일(현지시간) 열린 '한-인도네시아 비즈니스포럼' 기조연설을 통해 공식 천명했다.

(1) 문재인 대통령 '한-인도네시아 비즈니스 포럼' 기조연설 중 ('17. 11. 9.)

"아세안과 한국의 관계를 한반도 주변 4대국과 같은 수준으로 끌어 놀리는 것이 저의 목표입니다.

이를 위해 한국 정부는 아세안과의 협력관계를 획기적으로 발전시켜나가기 위한 신남방정책을 강력하게 추진하고자 합니다. 상품교역 중심이었던 관계에서 기술과 문화예술, 인적교류로 확대하겠습니다. 교통과 에너지, 수자원 관리, 스마트 정보통신 등 아세안 국가에 꼭 필요한 분야에서부터 협력을 강화할 수 있을 것입니다. 양측 국민의 삶을 잇는 인적교류 활성화는 모든 협력을 뒷받침해주는 튼튼한 기반이 될 것입니다. 이를 통해 사람과 사람, 마음과 마음이 이어지는 '사람(People) 공동체', 안보협력을 통해 아시아 평화에 기여하는 '평화(Peace) 공동체', 호혜적 경제협력을 통해 함께 잘사는 '상생번영(Prosperity) 공동체'를 함께 만들어 가기를 희망합니다."

2 신남방 정책의 목표

정부는 신남방 정책을 통해 아세안 국가와의 협력을 강화하고, 안보 차원에서 북한과 외교관계를 맺고 있는 아세안과의 북핵 대응 공조와 협력을 이끈다는 구상이다.

문재인 정부는 '동북아플러스 책임공동체 형성(98.)'을 국정과제로 삼아 평화의 기반을 확대하는 '평화의 축'으로서 동북아 평화협력 플랫폼을 구축하고, 동북아를 넘어서는 남방·북방 지역을 '번영의 축'으로 삼는 신남방 정책과 신북방 정책을 목표로 제시했다.

신남방 정책은 러시아, 몽골 등 유라시아 협력 강화를 위한 대륙전략인 '신북방 정책'과 함께, '평화 번영의 한반도'와 '신경제지도' 완성을 위한 핵심이다.

3 주요 정책 3P

❶ 사람 공동체(People)

(1) 신남방 지역의 방한 관광객 확대

중국과 일본에 집중된 방한 관광객을 신남방 지역 국가로 다변화하여 국내 관광시장 활성화

(2) 신남방지역과 쌍방향 문화교류 확대

문화교류 거점 확충 및 문화 ODA 사업, 아세안 문화·언어 콘텐츠 확산 등 對 아세안 인식 개선 등 추진

(3) 신남방 지역 학생, 교원, 공무원 대상 인적 자원 역량을 강화

장학생 지원 사업 및 대학생 초청연수 등을 통한 학생교류 및 공무원 연수 규모확대 등 추진

(4) 공공행정 역량 강화 지원, 거버넌스 증진에 기여

공공행정 경험 공유에 대한 신남방 지역의 지속적인 협력수요 충족 및 시민사회교류를 통한 민주적 가치 증진

(5) 상호 간 체류 국민의 권익 보호 증진

신남방 지역 노동자의 한국 내 조기적응 및 귀국 후 재정착 지원, 다문화 취약가정, 여성·아동 지원

(6) 신남방 국가의 삶의 질 개선

빈곤퇴치 및 자립역량 강화를 위한 새마을운동 등 농촌개발 사업 추진 및 보건 의료 개발 협력을 통한 질병 대응 역량 강화

2 상생 번영 공동체(Prosperity)

(1) 무역·투자 증진을 위한 제도적 기반

아세안 역내 추진 중인 지역 및 다자·양자 간 자유무역협정 진전에 대한 공동 모색

(2) 신남방 지역 내 연계성 증진을 위해 추진 중인 인프라 개발에 적극 참여

교통·에너지·수자원 등 중점 분야 협력을 통해 우리 기업의 신남방 지역 인프라 개발사업 진출 지원

(3) 중소·중견 기업의 시장진출과 상호 교류활동 지원

우리 기업의 신남방 지역 내수시장 진출지원 및 농·수산(K-Food,K-Seafood), 미용(K-Beauty) 등 유망 시장에 대한 진출 지원 확대

(4) 신산업 및 스마트 협력

글로벌 개방형 혁신 플랫폼 구축 및 한·아세안·인도 간 4차 산업 혁명 공동 대응을 위한 과학기술·신산업 협력

(5) 신남방 각 국가별 맞춤형 협력

각 국의 협력 수요에 따라 농·수산업, 자동차·철강·석유화학 등기간산업의 고부가가 치화를 위한 맞춤형 협력모델 적용

③ 평화 공동체(Peace)

(1) 신남방 국가들과 정상 및 고위급 교류 활성화

2019년까지 아세안 10개국 정상 방문, 2년마다 인도와 상호 정상 방문, 2019년 한-아세안 특별정상회의 및 한-메콩 정상회의 개최

(2) 한반도의 비핵화 및 항구적 평화체제 구축

한반도의 완전한 비핵화와 항구적인 평화정착, 남북/미북 관계 개선을 선순환적으로 추진하기 위한 아세안 국가들의 지지 및 저변 확대

(3) 포괄적인 국방·방산 협력

한-아세안 국방 협의체 활성화 등 국방 채널 간 고위급 교류 확대,방산기술 이전, 현지 생산 등 포괄적 협력 추진

(4) 테러·사이버·해양 안보

테러 및 폭력적 극단주의, 사이버 범죄 등에 공동으로 대처하고, 해양 테러와 쓰레기 등 환경 문제 등 비전통 안보 관련 주요 이슈 공동 대응

(5) 긴급사태 예방 역량과 신속 대응 및 복구 역량 강화

분쟁, 자연재해 및 기후변화 취약 지역에서의 재난 예방 및 대응 역량 강화 등 신남방 지역 복원력(resilience) 향상 지원

[한-아세안 미래 공동체 구현]

[출처] 한국무역협회

4 신남방 정책의 필요성

❶ 거대 소비 시장으로 부상하는 아세안

(1) 유통 시장

- 기존의 '저임금 생산기지'에서 아세안이 거대 소비 시장으로 부상
- 연평균 15% 성장

(2) 중산층

- 고소득층에 이어 주요 소비층인 중산층이 2030년까지 아세안 지역 5배 증가
- 2018년 : 9천만 명 → 2030년(5억 명)

② 높은 경제 성장률

구분	ASEAN	INDIA
인구	6.4억 명	13.5억 명(세계 2위, 세계 18%)
GDP	2조 9,000억불	2조 7,000억불
교역	2조 8,828억불(세계 7.3%)	8,362억불(세계 2.1%)
외국인 투자	1,486억불(세계 11.5%)	432억불(세계 3.3%)
성장률	연평균 5% 성장	연평균 7% 성장

[출처] IMF, WTO, UNCTAD

③ 역동성

구분	ASEAN	INDIA
유니콘 기업수	8개	19개
기업 가치	396억 달러	548억 달러

아세안 지역의 경우 2024년까지 유니콘 기업이 현재의 2배까지 늘어나고 700억 달러(81조 9천억 원)에 이를 것으로 전망하고 있다.

[출처] 베인앤 컴퍼니

인도 13.7억 명, 아세안 6.4억 명 등 신남방 지역의 인구는 20억 명에 달한다. 평균 연령은 30세로 그 어느 지역보다 젊고 발전가능성이 높은 지역이다. 총생산(GDP) 규모가 아세안 2조 9,228억 달러, 인도 2조7,168억 달러에 달하는 새로운 성장거점이다.

5세대(5G) 이동통신, 정보기술(IT), 지능형 도시(스마트시티) 등 4차 산업혁명 공동 대응을 위한 글로벌 개방형 혁신 기반(플랫폼) 구축을 위한 유망시장이다.

우리 경제를 이끌어가는 데 신남방 지역은 중요한 교역 상대국으로 자리매김했다. 연간 1,000만 명이 넘는 인적교류와 1,600억 달러의 교역이 현재 신남방 국가와 이뤄지고 있다. 한·아세안 교역량은 2018년 1,597억 달러로 우리나라 제2의 교역대상이다. 인도는 215억 달러로 제11의 교역대상이다. 세계 교역액에서 신남방 지역은 1,812억 달러로 증가해 2018년 현재 전체 교역액의 15.9%를 차지하고 있다.

우리나라와 아세안은 1989년 대화관계 수립을 맺은 이후 지금까지 다방면에서 주요 핵심 파트너로 발전하고 있다. 2009년 FTA가 완결되고 양자관계는 2010년 이후 전략적 동반자 관계로 격상됐다. 2018년 현재 우리나라와 아세안의 상호방문객은 1,144만 명, 인도와는 27만 명의 상호방문객이 오가며 경제와 문화, 역사를 교류하고 있다. 상호방문객 교류 규모는 세계 교류 가운데 26.6%를 차지하고 있다.

(1) 신남방·신북방·한반도의 연계로 평화와 번영의 축 완성

유라시아 지역과의 경제협력(신북방정책)과 함께 '한반도 신경제지도'와 유기적으로 연계하고 있다.

(2) 새로운 세계 경제의 성장엔진

평균연령 30세, 20억 인구(GDP 5.4조 달러)의 젊고 역동적인 성장지역 - 소비시장 연평균(CAGR) 15% 성장 - 주소비층인 중산층 인구의 지속적인 증가(2030년 5배 증가) OECD, 2030년 세계 중산층 소비의 59%가 동남아 소비층으로 전망하고 있다.

5 신남방 정책의 추진전략

정부는 정상 외교를 통해 합의된 사항들을 신속하게 이행하고 국민과 기업이 성과를 체감할 수 있도록, 신남방정책의 본격적인 추진 체계로서 대통령 직속 정책기획위원회 산하의 '신남방정책특별위원회'를 설치했다.('18.8)

특별위원회는 우리 기업의 신남방지역 인프라 개발사업과 제조업 진출을 지원하고 있다. 신남방 국가와 호혜적, 미래지향적인 상생의 경제협력 기반을 구축하기 위한 사업을 전개하고 있다.

6 2019 한·아세안 특별정상회의 개최

[한·아세안 특별정상회의 2019, 부산 엠블럼]

한·아세안
특별정상회의
2019, 부산

PARTNERSHIP FOR PEACE, PROSPERITY FOR PEOPLE

[출처] 신남방정책특별위원회

한·아세안(ASEAN, 동남아시아국가연합) 대화관계수립 30주년을 기념하는 2019 한·아세안 특별정상회의(2019 ASEAN-Republic of KOREA Commemorative Summit)가 11월 25일(월)부터 11월 26일(화)까지 부산에서 개최되었다.

이 회의는 한·아세안 간 공식 대화관계 수립 30주년을 축하하는 자리이자 현 정부 들어 우리나라에서 열리는 최대 규모의 국제회의이다.

지난 30년간의 한·아세안 관계 발전현황을 평가하고, 새로운 미래 30년의 비전을 제시하는 계기를 마련했다. 또한, 이번 특별정상회의와 연계하여 최초로 '한·메콩 정상회의'가 11월 27일(수) 개최되었다. 그간 장관급으로 개최되어온 한·메콩 협력 또한 정상급으로 격상함으로써 아세안 내 대표적인 고속 성장 지역인 메콩강 유역 국가들과의 협력도 획기적으로 강화해 나갈 예정이다.

1 한·아세안 특별정상회의(2019. 11. 25~26 / 부산)

(1) 한-아세안 대화 관계 수립 이후 지난 30년간 협력 성과를 평가하고 향후 30년 미래 협력 강화 방안 논의

(2) 한-아세안 특별정상회의를 통해 실질 협력 성과 창출

① 신남방 정책 이행을 위한 협력 기반 구축

- 문화장관회의 등 분야별 협의체 확대
- 금융협력센터 등 분야별 협력기관을 설립
- 신남방 ODA 등 협력 재원 증액

② 한-아세안 실질협력 확대

- 비자간소화, 장학생 확대, 경제 협력
- 한반도 정책지지
- 해양 재난 등 비전통 안보 협력

③ 메콩과 협력 확대를 통한 공동 번영 추진

- 문화관광 협력, 문화재 보전복원, 지뢰제거, 생물다양성 협약 등

2 한·메콩 1차 정상회의(2019. 11. 26~27 / 부산)

(1) 지난 10년간의 한-메콩 협력 성과를 평가하고 향후 한-메콩 비전 협력 등을 더욱 구체적으로 논의

(2) 2019년 9월 5일 문재인 대통령 라오스 순방 시 '한-메콩 비전' 발표

① 경험을 공유하는 번영 : 농촌개발, 산업발전과 4차 산업 혁명 공동 대응

② 지속 가능 번영, 생물 다양성 보존 : 산림보존 및 수자원 관리 등

③ 동아시아 평화와 상생 번영 : 인적자원 개발, 인적 교류와 문화 관광, 메콩 지역의 연계성 강화 인프라 구축 지원 등

(3) '한강의 기적'이 '메콩강의 기적'으로 이어질 수 있도록 우리와 메콩 국가들과 상호 호혜적 협력 강화

[출처] 신남방정책특별위원회

11 실전 문제 풀이

Q1 다음 중 신남방 정책의 3P가 아닌 것은 무엇인가?

① People

② Prosperity

③ Promotion

④ Peace

Q2 다음 중 ASEAN(아세안)에 포함되지 않는 국가는 무엇인가?

① 중국

② 인도네시아

③ 말레이시아

④ 브루나이

Q3 신남방의 신흥국으로 인구 13.5억 명으로 세계 2위를 차지하고 있는 국가는 어디인가?

① 브루나이

② 필리핀

③ 말레이시아

④ 인도

정답

Q1) ③ Promotion은 해당하지 않는다.

Q2) ① ASEAN(아세안)은 인도네시아, 말레이시아, 필리핀, 싱가포르, 타이, 브루나이, 베트남, 라오스, 미얀마, 캄보디아를 포함한 동남아 10개국을 말한다.

Q3) ④ INDIA(인도)에 관한 설명이다.

Chapter

12 4차 산업혁명과 뷰티 산업

1 4차 산업혁명과 뷰티 산업 경영 환경 및 트렌드

❶ 산업혁명의 진화

(1) 산업혁명의 진화 과정

① 1차 산업혁명(1760~1840년) : 철도·증기기관의 발명 이후의 기계에 의한 생산

② 2차 산업혁명(19세기 말~20세기 초) : 전기와 생산 조립라인 등 대량 생산체계 구축

③ 3차 산업혁명 : 반도체와 메인프레임 컴퓨팅(1960년대), PC(1970~1980년대), 인터넷(1990년대)의 발달을 통한 정보 기술 시대

④ 4차 산업혁명 : 생산성 향상 이면에 일자리 감소가 우려, 로봇이 저급 및 중급 기술자들의 업무를 대체하고, 언어와 이미지로 구성된 빅데이터 분석 등 인간만이 가능하다고 여겼던 업무들도 인공 지능이 대체할 것으로 예상

(2) 산업혁명의 진화와 권력이동

산업혁명	시대	권력 핵심
1차	농경 시대	종교
2차	산업화 시대	국가
3차	정보화 시대	기업
4차	AI 시대	똑똑한 개인

[출처] 클라우스 슈밥의 4차 산업혁명(클라우스 슈밥/새로운 현재/2016. 04)

4차 산업의 핵심은 분야를 막론하고 똑똑한 개인이 경쟁력을 발휘하는 권력의 핵심층으로 떠오른다. AI 시대 속에서 수많은 직업이 없어지기도 하고 생겨나기도 하는 등 이제는 세상의 트렌트를 명확하게 꿰뚫은 혜안이 필요하다.

하지만, 뷰티 산업은 4차 산업혁명 속에서도 떠오르는 유망 직종이므로 인간의 감성과 AI의 이성을 적절히 활용하여 비교우위의 혼잡한 경쟁 속에서도 차별화되는 똑똑한 미용인으로 거듭나야 할 것이다.

❷ 뷰티 산업 경영 환경 변화

(1) 연도별 뷰티 산업 경영 환경 변화

연도	경영 환경	키워드
1960~1980	도입기 (남성 : 이발소/여성 : 미장원)	여성의 사회 진출 준비
1985~1990	초과 수요기	기술 = 매출
1991~1995	호황기 (유니섹스 도래)	경제 호황기/염색 (남성 고객 미용실 유입세 빠름)
1996~2000	초과 공급기 (블루클럽 탄생)	경쟁심화, 마케팅 도입
2001~2010	프랜차이즈	양극화, 체계화, 브랜드화
2011~2020	경영 컨설팅	전문화, 컨설팅

[출처] 기술은 훔치는 거다.(박창준/책과 나무/2013)

위의 표에서 보듯이 1960년대 우리나라는 경제개발 5개년 계획이 본격화되어 전쟁 이후의 산업화가 급진전을 이루고 1970년대에는 농촌에서도 잘 살아보자는 새마을 운동이 전국을 강타하면서 사회 간접 자본을 기본으로 한 산업 전반에서의 혁명에 가까운 고도 경제 성장을 보였다.

하지만, 여성의 사회 진출은 준비단계였으며 뷰티 산업 전체의 발전은 미비하였고, 여성 우위의 미용시장보다는 남성 우위의 이용 시장이 훨씬 발전된 모습을 보였다.

1986년 아시안 게임과 1988년 올림픽을 계기로 우리나라에 수많은 외국인이 방문하면서 1980년대 후반과 1990년대 초반에는 염색 시장이 활기를 띠며, 미용 시장이 활성화되었고, 미용실 개설이 눈에 띄게 증가하였다.

그러나 1997년 IMF를 계기로 한국의 경제성장은 주춤했고, 가계 경제의 몰락과 심각한 소비 심리 위축을 초래하였다. 서울 도심의 상가 가격은 급격히 하락하였고, 은행의 예금 금리는 20%대를 육박하는 등 경제 전반에 기현상들이 속출했다.

이러한 위기 속에서 일본의 QB하우스를 그대로 모방했던 블루클럽은 저렴한 가격, 셀프 샴푸, 남성으로 한정하여 최단시간 최다 프랜차이즈를 개설한 미용실로 한국형 기네스북에 등장하기도 하였다. 또한, 기존의 미용실은 브랜드형 프랜차이즈를 표방하며 깔끔한 인테리어와 고객 편의를 지향하는 등 이른바 뷰티 산업의 양극화가 본격적으로 진행되었다.

2010년 이후에는 여러 가지 장기적인 경제 불황과 미용실의 난립으로 브랜드 프랜차이즈가 경쟁력을 잃게 되고 전문 뷰티경영컨설턴트가 등장하는가 하면 경쟁력을 고루 갖춘 1인 미용실의 강세 속에 이른바 미용 시장에서의 춘추전국시대가 도래하였다.

3 미용 서비스 고객 트렌드 변화

(1) 뷰티 살롱 고객의 니즈(NEEDS) 변화

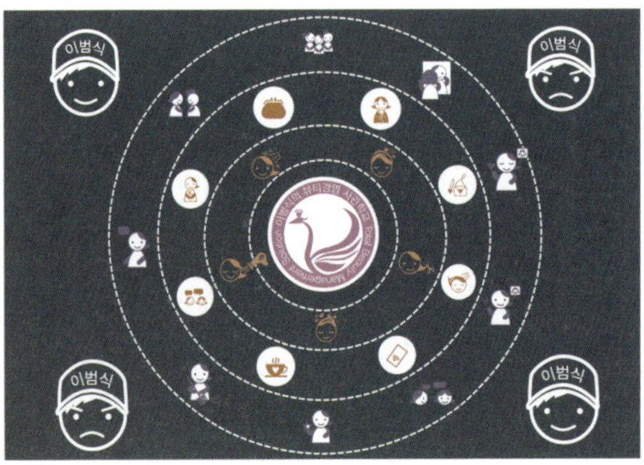

[출처] Daum cafe : 이범식의 뷰티경영사관학교

위 그림에서 보듯이 1차에서 4차 산업혁명까지 거치면서 고객의 니즈와 트렌드가 다양하게 진화됨을 알 수 있다.

기존의 기술에 치우친 뷰티의 공간에서 다양한 편의 시설과 미용사의 맨투맨 서비스까지 원하는 힐링의 공간으로 변화됨을 알 수 있다.

(2) 미용 서비스 시술 과정에 따른 고객 감정 여정 맵

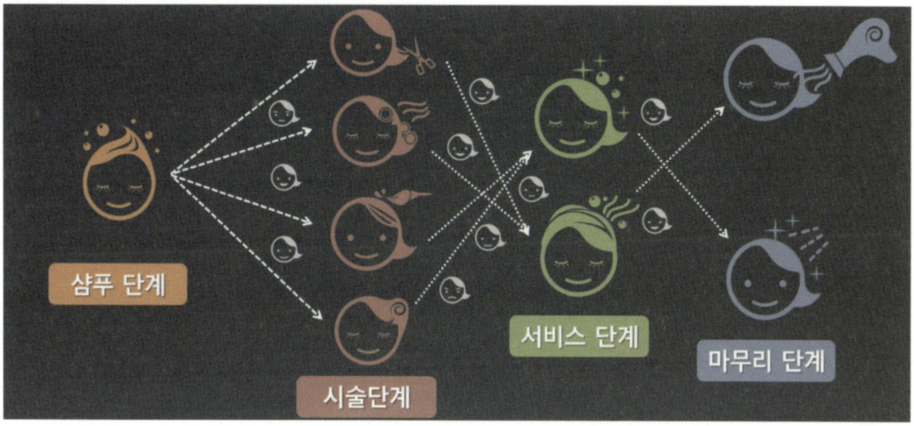

[출처] Daum cafe : 이범식의 뷰티경영사관학교

미용실을 방문하는 고객은 단순히 본인이 희망하는 시술 외에도 다양한 부분에서 선호도와 만족도가 변화됨을 알 수 있다. 샴푸를 하면서도 고객의 호불호는 갈리고, 서비스 단계와 마무리 단계에서의 만족도가 달라진다.

이제 한국형 뷰티 산업은 기술 외에도 고객의 감성까지도 디자인해야 하는 선진국형 뷰티 시장으로 변화되고 있음을 알 수 있다. 이를 토대로 미용실은 고객의 니즈와 트렌드에 부합하는 감성적인 영역에서까지의 경쟁력을 갖추어야만 성장을 넘어선 생존 여부를 결정지을 수 있다.

2 달라지는 산업 동향과 위협

❶ 달라지는 산업 동향

(1) 2013 vs. 2016 글로벌 500대 기업 (포춘지 선정)

급변하는 산업 동향을 알아보기 위해 포춘지에서 선정한 글로벌 500대 기업 중 상위 10대 기업들을 보게 되면 시대적 트렌드와 변화를 한 눈에 알 수 있다.

[포춘지 선정 2013 글로벌 500대 기업]

순위	섹터	기업	국가
1	석유	로열 더치 셸	네덜란드
2	유통	월마트	미국
3	석유	엑손 모빌	미국
4	석유	시노펙	중국
5	석유	페트로차이나	중국
6	석유	영국석유 BP	영국
7	전력	스테이트 그리드	중국
8	자동차	토요타	일본
9	자동차	폭스바겐	독일
10	석유	토탈	프랑스

[출처] 포춘 (Fortune)

2013년 포춘지에 선정된 글로벌 100대 기업 중 상위 10대 기업은 석유를 기반으로 한 정유 업체와 자동차 업계가 강세를 이룬다는 것을 알 수 있다. 전세계적인 산업화의 진전 속에 중국의 산업화 약진을 볼 수 있다.

빅데이터는 기본적으로 테라바이트급의 방대한 자료를 근거로 하고는 있지만 단순화한 자료와 비교를 통해 대략적인 추청치를 알 수 있다.

[포춘지 선정 2016 글로벌 500대 기업]

순위	섹터	기업	국가
1	IT	애플	미국
2	IT	알파벳	미국
3	소프트웨어	마이크로 소프트	미국
4	석유	엑손 모빌	미국
5	금융	버크셔 해서웨이	미국
6	IT	페이스 북	미국
7	제약/소비재	존슨&존슨	미국
8	전기	GE	미국
9	IT/유통	아마존	미국
10	금융	웰스파고	미국

[출처] 포춘 (Fortune)

[포춘지 선정 2018 글로벌 500대 기업]

순위	섹터	기업	국가
1	유통	월마트	미국
2	전기	국가전력망 공사	중국
3	석유	중국석유화공 공사	중국
4	가스	중국석유천연가스그룹	중국
5	석유	로열 더치 셸	네덜란드
6	자동차	토요타	일본
7	자동차	폭스바겐	독일
8	석유	영국석유 BP	영국
9	석유	엑슨모빌	미국
10	금융	버크셔 헤서웨이	미국

[출처] 포춘 (Fortune)

3 뷰티 살롱 불황기적 소비 심리 동향

❶ 뷰티 살롱 불황기적 특성

① 내점률 지연, 객단가 축소, 브랜드 충성도 높은 소비자 계속 구매
낮은 소비자 → 브랜드 스위칭

② 신중한 선택 : 위험 회피하고, 충동구매 자제하며, 정보수집 철저하게 한다.

③ 소비의 하방 경직성 : 상대적 낮아진 소득 내 합리적 소비 (기존 생활수준 유지를 위함)

❷ 업종별 상위/하위 업종 현황 (국세청 2014-2017 분석)

① 가장 많이 감소한 하위 업종 TOP 10

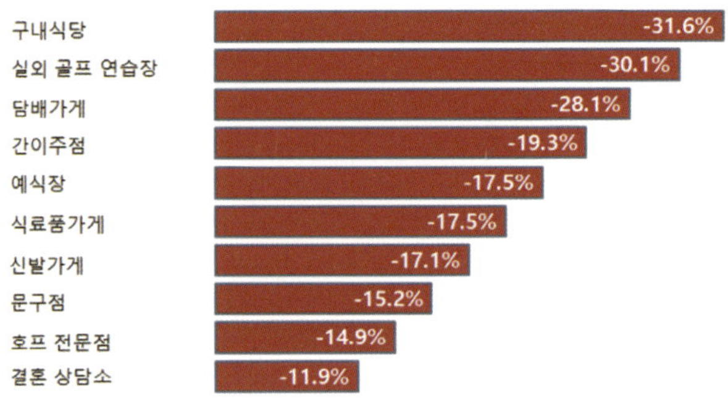

[출처] 통계청 (kostat.go.kr) 2014년 9월 대비 2018년 9월 기준

② 가장 많이 증가한 상위 업종 TOP 10

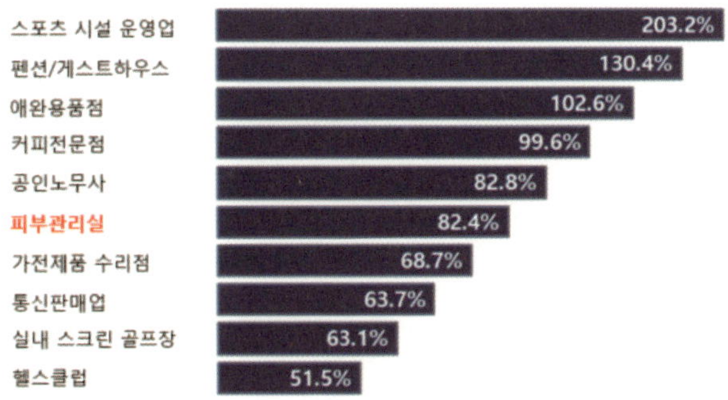

[출처] 통계청 (kostat.go.kr) 2014년 9월 대비 2018년 9월 기준

4 뷰티 산업의 위협 요인(빅데이터 활용 조사)

❶ 생존을 위한 구조 조정 진행 (향후 2~3년간 지속 예정)

(1) 미용계 전반적인 구조조정 : 미용제조메이커, 미용 도소매, 헤어살롱 등

① 헤어살롱 성장세 감소 : 100,000개 내외로 조정

② 2017년 이후 미용실 폐업률 가속

③ 미용 종사자 수 감소 : 직업 이미지 및 고용환경 개선 시급

④ 헤어살롱 경영성과 양극화 현상 심화 : 부익부, 빈익빈

❷ 체인점화된 프랜차이즈 경쟁력 약화 : 뷰티 컨설턴트 등장

① 대중적 & 살롱화(1인 업소) 형태의 양극화 진행 중

② 미용 종사자들의 직장인 콘셉트 : 경력관리를 통한 가치 창출

③ 살롱 개인별 경영 교육 및 개인 컨설팅 의뢰 많아짐 : 브랜드 유명무실

(1) 미용실 간 과다경쟁 심화

① 가격 경쟁 (제휴, 할인 마케팅)

(2) 헤어살롱 경영수익 악화

① 내점주기 지연으로 인한 고객수 감소 및 객단가 하락
   수요시장 → 객단가 시장, 커트기술의 차별화 증대 등

② 각종 공공요금 및 물가 상승

③ 제반 인건비, 미용재료비, 복리후생비 지출 증가

④ 신용카드 및 현금 영수증 사용 증가로 인한 매출 노출 증대
   – 1일 카드사용 건수 1천 4백만 건 (2017년 대비 사용률 23% 증가)

⑤ 정부 시책의 투명, 공평 과세 강화 (사업용 계좌개설, 절세 방안 등)

(3) 헤어 살롱 경영 성과 요인 변화

입지(Location) → 이미지 → 고객 관리 → 서비스 → 기술테크닉

(4) 두피, 탈모 시장의 지속적 성장에 따른 살롱 메뉴 정착화

① 탈모 인구 : 120백만 명

② 시장 규모 : 3조원 시장

5 글로벌 K-뷰티 열풍 사례 : 베트남

❶ 빅데이터로 본 베트남의 K-뷰티 열풍

베트남 내 한류 열풍에 힘입어, 소비재, 특히 뷰티 산업은 현지 대중들의 많은 관심과 사랑을 받고 있다. 패션, 헤어, 피부, 화장, 미용 성형과 관련된 사업 및 아이템이 각광을 받고 있는 것이다.

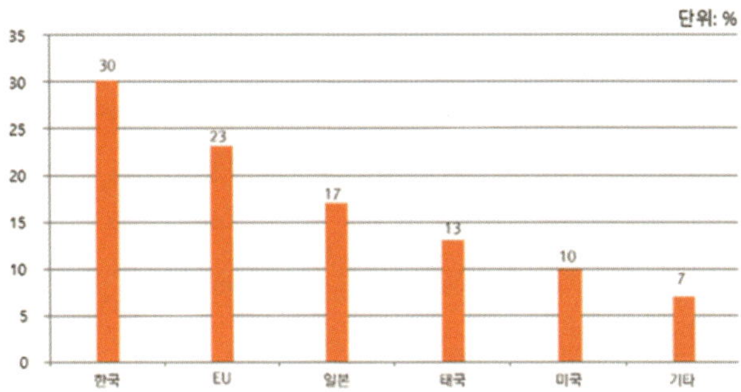

[출처] 2018 베트남 내 수입화장품 국가별 시장 점유율 (ANT 컨설팅)

그중에서도 한국 화장품의 인기가 베트남 대중들에게서 큰 인기를 얻고 있다. 베트남 호치민시(市)의 백화점이나 대형 쇼핑몰에 가면 한국브랜드 화장품매장이 적어도 2~3개 정도는 입점해 있는 모습을 흔히 볼 수 있고, 다른 브랜드 매장에 비해 많은 소비자들이 화장품을 구매하는 모습을 볼 수 있다. 그럼 이처럼 한국 화장품이 베트남 사람들에게 인기가 있는 이유는 무엇일까?

첫 번째 이유는 '한류의 간접적인 광고 효과'이다. 베트남의 뜨거운 한류 열기는 베트남에 살고 있거나, 베트남을 가 본 적이 있는 사람이라면 누구나 공감할 것이다. 베트남 사람들이 한류 콘텐츠에 출연하는 인기 연예인이 사용하는 제품이나 광고하는 제품을 보고, 상품을 구입하는 경우를 적지 않게 볼 수 있다. 이러한 브랜드는 굳이 상품에 대한 적극적인 현지 시장 마케팅을 하지 않아도 대중들에게 입소문이 나면서 현지 매출이 급증하는 것이다. 즉, 한국에서의 홍보 마케팅이 간접적으로 베트남 대중들에게 영향을 미치면서, 현지에서 어느 정도의 홍보 마케팅만 한다면 매출에 큰 성과를 볼 수 있는 것이다. 예를 들면 '라네즈'는 베트남에 진출한 화장품 브랜드 중에서 15년 이상 오래되었지만, 매출은 라네즈 광고 모델 송혜교가 출연한 '태양의 후예' 이후에 매출이 급상승하며 확고한 입지를 자리매김하였다.

두 번째 이유는 '제품의 우수성'이다. 베트남의 대형 쇼핑몰이나 일반 매장에서 인기가 많은 한국 화장품 브랜드는 '더 페이스샵', '스킨 푸드', '이니스프리', '미샤', '라네즈' 등이 있다. 물론 베트남 현지에서의 화장품 가격은 한국에서 판매하는 동일 제품에 비해 조금 더 비싸긴 하지만, 여러 기능성(미백 효과, 자외선 차단) 제품들과 천연 성분의 화장품들은 베트남 현지인들에게 많은 사랑을 받고 있다. 베트남 젊은 이들 사이에선 프리미엄 화장품으로 인식되어 있다. 그리고 백화점에는 '설화수', '오휘', '더 히스토리 오브 후', 'SKII', '헤라' 등 고가의 브랜드가 입점해 있으며, 중년 고객층에게서 큰 인기를 얻고 있다.

세 번째 이유는 '젊은 소비층의 미용에 대한 관심' 증대이다. 베트남 인구는 대략 1억 명인데, 연령층 인구 구성을 살펴보면 30대 이하가 인구의 절반을 차지한다. 거기에다가 베트남의 가파른 경제성장으로 개인 소득이 증가하면서 요즘 베트남 젊은이들은 미용에 많은 관심을 보이고 있다. 그리고 그들은 자기 자신에 대한 투자를 아낌없이 지출하는 경향이 있다. 젊은 소비층이 주로 관심을 보이는 제품에는 베트남 기후상 미백 기능과 보습 기능의 화장품과 자외선 차단 제품 등이 주로 많이 판매되는 제품들이다. 이외에도 헤어나 미용에 관련된 제품들의 매출이 꾸준히 증가하는 추세이다.

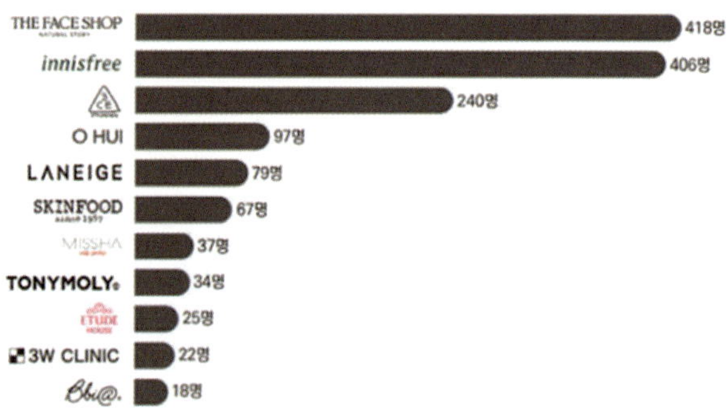

[출처] 2018년 9월, 호치민시 고밥군 이마트에서 현지인 1,200명을 대상으로 설문한 '한국 화장품 브랜드 인지도 조사' 결과(KOTRA)

베트남 화장품 시장에 한국 대기업의 진출도 위에서 살펴보았듯이 활발하지만, 한국 중소기업의 시장 개척도 활발한 편이다. 중소기업들이 베트남 시장에 진출해서 자체 브랜드로 시장 개척을 하기도 하고, 베트남 현지 화장품 업계와 협약을 맺어 진출하기도 한다.

한국 화장품 브랜드 'BELOVE' 베트남 지사도 15년 전 베트남에 와서 시장 조사를 하고, 유통 업계와 유통 과정을 살펴본 후, 현지 베트남 수출 브랜드 'VACCI'를 현지에서 런칭했다고 말했다. 'VACCI'는 현재 베트남 사람들에게 인기 있는 현지 브랜드이다. 한국에서 제품(원료)을 만든 후에 베트남에 수출, 베트남 현지 브랜드를 통해 매장에서 소비자들에게 판매하는 방식이다. 즉, 현지 브랜드를 만들어 시장을 개척하고, 성공한 사례로 볼 수 있다. 이외에도 현지 대중들은 한국의 패션 트렌드 및 미용 성형에도 많은 관심을 갖고 있다.

한류의 영향으로 한국 드라마나 예능 프로그램에 출연하는 연예인들의 의상을 보면서 한국의 패션 트렌드를 따라하는 경향을 볼 수 있다. 예전에는 베트남 현지 젊은이들의 패션 트렌드를 살펴보면 한국과는 조금 다른 느낌을 받았었다. 한국보다는 좀 더 원색적이며 화려한 색을 좋아하고, 디자인에 있어서도 몸에 착 달라붙는 간편한 스타일의 옷을 입는 경우를 많이 보인다. 아무래도 오토바이를 많이 타는 생활환경에서 기인한 현상으로 파악된다. 베트남 인구의 많은 수가 오토바이를 타기 때문이다.(베트남의 자동차 판매 가격은 한국 판매 가격의 거의 2배 정도 수준이다.)

그러나 최근, 한국에서 유행하는 스타일의 옷을 입고, 시내를 다니는 젊은이들을 쉽게 찾아볼 수 있다. 한국 쇼핑몰에서 유명 연예인들이 입었던 스타일의 옷을 구입하고, 해외 배송으로 물건을 구입하고, 베트남 현지 온라인 사이트에서 연예인이 입었던 똑같은 의상을 광고를 보고 구입하기도 한다. 이처럼 한류의 영향으로 한국의 패션 트렌드가 베트남의 패션 트렌드를 이끌고 있는 것이다.

또 미용 성형에도 많은 관심을 보이고 있는데, 기능성 화장품을 구입하기도 하지만, 실질적으로 병원을 방문하는 사례도 많다. 푸미흥에 있는 한국 병원이나 외국계 병원에 가보면 가끔 베트남 사람들이 피부 미백에 관련된 시술과 미용 성형을 하기 위해 상담을 받거나 치료를 하러 온 것을 볼 수 있다. 이는 9년 전에 비해 병원을 방문하여 시술이나 치료를 받는 사람이 급증했을 뿐만 아니라, 지금은 그런 병원이 많이 생겨났다. 인터넷을 통해 지역 간의 공간과 시간의 장벽이 허물어지면서 트렌드는 급속히 번져 나아가고 있다. 한류 역시 이러한 흐름 속에 지속적으로 외연을 확대하고 있다.

12 실전 문제 풀이

Q1 산업혁명과 핵심 권력 이동의 중심이 잘못 연결된 것은 무엇인가?

① 농경 시대 : 종교

② 산업화 시대 : 국가

③ 정보화 시대 : 기업

④ AI 시대 : 군대

Q2 뷰티 산업의 위협 요인에 해당하지 않는 것은 무엇인가?

① 생존을 위한 구조 조정 진행

② 체인점화된 프랜차이즈 경쟁력 약화

③ 미용실 간 과다경쟁 심화

④ 헤어 살롱 경영 성과 요인 증대

Q3 2018 베트남 내 수입화장품 국가별 시장 점유율이 가장 높은 나라는 어디인가?

① 한국

② 미국

③ 일본

④ 독일

| 정답 |

Q1) ④ AI 시대의 핵심 권력 이동은 '똑똑한 개인'이다.

Q2) ④ 뷰티 살롱의 경영 성과 요인은 하락세이다.

Q3) ① 2018년 한국의 수입 화장품 국가별 점유율이 가장 높다.

Chapter

13

코스메틱 마케팅

1 코스메틱 마케팅의 정의 : "코스메틱 마케팅은 OO이다."

(1) "Cosmetic Marketing is Heart"

(2) "Cosmetic Marketing is Art"

(3) "Cosmetic Marketing is Everything"

2 마케팅의 개념

(1) 구매자와 판매자가 있고, 시장이 있으면 언제나 존재한다.

(2) 마케팅은 광고, 판매, PR, 판촉, DM(Direct mail), SNS, 가격결정, 시장조사 등 다양한 활동을 포함한다.

(3) 마케팅의 역할은 세일즈팀을 쓸모없게 만드는 것이다. → Peter Drucker

3 마케팅의 개념

(1) 마케팅은 정확한 제품을 정확한 장소에 정확한 가격으로, 정확한 프로모션을 통해 시장에 내놓는 것이다.

(2) 마케터의 역할 : 고객의 욕구를 파악하고 신제품 개발을 통해 이러한 욕구를 충족시키며, 소비자들과 지극히 효율적인 방법으로 커뮤니케이션하는 것이다.

(3) 마케팅이란 돌아오지 않는 상품을 파는 것이다.

(4) 마케팅!! 과학인가? 예술인가?

① Economist

문화인, 합리성 중시, 상징성 추구

② Bill Gates

합리성보다 상상력이 뛰어남

③ 최근에는 마케팅의 영역과 경계가 무너지는 추세

(5) 마케팅의 가정

① 제한된 합리성(Bounded rationality)

- 동일 제품도 때와 장소에 따라 가격은 상이하다.
- 구매 시 가격 외 혈연·지연·학연 등이 작용 구매자 행동은 합리적이면서도 비합리적이다.

② Marketing Power의 구성 요소

과학성, 예술성, 고객욕구 분석을 위해 다양한 데이터를 수집, 통계 기법으로 수치화 변수 선정, 수치해석, 해법을 찾아내는 과정에서 감성과 상상력이 요구된다.

4 마케팅의 역사적 발전 과정

(1) 마케팅은 원래 미국에서 발전하고 한국으로 소개된 수법으로 특히, 소비재 분야에서 발전되었다.

(2) AMA(아메리카마케팅협회)의 정의

① 1948년에 만들어진 최초의 정의는 '마케팅은 상품 또는 서비스를 생산자부터 소비자 또는 사용자까지 유통시키는 사업 활동의 수행이다.'

② 마케팅이란 개인과 조직의 목표를 만족시키는 교환을 창조하기 위해 아이디어, 상품, 서비스의 개념형성, 가격, 프로모션, 유통을 계획하고 실행하는 과정이다.

(3) 마케팅은 인간의 행동과 연관이 깊은 기술로 경제학 같은 학문과는 다르기 때문에 시대와 함께 변화한다.

(4) "마케팅이란 이익으로 연결되는 고객을 발견하고 유지하고 육성하는 과학이고 기능이다." → Kotler 교수

(5) 마케팅 부문의 역할은 매출을 올리기 위해 전략을 생각하고 액션 플랜을 작성하고 실행하기 위해 종합적으로 지원하는 것이다.

(6) 전쟁 후 제품이 부족하고 제조 자체가 마케팅이었던 시대, 그 후의 고도 성장기(대량생산, 버블기, 부가가치증대, IMF불황기, '어느 정도 품질로 싼'에서 '고품질로 싼'으로)로 나눌 수 있다.

(7) IMF 전까지는 '좋은 제품이면 판매되는', 그 이후에는 '좋은 제품이라도 판매되지 않는 현상이 발생' 제품의 차별화 → 서비스의 차별화 즉 '제품지향'에서 '고객지향'으로 전환한 것이다.

(8) 기업의 비즈니스 사이클이 매우 짧아져 기존에는 '기업의 수명이 30년'이라고 일컬어지던 것이 미국의 마케팅 전문가 세스 고딩은 '기업의 유통기한은 5년'이라고 말하고 있다. 5년마다 유통기한을 재조정하지 않으면 살아남을 수 없다는 것이다.

(9) Economist Joseph Schumpeter's "Creative destruction"(창조적 파괴)

(10) 마케팅 수법은 '매스 마케팅'에서 '원 온 원 마케팅', '데이터 베이스 마케팅', '브랜드 마케팅', '인터넷 마케팅' 등 여러 가지 수법이 개발되고 있다.

5 브랜드 비즈니스에서의 화장품 위치

(1) 소비재 분야는 '어떻게 하면 강한 브랜드를 구축할 수 있을까?'가 제1의 과제가 되고 있다.

(2) 코카콜라의 고정 자산 가치는 8조원 정도라고 일컬어지고 있지만 브랜드로서의 가치는 67조원이 된다고도 한다. → 2006년 Intebrand.

(3) 로레알의 브랜드 가치는 6조 3천억 원 이상이다.

(4) 화장품 Brand building 시 중요 가치

① "Perceptional Quality"(지각 품질)

측정 가능한 데이터에 의한 품질 + 고객이 확인할 수 있는 품질

② "Emotional Value"(정보적 가치)

고객의 마음이 느끼는 가치(소유 만족감, 주변의 칭찬 등)

③ 화장품의 취급 경로(고급 백화점, 시판, 방판, 통신 판매)에 따라 마케팅 방법이 차별화된다.

6 화장품 기업의 마케팅 역할

(1) 미국 화장품 기업은 마케팅 부문의 책임과 권한이 집중되어 있다.

① 미국의 화장품 기업은 매스 마케팅이 커다란 역할을 담당한다. 제품계획, 판매촉진, 판매원 교육, 광고, PR, 카운터 디자인, 카운터 기재(機材)개발, 판매활동개발, 샘플제작, 카운슬링 프로그램 개발, 판매거점의 결정, 브랜드별 P&L(손익) 등 이들의 대부분을 결정하는 것이다.

② 마케팅 실패 : 기업 손실, 브랜드 매니저 제도와 프로덕트 매니저 제도를 취하고 있는 곳에서는 상당한 권한과 책임이 브랜드 매니저와 프로덕트 매니저에게 주어진다.

(2) 일본 화장품 기업의 발전과 함께 마케팅은 최적 조직의 구축이 요구된다.

① 일본 화장품 메이커는 그 기능이 분산된다. 예를 들면 제품 계획이 기술, 개발 부문에 소속되기도 하고 또는 제품 기획부가 존재하기도 하고 판매촉진은 영업 부문 속에 소속되기도 하고 선전부로서 광고부문이 독립해 나가기도 하고 PR은 홍보부가 담당하기도 하고 교육부문은 영업 본부에 소속되기도 하고, 카운터 디자인과 패키지 디자인은 디자인 부문에 소속되기도 한다.

(3) 한국의 화장품 기업은 미국과 일본의 중간 형태를 띠고 있다.

한국의 화장품 비즈니스와 마케팅 형태는 미국형 마케팅 쪽에 가깝다. 그러나 나라의 풍토, 사업의 크기 등에도 관계가 있기 때문에 기업의 발전과 함께 항상 최적의 조직을 구축할 필요가 있다.

7 코스메틱 마케팅의 등장 배경

(1) 경제 발전에 따른 마케팅 등장 배경

경제 발전에 의한 자급자족 경제 → 교환 경제 → 화폐 등장 → 상설 시장/도소매의 유통경로 등장 → 마케팅 등장

(2) 생산 중심 콘셉트(Production Concept)

불특정 다수를 하나의 시장으로 간주하여 규격화된 재화와 용역을 공급하는 대중 마케팅(Mass Marketing) 등장

→ 단품종 대량 생산, 대량 유통의 규모의 경제

(3) 상품 중심 콘셉트(Product Concept)

다양 상품으로 고객에게 접근 그러나, 1, 2차 세계대전을 거치면서 다시 생산중심으로 변환

(4) 판매 중심 콘셉트(Selling Concept)

공급 초과 현상에 따른 상품의 경쟁, 상품 중심에서 공격적인 판매와 홍보 정책을 이용한 판매 중심의 콘셉트가 발달하고 강력한 판매 조직이 필요

(5) 마케팅 중심 콘셉트(Marketing Concept)

베이비 붐, 인구감소, 더 많은 생산자에 따른 marketing war, 고객연구(Customer satisfaction), STP(Segmentation, Targeting, Positioning)

(6) 사회적 마케팅 중심 콘셉트(Social Marketing Concept)

연구의 범위가 고객에서 고객의 삶이 영위되는 사회와 공동체까지 확대된 것. 즉, 기업시민으로서의 역할과 책임을 요구하는 시대의 마케팅

(7) 대중 마케팅 vs 개별 마케팅

구분	고객	상품	생산	촉진
대중마케팅	가장 보편한 고객	표준상품	대량생산	대량광고
개별마케팅	개별고객	고객맞춤상품	소량생산	개인화된 커뮤니케이션

8 화장품 기업에 필요한 마케팅 기초 지식

(1) 자사의 미션 고려

① 성공하고 있는 기업의 미션이란?

② 미션과 마케팅의 관계

③ 미션과 매니지먼트의 필요성

(2) 제품의 밸류(Value), 프로 포지션(Position)의 구축 방법 작성

① 제품의 제공 가치는 제품 계획의 본질

② 화장품이 소비자에게 제공하는 베네피트(Benefit)란 무엇인가?

③ 브랜드 본질과 가치 작성

④ 제품 포지셔닝 선정

(3) 시장 세분화(STP) 전략

① 세분화의 구체적인 생각과 정의

② 풀 커버리지(Full Coverage) 전략과 니치(Niech) 전략

(4) 시장분석, SWOT 분석

① 외부 요인 분석과 내부 요인 분석

② SWOT 분석

③ 시장 주도형 전략 설정

④ 시장과 밸류 체인(Valve chain)

(5) 타깃 고객의 선정

① 화장품의 타깃 고객을 어떻게 상정하나? – 성별, 연령, 소득 수준 등

13 실전 문제 풀이

Q1 다음 중 국내 최대 화장품 회사인 아모레 퍼시픽의 창업주는 누구인가?

① 정주영　　② 이병철
③ 구인회　　④ 서성환

Q2 다음 중 코스메틱 마케팅의 비중이 커다란 역할에 속하며 제품계획, 판매촉진, 판매원 교육, 광고, PR, 카운터 디자인 등 마케팅의 책임과 권한이 집중된 국가는 어디인가?

① 미국　　② 중국
③ 독일　　④ 일본

Q3 시장 분석 중 외부 요인과 내부 요인의 강점, 약점, 기회, 위협요소를 분석하는 기법을 무엇이라고 하는가?

① STP　　② TPO
③ SWOT　　④ ERRC

| 정답 |

Q1) ④ 아모레 퍼시픽의 창업주는 故 서성환 회장이다.
Q2) ① 미국에 관한 설명이다.
Q3) ③ SWOT 분석에 관한 설명이다.

Chapter

14 코스메틱 기업의 미션과 매니지먼트

1 성공하는 기업의 미션 조건

❶ 마케팅의 목적

회사의 미션을 실현하기 위한 수단을 개발하고 실행하는 데 있다. 미션은 기업의 존재 원점이고 기업 활동에서 방향성을 나타낸다.

2 기업 미션 사례

❶ AMORE PACIFIC(아모레 퍼시픽)

(1) 기업 이념

'아름다움과 건강을 창조하여 인류에 공헌'하기 위하여 태어난 기업, 전 세계 모든 인류의 삶의 질을 높이고 생활을 윤택하게 하는 것이 바로 태평양의 존재 이유이자 목적이다.

(2) 경영 이념

① 인류봉사 : 사회에 대한 기업 활동의 원칙. 기업의 궁극적인 목적은 인류에 봉사하는 것임을 인식하고, 아름다움과 건강의 영역에서 인류의 삶의 질을 높이기 위해 기업을 경영한다.

② 인간존중 : 기업구성원에 대한 철칙. 태평양은 구성원들의 발전을 돕고, 삶의 질을 향상시키는 데 초점을 맞추어 경영을 해 나간다. 회사의 비전이 실현될 때, 개인의 꿈과 희망 또한 함께 이루어질 것이다.

③ 미래 창조 : 환경 변화에 대응하는 기업 활동의 원칙. 태평양은 유연한 경영체질을 바탕으로 고객의 꿈 실현을 위해 한발 앞서 혁신을 실천하고 끊임없이 새로운 기술과 문화를 창조해 나간다.

2 SHISEIDO(시세이도)

(1) 기업사명/사업 영역

우리들은 많은 사람들과의 만남을 통해 새롭게 깊이 있는 가치를 발견하고 아름다운 생활 문화를 창조한다.

(2) 행동 규범

① 고객의 기쁨을 목표로 한다.

② 형식에 취하지 않고 결과를 요구한다.

③ 진정한 마음으로 대화한다.

④ 넓고 깊게 생각하고 대담하게 도전한다.

⑤ 감사의 마음으로 행동한다.

3 LVMH 그룹(Moët Hennessy · Louis Vuitton S.A.)

(1) 기업 미션

서양의 가장 세련된 'Art de Vivre(생활예술)'을 세계로 발신하는 것이다. LVMH는 엘레강스와 창조성을 스스로 느끼고 그룹의 제품과 그 제품이 표현하는 가치는 전통과 혁신성을 겸비하고 꿈과 판타지의 세계를 발산한다.

LVMH그룹은 이 미션을 달성하기 위해 다음 5가지 밸류를 실천하는 것이 중요하다고 생각하고 있다.

(2) 5 Values

① 크리에이티브하고 혁신적인 것. “Be creative and innovative”

② 탁월성을 추구하는 것. “Aim for product excellence”

③ 브랜드 이미지를 높이는 것. “Bolster the image our brands with passionate determination”

④ 기업가 정신을 가지는 것. “Act as entrepreneurs”

⑤ 항상 최고를 지향하는 것. “Strive to Moet Hennessy. Louis Vuitton”

(3) LVMH 계열 및 자회사

Company	Sector
모엣 샹동(Moet et Chandon)	Wine & Spirits
헤네시(Hennessy)	Wine & Spirits
디올(Dior)	패션
펜디(Fendi)	의류 및 잡화
도나 카란(Donna Karan)	의류 및 잡화
에밀리오 푸치(Emilio Pucci)	의류 및 잡화
지방시(Givenchy)	의류 및 잡화
겐조(Kenzo Takada)	의류 및 잡화
벨루티(Berluti)	의류 및 잡화
루이비통(Louis Vuitton)	의류 및 잡화
마크 제이콥스(Matc Jacobs)	의류 및 잡화
셀린느(Celine)	의류 및 잡화
태그 호이어(TAG Heuer)	시계 및 보석
제니스(Zenith)	시계 및 보석
위블로(Hublot)	시계 및 보석
쇼멧(Chaumet)	시계 및 보석

Company	Sector
불가리(Bulgari)	시계 및 보석
로로 피아나(Loro Piana)	의류 및 잡화

[출처] 다음 백과사전

3 기업의 미션과 마케팅의 관계

❶ 미션(Mission)과 밸류(Value)

성공한 기업과 어려움을 극복한 기업은 역시 미션이 확실하게 뿌리를 내리고 있고 그 미션을 지탱하는 것은 바로 밸류이다. 밸류 중에 중요한 위치를 차지하는 것으로 'Integrity(인테그리티, 진실함)'가 있다.

❷ 기업의 미션과 마케팅과의 관계

(1) 기업의 미션 : 무엇을 위해 존재하나?

(2) 밸류 : 무엇을 믿고 있나?

(3) 비전 : 무엇이 되고 싶은가?

(4) 비즈니스 목적 : 정해진 기간에 무엇을 달성하고 싶나?

(5) 비즈니스 전략 : 어떤 방법으로 달성하나?

(6) 마케팅의 미션 : 기업의 미션을 수용한 마케팅의 사명과 역할

4 기업의 미션과 매니지먼트의 필요성

❶ 미션 매니지먼트

기업미션(기업의 존재의의, 사업, 희망, 가치관을 나타내는 것)을 최상위에 두고 목적, 전략, 목표, 중점방침으로 진행해가는 전략 추진 방법이다.

❷ 미션

기업이 나가야 할 자세를 간결하게 나타내고 있기 때문에 거기서 일하는 사람들에게 가야 하는 길을 나타내는 북극성과 같은 역할을 하고 있다. 특히, 현대와 같이 혼돈으로 앞이 보이지 않는 상황에서 매니지먼트는 비즈니스의 커다란 지침이 된다.

❸ 미션 매니지먼트가 필요한 기업은?

(1) 장기간 침체에 빠져있는 기업

(2) 기업을 둘러싼 환경이 급속하게 변화하고 있는 기업

(3) 합병하고 새롭게 시작하는 기업

(4) 컴퍼니 제로 : 새롭게 만들어진 기업

(5) 그룹을 통합하는 회사와 그룹을 구성하는 기업

(6) 글로벌 컴퍼니

5 화장품 기업의 소비자 이익(Benefit)

❶ 화장품의 밸류 프로 포지션(Value Proposition)은 '아름다워지는' 것

(1) Skin care : Anti-aging, whitening, moisturizing

(2) Make up : Fashionable, color concept, treatment effect

(3) Perfume : Image

❷ 제품의 특징과 고객의 희망이 일치

(1) 기능적 아름다움 : 자기 자신이 느끼는, 타인으로부터 듣는 것

(2) 정서적 아름다움 : 시각적인 측면과 정서적인 측면

(3) 화장품이 주는 아름다움

① Skin care : 피부의학에서 가져다주는 피부상태의 개선 및 현재의 양호한 상태의 유지
② Make up : 사용하면서 눈에 보이는 변화와 그 감촉과 향취와 트렌드
③ 향취, 모델, 판매 장소, 용기, 브랜드와 함께 베네피트가 고객에게 전달

❸ 브랜드 본질과 방향성

(1) 기능적인 베네피트(Benefit)와 자기실현을 만족시키는 베네피트(Benefit)

① 가치 제안과 브랜드 본질(Value Proposition & Brand Essence)
② 브랜드 본질(Brand Essence)을 만들기 위한 요소 : 기능적인 베네피트(Benefit), 정서적인 만족감, 매슬로우 욕구단계의 자기실현을 만족시키는 베네피트(Benefit)

(2) 화장품 기업별 브랜드 추구 방향

① Estee Lauder : Sophisticated, Intelligent, Modern
② Clinique : No Fragrance, Simple, White, Clinic
③ Guerlain : Best Perfumer, Gorgeous, Succeeded woman, Tradition of France, Premium, Salon Culture

④ Chanel : Fashion from Paris, Coco Chanel's Charisma, Modern design, Innovative, Black, Vivid color

⑤ Christian Dior : Traditional culture of France, Paris, Harmony of Old New, Sophisticated design, Skin care and technology

⑥ L'Oreal : House Bra

⑦ Shiseido : House Brand, Leader of Arts an Culture, Symbol of Japaness woman, Newest

❹ 제품 Positioning의 작성

잭 트라우트 & 알리스 : "진실은 무의미하다. 중요한 것은 마인드에 존재하는 인식이다. 포지셔닝 사고방식의 핵심은 인식을 현실로 받아들이고 그러한 인식을 재구성해 원하는 포지션을 창출하는 것이다."

(1) 제품 Positioning의 작성 예시 : 마스카라의 진화

① 고대 이집트 : 구리, 철 등으로부터 만들어진 콜을 동물의 지방 등에 섞어 바름

② 1834년 : 램프의 그을음을 모아 낙타털 붓으로 속눈썹에 바름

③ 1917년 : 비누와 색소의 압축 덩어리 형태로 물에 개어 바르는 케이크 마스카라

④ 1939년 : 현재의 브러시와 가장 유사한 최초의 특허(미국, 프랭크 엥겔 Jr.)

⑤ 1995년 : 길~어져요! 롱래시 마스카라 Innovative Brush의 신개념 마스카라

⑥ ~2005년 : 볼륨, 컬링, WP, 고발색 등 기능별로 다양화된 마스카라 시대

⑦ ~2006년 : Innovative Brush의 신개념 마스카라 탄생시대

⑧ ~2007년 : 치약 형태의 위생적이고, 굳지 않는 마스카라

❺ 브랜드 포지셔닝 방식

(1) 경쟁 브랜드들과 비교하여 소비자의 마음속에 차지하는 특정 브랜드의 상대적 위치를 확보하기 위한 심어주기 활동이다.

(2) 소비자의 마음속에 브랜드 심어주기 : 포지셔닝은 상품에 대해 어떤 행동을 취하는 것이 아니라, 잠재 고객의 마음속에 어떤 행동을 가하는 것이다. 즉, 잠재 고객의 마음속에 해당 상품의 위치를 잡아주는 것으로 자기 자신을 차별화하는 방식이다.

(3) 전략적으로 포지셔닝하기

① 무엇을(What?) : 브랜드(brand concept)를

② 어디에(Where?) : 표적시장에

③ 어떻게(How?) : 전략적으로

④ 왜(Why?) : 차별화를 위해

6 포지셔닝(Positioning) 구축 과정(Process)

(1) 포지셔닝(Positioning) = 브랜드(Brand)의 전개 방향성

① 시장에 있어 경쟁해 나갈 수 있는 제품 또는 제품 라인업(Line up)을 분명히 한다.

② 현재의 제품이 점하고 있는 '제품 영역(Space)'를 밀어내기 위한 제품의 특징을 명확히 한다.

③ 결정된 제품의 특징에 대한 고객 및 잠재 고객의 반응을 조사하고 정보를 수집한다.

④ '제품 영역(Space)'속에서의 제품의 현재 위치를 결정한다.

⑤ 시장 세분화(Market Segment)에서 선호되는 요인과 제품의 현재 포지션(Position)이 일치하는가를 조사한다.

⑥ 포지셔닝(Positioning)을 결정, 또는 변경한 포지셔닝(Positioning) 전략을 결정한다.

(2) 화장품 브랜드 포지셔닝(Positioning) 구축 과정

① 시장(Prestige - Mass) : 전문점, 방판, 통신, Mart, 온라인, 미용실, 피부 관리실

② 소비자 욕구 : [연령층 – 가격], [Simple – Gorgeous], [현대 – 전통]

※ 포지셔닝(Positioning)은 소비자 또는 고객에 대한 자신의 위치를 알게 하는 근거를 제공하기 때문에 기업의 미션, 가치, 비전, CI가 고려 대상이 된다.

(3) 제품 포지셔닝 맵

프레스티지	러그 주얼리감, 최상급, 동경, 퍼스트 클래스, 선택받은 느낌
최첨단	최첨단 최신의 정보, 최신의 기술을 가지고 더 없는 창조를 지향함
캐주얼/내추럴	심플함, 가벼움, 온화함, 부드러움, 치유되는 느낌, 릴렉스
베이직	사회에 근거한 정보와 가치관, 고정화, 대중화한 것
트렌디	높은 패션성으로 새로운 정보를 발산하는, 미의 개념을 창조
기능	확실한 효과를 실감하는, 괴로움을 해소하는, 실익을 가져다주는 것
보수적	전통의 답습, 스타일의 변화를 바라지 않음
쾌적성/기쁨/즐거움	기분 좋은감, 두근거림, 행복한 기분을 느낌, 감각과 감성에 호소함

[출처] 실전 뷰티 경영학(이범식, 전소현 저 / 구민사)

※ 전제 조건은 기업의 미션(Mission), 가치(Value), 비전(Vision)과의 적합성과 기업 이미지 통합 전략(Corporate Identity / CI)과의 관계 ⇒ 소비자 및 고객에 대한 자신의 위치를 인지하기 위한 작업

14 실전 문제 풀이

Q1 다음 중 "마케팅의 역할은 세일즈 팀을 쓸모없게 만드는 것이다."라고 역설한 사람은 누구인가?

① 필립 코틀러　　② 피터 드러커

③ 앨빈 토플러　　④ 빌 게이츠

Q2 마케팅의 등장 배경 중 다음 빈 칸에 들어갈 것은 무엇인가?

자급자족경제 → 교환경제 → (　　　　) → 상설 시장/도소매의 유통경로 등장 → 마케팅의 등장

① 가내수공업　　② 물물교환

③ 1일 1가의 원칙　　④ 화폐 등장

Q3 '아름다움과 건강을 창조하여 인류에 공헌'하기 위해 태어난 기업, 전 세계 모든 인류의 삶의 질을 높이고 생활을 윤택하게 하는 것이 기업 이념인 코스메틱 기업은 무엇인가?

① 로레알　　② 시세이도

③ 아모레 퍼시픽　　④ LVMH

정답

Q1) ② 피터 드러커에 관한 설명이다.

Q2) ④ 마케팅의 등장 배경에 관한 프로세스이다.

Q3) ③ 아모레 퍼시픽의 기업 이념에 관한 설명이다.

쉬어가는 페이지 04

스웨덴 재벌 발렌베리 가문

1. 재벌에 대한 국민 인식

여론조사 전문기관 리얼 미터가 〈연합뉴스〉 의뢰로 실시한 재벌에 대한 전반적 인식과 문제점, 정부의 재벌정책에 대한 국민인식을 조사한 결과, 국민 10명 중 6명 이상의 대다수는 과거(부정 63.4%)와 현재(66.9%) 모두, 우리나라 재벌에 대해 부정적으로 인식하고 있는 것으로 나타났다. '모름/무응답' 은 5.6%였다.

재벌에 대한 전반적 인식에 대해 조사한 결과, 과거에도 부정적이었고 지금도 부정적 인식을 갖고 있는 '前부정–現부정' 비율이 50.8%로 가장 높게 나타났다. 이어 과거에는 긍정적이었으나 지금은 부정적인 '前긍정–現부정' 비율은 16.1%, 과거부터 지금까지 긍정적인 '前긍정–現긍정' 은 14.9%로 조사됐다. 한편, 과거에는 부정적이었으나 현재는 긍정적인 인식으로 바뀐 '前부정–現긍정' 비율은 12.6%로 집계됐다.

2. 재벌에 관한 부정적 인식 이유

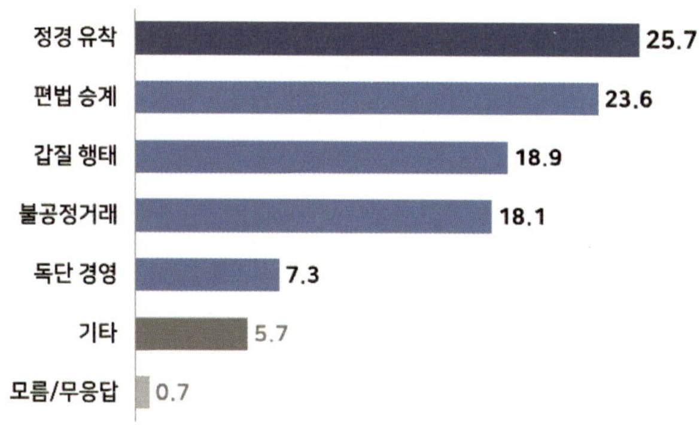

[출처] 2019년 재벌 및 재벌개혁에 대한 국민인식 조사 : 리얼 미터

위에서 살펴본 바와 같이 우리나라 국민들은 재벌에 대한 인식과 생각들은 많이 부정적이다. 하지만, 우리나라의 재벌 기업과는 달리 스웨덴의 발렌베리 가문은 국민들의 신망과 사랑을 받는 150년 전통의 기업이다.

다음은 발렌베리 가문에 대해 좀 더 자세히 살펴보자.

3. 스웨덴 재벌 발렌베리 가문

1) 발렌베리 가문의 사업 규모

(1) 매출 규모

스웨덴 GDP의 30%를 차지

(2) 고용

스웨덴 인구의 4.5% 고용

(3) 세습

5대에 걸쳐 150년간 세습

(4) 사회 환원

이익의 85%를 법인세로 환원

(5) 부자 서열

스웨덴 100대 순위 안에 들지 못함

(6) 경영 철학

"Esse, None Videri"(존재하되, 드러내지 않는다.)

2) 발렌베리 가문 계열사

(1) 나스닥 OMX : 거래소

나스닥 OMX 그룹의 자회사이기도 한 나스닥(NASDAQ)은 미국의 장외주식거래시장이다. 1961년 미국 증권거래위원회는 지역 내 모든 주식시장에 대한 조사를 통해 장외시장이 분열되고 모호하다는 보고서를 냈으며 이에 따라 장외시장의 자동화를 통한 거래시장의 통합을 이루고자 탄생한 것이 '나스닥'이다.

나스닥은 1971년 2월 8일에 개설되었다. 최초 설정 주가는 100포인트였다. 그러나 설정 이후 10년 동안 많아야 200포인트일 정도로 성장이 정체되다가 1982년 우량 40개 종목으로 구성된 나스닥NMS가 신설되었고 단순한 컴퓨터에 의한 자동 통보에 그치던 것이 1985년 모든 나스닥에 주문 및 매매기능이 적용되며 현재의 시장규모 확대를 이루어냈다.

[출처] 위키 백과 : NASDAQ

(2) 사브(SAAB) : 방산

사브(SAAB)는 1937년에 설립된 스웨덴의 항공기 및 자동차 회사이다.
본사는 스웨덴 베스트라예탈란드주 트롤헤탄에 있다. 2010년까지 미국의 자동차 그룹인 GM의 자회사였으며, GM이 3번째로 인수한 유럽 브랜드였다. 볼보와 더불어 스웨덴의 2대 자동차 제작사였다. 사브는 스웨덴 공군에 납품하는 항공기, 전투기 및 항공기 엔진 제작사로 출발하였다.

[출처] 위키 백과 : SAAB

(3) 소비(SOBI) : 바이오

스웨덴 스톡홀름 소재 제약 회사

(4) 아스트라 제네카(ASTRA ZENECA) : 제약

스웨덴의 제약회사 아스트라는 영국의 제약회사 제네카를 합병하면서 아스트라 제네카라는 거대 의약 회사로 재탄생했다. 2018년 기준 매출 26조에 달하며 세계 11위 의약회사로 자리매김했다.

(5) 아트라스 콥코

광산, 도로용 착암기, 공기 압축기 전문 기업

(6) 에릭슨(ELICSSON) : 통신 장비

글로벌 통신 장비 업체. 조선 최초로 덕수궁에 '자석식 벽걸이 전화기'를 설치

(7) 일렉트로룩스(ELECTROLUX) : 가전

스웨덴의 전자제품 제조 및 판매 기업

(8) 허스크 바나(HUSQ VARNA) : 전동 공구

전기톱으로 유명한 스웨덴 대표 전동 공구 기업

(9) ABB : 전기 장비 제조업

스위스 취리히에 본부를 둔 에이비비그룹(ABB, Asea Brown Boveri)은 배전반 및 전기 자동제어반 제조업체로 주요 사업은 송배전 설비, 산업용 자동제어시스템, 산업용 로봇 등의 제조 · 판매 및 수출 등이다.

(10) SEB : 은행

스웨덴 스톡홀름에 본사를 두고 있는 은행

3) 발렌베리 가문의 후계자가 되기 위한 10계명

(1) 혼자 힘으로 명문대를 졸업할 것

(2) 혼자 힘으로 해외 유학할 것

(3) 해군장교로 복무할 것

(4) 부모 도움 없이 세계적 금융 중심지에 진출할 것

(5) 실무 경험을 쌓고 국제금융의 흐름을 익힐 것

(6) 돈은 번만큼 사회에 환원할 것

(7) 일요일 아침마다 자녀들과 산책을 하며 함께 시간을 보낼 것

(8) 형제 간에 옷을 대물림하며 검소한 생활을 몸에 익힐 것

(9) 할아버지가 손자의 스승이 되어 지혜를 전할 것

(10) 결코 튀지 않게 행동할 것

스웨덴 발렌베리 가문은 이렇듯 까다로운 조건과 엄격함으로 후계자를 양성한다. 발렌베리 가문이 150년 전통의 부를 이어오면서도 스웨덴 국민들에게 사랑과 존경을 받는 비결이 바로 이것이 아닐까 생각한다.

필자도 발렌베리 후계자가 되기 위한 10계명 중 3번은 지킨 것 같아 나름 뿌듯하다.

[이범식 교수의 소위 임관식]

Chapter

15 코스메틱 기업의 비즈니스 전략

1 시장 세분화(Segmentation)의 정의

❶ Action Planning을 위한 시장 세분화

선택과 집중을 해야 한다.

❷ 시장 세분화(Segmentation) 전략

시장을 분류하여 그 성격에 알맞은 상품을 제조하고 판매하는 활동을 하는 일

(1) 코스메틱 시장 세분화

① 카테코리별 : Skin Care, Base Make up, Color Make up, Fragrance

② 유통별 : 백화점, Mart, 방문판매, 통신판매, 인터넷판매, 전문점, 브랜드숍, Beauty Salon, 병원, CVS, 약국 등

③ 연령별 : Kids 시장, Silver 시장

④ 성별 : 여성시장, 남성시장

(2) 시장 세분화 기준

명확성, 특이성, 시장 크기 → 현재의 매출과 이익을 제공, 향후 매출과 이익의 증대를 가능, 무형의 자산(BI) 구축가능, 경쟁으로부터 방어가 가능

(3) 시장 세분화 요소

지리적(Area Marketing), 인구통계학적(일반적 마케팅), 행동적(화장품, 정서적 가치와 시장간의 연결된 Marketing Life Style에 따른 Marketing)

❸ Niche의 이점

높은 ROI, Loyal Customer 구축, Positioning에서 경쟁 우위, 강력한 Communication, Brand 구축

→ 시장 본격 진입을 위한 준비, 전문성 발휘, 적은 경쟁자, 고객과의 근거리, 적절한 서비스, 혁신성, 경영진과 고객 간의 소통 원활

2 마케팅 프로세스의 SWOT 분석

❶ SWOT 분석 Checklist

(1) 강점(Strength)

① 우리는 고유의 경쟁 우위를 보유하는가?

② 우리는 적당한 재원을 보유하는가?

③ 우리는 경쟁자보다 잘할 수 있는 것이 있는가?

④ 우리에 대해 소비자들이 좋게 생각하는가?

⑤ 우리는 시장의 주도자로 알려져 있는가?

⑥ 우리는 고유의 기술을 보유하고 있는가?

⑦ 우리의 생산과 마케팅의 원가 우위를 보유하고 있는가?

⑧ 우리의 경영진은 그동안 일을 잘해왔는가?

(2) 약점(Weakness)

① 우리는 명확한 전략 안목이 없지는 않는가?

② 우리의 경쟁적 위치가 약화되고 있지는 않는가?

③ 우리의 시설은 낙후되어 있는가?

④ 우리의 수익성은 예상보다 나쁜가?

⑤ 우리의 경영진은 깊이와 전문성이 부족하지는 않는가?

⑥ 우리가 부족한 핵심 역량이 있지는 않는가?

⑦ 우리는 운영상의 문제를 갖고 있는가?

⑧ 우리는 현재와 미래 사업을 위한 현금을 보유하고 있는가?

⑨ 우리는 시장에서 약한 이미지를 갖고 있는가?

(3) 기회(Opportunity)

① 우리는 새로운 마케팅 세그먼트에 진입할 수 있는가?

② 우리의 상품라인을 확장할 수 있는가?

③ 우리의 경쟁자는 약하거나 안이한 태도를 갖고 있는가?

④ 우리의 시장은 성장하고 있는가?

(4) 위협(Threat)

① 우리는 새로운 경쟁자를 맞이할 것인가?

② 우리는 다른 상품으로부터 대체 위협을 받고 있는가?

③ 우리 시장의 성장은 둔화되고 있는가?

④ 우리는 정부의 새로운 규정으로부터 영향을 받는가?

⑤ 우리는 경기침체에 대해 예민한가?

⑥ 우리 소비자의 요구와 취향은 바뀌고 있는가?

⑦ 우리 소비자의 인구통계 특징은 바뀌고 있는가?

❷ 시장과 벨류 체인(Value Chain)

제품의 가치를 최종 소비자에게 보내기 위하여 마케팅 부문은, 제품을 개발·제조하는 것부터 최종 소비자까지의 체인을 끊지 않고 연결하는 Value Chain을 처음부터 끝까지 관리하는 것이 주요 역할이다.

3 비즈니스 콘셉트

❶ 'Asian Beauty Creator'로서 아모레 퍼시픽(AMORE PACIFIC) 사례

(1) 아모레 퍼시픽 전문

「㈜태평양에서 ㈜아모레퍼시픽으로 아모레퍼시픽은 아시아 고유의 문화와 서구의 기술이 조화를 이룬 새로운 아름다움을 꿈꾸었습니다.

최초의 히트 브랜드 'ABC 식물성 포마드'에서 최고의 한방 화장품 설화수(雪花秀), 그리고 아시아의 가치가 농축된 글로벌 브랜드 AMORE PACIFIC까지, 아모레퍼시픽은 도전과 창조정신으로 아시아의 미(美)를 새롭게 만들어 왔습니다.

그 결과, 1945년 창업 이후 지금까지 줄곧 고객의 사랑을 가장 많이 받는 뷰티 기업의 자리에 올라서 있습니다. 그러나 오늘의 아모레 퍼시픽을 만들어 주신 것은 바로 고객님임을 기업합니다.

많은 분들이 아모레퍼시픽의 발자취를 '無에서 有를 창조한 역사'라 하시지만, 저희는 다만 고객님들이 가지고 있던 아름다움에 대한 꿈을 실현해 드리고자 노력해 왔을 뿐입니다.

그리고 이제, 전 세계의 고객들과 함께 '아름다움의 문화'를 만들어 갈 것입니다. 세계 속에서 아모레 퍼시픽은 "Asian Beauty Creator" 세계인의 시선이 머무는 아시아에서, 30억 아시아인이 가진 아름다움에 대한 꿈을 실현하는 기업, 나아가 전 세계의 고객들에게 아시아의 문화가 품어온 미(美)의 정수(精髓)를 선보이는 기업이 될 것입니다.

그리고 빈곤이 없는 세계, 깨끗한 지구환경, 그리고 무엇보다 여성이 여성으로서 당당하고 아름답게 삶을 영위할 수 있도록 세계시민으로서 사회적 책임을 다하겠습니다. '아름다움과 건강을 창조하여 인류에 공헌한다.'는 창업의 이념을 실현해 나갈 것입니다.」

❷ 통합적 마케팅 커뮤니케이션(IMC, Integated Marketing Communication)

(1) 정의

광고, 홍보, 판촉, 다이렉트 마케팅 등 다양한 커뮤니케이션 수단들의 전략적인 역할을 비교, 검토하여 고객 및 유망고객의 행동에 간접적 혹은 직접적으로 영향을 미칠 수 있도록 이들을 효과적으로 결합한 설득적 커뮤니케이션 프로그램을 개발, 실행하는 과정

(2) 모든 마케팅 커뮤니케이션의 근간은 데이터베이스

예) OK Cash-bag

(3) IMC의 궁극적인 목표

일관성 있는 브랜드 관련 메시지의 제공을 통해 소비자에게 명확한 브랜드 이미지를 제공함으로써 강력한 브랜드 자산을 구축하는 것임

(4) IMC의 주요 특징

① 고객의 행동에 영향을 미침

② 모든 접촉 수단의 활용

③ 고객 혹은 유망고객으로부터 출발

④ 시너지 효과의 달성

⑤ 관계 구축

❸ 마케팅 전략과 계획의 수립

(1) 마케팅 전략

기업이 마케팅 목표를 달성하기 위하여 취하는 기본노선이며, 자사의 핵심 역량을 활용하여 시장의 위험을 파악하고, 기회를 포착하며, 고객의 가치를 창출하도록 하기 위한 대체적인 지침을 제공

(2) 콘셉트(Concept)

① 남과 다르면서도 앞서는 것 즉, 차별성과 우위성을 나타내는 특성을 함축하는 말

② 콘셉트≠개념, 콘셉트 = 본질

③ 콘셉트는 본질이며 특징이다.

> ※ 설화수의 브랜드 콘셉트
> 설화수는 지극한 정성을 담아 자연의 흐름에 따라 피부와 몸과 마음이 서로 교감하여 스스로 균형을 취할 수 있도록 해주는 정성의 한방 미학 화장품입니다.

(3) 제품 콘셉트 만드는 방법

① 누가 이 제품을 사용하나?

→ 초등학생인지, 10대 아이인지, 중장년인지, 성인인지

② 이 제품의 주요 베네피트는 무엇인가?

→ 향, 용기, 항노화, 상쾌함? 한정품인지?

③ 이 제품은 어떤 상황에서 사용되나?

> ※ 어느 스킨케어 제품을 예를 들어 콘셉트를 작성해 본다면
> ① 진주 펄이 자란 성장환경에 착안하고 그것을 이상적인 피부환경으로 돌려 피부환경을 지원한다. 그 효과는 항자외선, 항산화, 안티 에이징, 리프트 업에 있고 피부의 재구축을 가능하게 한다.
> ② 엘레강스와 탁월한 아름다움, 기품 있는 이미지를 표현한다.
> ③ 성인 행복감을 실감할 수 있는 제품을 구상한다.
> ④ 초순수(超純水)를 사용함에 따라 유효성분의 효과촉진과 안전성 향상을 도모한다.

이와 같이 주가 되는 기능과 특징을 알기 쉽고 간결하게 기술하는 것이 중요하다.

❹ 콘셉트 개발의 프레임 워크(Frame work)

(1) 화장품 콘셉트에서 요구되는 두 가지 측면

① 사용하는 측면에서 기능, 효능적

② 소유하는 측면에서 만족감, 정서적 스킨케어

㉠ 스킨케어 ⇒ 기능 : 정서 = 80 : 20
㉡ 메이크업 ⇒ 기능 : 정서 = 60 : 40
㉢ 향수 ⇒ 기능 : 정서 = 20 : 80

(2) 제조사의 이미지가 제품에 영향을 준다.

예) Clinique, Shiseido, Chanel

❺ 브랜드 에센스의 명확화

(1) 오랜 기간에 걸쳐 브랜드의 근원을 만드는 것 : 브랜드 에센스≠광고 헤드 카피

① 크리니끄 : '심플 케어와 무향료'(광고 카피는 'Twice a day')

② 바디 숍 : '환경과 동물, 인권에 배려한 상품 만들기'

③ 볼보 : '안전'

④ BMW : '궁극의 속도감'

⑤ 메르세데스벤츠 : '성공의 스테이터스(Staters)'

(2) 브랜드 본질의 성공 예(Virgin)

브랜드 본질을 보다 명확하게 하기 위한 '코어 아이덴터티(Core identity)'

① 서비스 품질 : 서비스 품질 분야에 대해서 일관되게 최고의 품질을 유머와 센스와 함께 제공한다.

② 혁신 : 가장 혁신적이고 부가가치 높은 기능과 서비스를 제공한다.

③ 즐거움과 엔터테인먼트 : 즐겁고, 재미있는 회사

④ 가격에 맞는 가치 : 제공하는 모든 것에 가치를 부가하고 고가격 옵션을 설치하지 않는다.

(3) 제품 USP(Unique Selling Proposition)를 명확하게 한다.

① 유니크한 것이 포인트

– USP : '자신들의 제품 특징은 무엇인가?' 를 명백하게 하는 것(구매하는 측의 베네피트)

예) 미용액 USP를 생각한 경우 '보습효과가 있다' VS '자사의 하이알루론산은 1g에 500g 상당분의 보습 효과가 있다.'

② 화장품도 이미지, 정서적 어프로치만은 아니다

– 의약품과 달리 결정적으로 커다란 차별화가 어렵기 때문에 정서적, 이미지적뿐만 아니라 제품의 효능, 사용감, 개발 스토리 등을 혼합해서 연결되어 있다.

– 정서적 측면 : 향수 〈 메이크업 〈 스킨케어 (미백원료 – vitamin C, kojicacid, arbutin, etc)

③ 주변제품 USP로부터 개발제품의 USP가 무엇인지 생각해 본다.

예) 컴퓨터, 자동차

6 일관성과 혁신성

(1) 일관성

패키지 디자인, 브랜드의 로고마크, 판매되는 카운터 디자인, 미용 사원의 유니폼, 팸플릿, DM, 광고의 크리에이티브 등에 있어서 일관성 유지

(2) 혁신성

시대의 흐름과 함께 고객의 가치관도 변화

4 색상과 커뮤니케이션 전략

(1) 빨간색 : 에너지가 넘치는 색, 에너지의 발산 촉진효과, 의욕 자극

(2) 핑크색 : 신체 모두 젊게 되돌려주는 색, 행복감과 따뜻함을 가져다주는 색

(3) 오렌지색 : 빨간색의 정열과 황색의 밝기를 겸비한 색, 상쾌한 기분, 밝음, 친숙함, 젊음, 신선함과 같은 이미지를 준다.

(4) 갈색 : 아스컬러(브라운계통의 색상)로서 패션, 인테리어에 사용되고 있는 싫증나지 않는 색

(5) 황색 : 빛에 가장 가까운 색. 사람의 눈에는 앞쪽으로 튀어나와 가깝고 크게 보인다. 상징 컬러로 사용, 외교적인 이미지가 강하고 희망, 행복, 건강, 의욕을 나타낸다. 선제품 등에 사용되는 색

(6) 녹색 : 마음의 편안함과 조화를 가져다주는 색상, 생명, 희망, 평화, 안정, BODY SHOP의 그린은 유명

(7) 청색 : 차갑고 차분한 색, 밝은 하늘색은 희망과 적극성, 엷은 베이비블루는 부드럽고 온화한 기분, 마린 블루는 냉정, 진정

(8) 자주색 : 고귀한 색상임과 동시에 불안과 질투라는 부정적인 이미지도 있음

(9) 흰색 : 청순과 무구의 상징, 평화, 순수, 청정을 나타냄

(10) 검정색 : 엄중한 느낌, 절대적인 초월감, 흰색과의 조합 다음으로 관혼제례의 경조 어느 쪽에도 대응

> 바디숍에서 사용되고 있는 녹색은 자연, 환경, 치유, 평화의 이미지를 전달하기 때문에 스포츠카 색상으로 인기가 있어 빨간색 페라리와 포르셰에 딱 맞을지도 모른다.
> 또한 빨간색은 식욕을 자극하는 이미지가 있기 때문에 맥도날드와 KFC 등의 패스트푸드점에서도 많이 사용되고 있다.
> 청색은 바다, 지성, 티파니와 에스티로더도 같은 계통의 블루를 기업 컬러로 사용하고 있다.

15 실전 문제 풀이

Q1 STP 전략 중 '시장을 분류하여 그 성격에 알맞은 상품을 제조하고 판매하는 활동'을 무엇이라고 하는가?

① Segmentation ② Targeting
③ Positioning ④ Weakness

Q2 '남과 다르면서도 앞서는 것 즉, 차별성과 우위성을 나타내는 특성을 함축하는 말'을 무엇이라고 하는가?

① 매니지먼트 ② 콘셉트
③ 특이성 ④ 미션

Q3 색상과 커뮤니케이션 전략 중 신체 모두를 젊게 되돌려주는 색으로 행복감과 따뜻함을 가져다주는 색은 무엇인가?

① 빨강 ② 파랑
③ 녹색 ④ 핑크

| 정답 |

Q1) ① Segmentation에 관한 설명이다.

Q2) ② 콘셉트(Concept)에 관한 설명이다.

Q3) ④ 핑크색에 관한 설명이다.

Chapter

16 경쟁력 있는 피부 관리실 만들기

1 경쟁력 있는 피부 관리실이란?

❶ 콘셉트(Concept)가 있는 피부 관리실을 운영해야 한다.

① 기술에 대한 가치의 본질은 있으되 특별한 특징이 있는 숍을 운영한다.

② 대형 피부 관리실과 차별화된 독특한 경영 전략이 필요하다.(정적인 서비스의 개선과 구체적인 차별적 기술)

❷ 체계적인 직원관리 시스템을 구축한다.

① 피부 관리사의 직장마인드

② 직원의 채용 / 실전면접

③ 직원의 업무일지 활용

❸ 되도록 빠르게 부실 경영의 원인을 찾는다.

① 단기간에 투자비용을 거두려는 조급함

② 막연한 비전만 가진 현실성 없는 투자

③ 피부 관리실 운영에 대한 정보와 지식의 부재

④ 주변사람을 이끌지 못하는 인관 관계와 리더십

❹ 철저한 시장 조사를 한다.

① 주변의 주거환경/생활수준/연령대별의 특징/교통조건 등

② 다른 숍을 탐색한다기보다는 그냥 고객의 입장에서 방문을 하고 고객의 입장에서 판단한다.

③ 시장조사의 목적을 정확하게 구분한다.

④ 시장조사는 한명의 눈으로만 판단하고 평가를 해서는 안 되며 객관적이어야 한다.

⑤ 적어도 3명 이상이 한곳을 방문하며 의견을 같이 공유하는 방법이 효과적이다.

⑥ 내 분야의 업종만을 조사하기보다는 표본이 되는 업체를 선정하여 벤치마킹을 한다.

2 에스테틱 경영인을 위한 역량 강화 전략

❶ 에스테틱 운영을 위한 요건

① 제도적인 변화를 읽고 움직여야 한다.

② 분야에 대한 시장조사가 되어있어야 하고 시장의 흐름을 정확하게 파악하고 있는지 살펴야 한다.

③ 전문적인 지식이나 기술을 이해하고 알아야 한다.

④ 콘셉트 경영을 하여야 한다.

⑤ 관련 상품의 확신과 프로그램이 정확해야 한다.

⑥ 직원 관리가 철저하게 이루어져야 한다.

⑦ 분야의 직업에 대한 직업관과 비전, 그리고 자신감이 있어야 한다.

3 전문 에스테티션 양성을 위한 직원 교육 방법

❶ 개인 경쟁력 강화

성공한 사람은 자신이 부족한 부분을 노출하는 데 두려움이 없다. 상대가 누구이든 자신이 필요한 부분을 잘 알 것 같은 사람(상사, 동료, 부하직원이라도)을 찾아가 그들의 생각을 듣는 데 주저함이 없다. 말하자면 항상 다른 사람에게 코칭과 조언을 요청할 준비가 되어있다는 것이다.

① 장기적인 성공을 꿈꾼다면 지금부터라도 조직에 줄 수 있는 가치가 무엇인지 생각해야 한다. 회사가 원하는 가치도 환경변화에 따라 얼마든지 바뀐다는 점은 반드시 기억해야 한다. 조직이 필요로 하는 가치를 찾기 위해서는 먼저 환경 변화의 추이를 놓치지 말아야 한다.

② 성공하고 싶다면 이미 성공에 가까이 가 있는 사람을 좀 더 자세히 들여다보는 것이 필요하다. 특히 조직생활을 시작한 지 얼마 되지 않은 사람일수록 자신의 성공 벤치마킹 대상을 제대로 된 곳에 두는 것이 중요하다.

❷ 개인 실천 미션

① 개인의 가치에 영향을 주는 시장의 변화를 읽어라.

② 당신이 속한 기업이 원하는 것이 무엇인지 탐색하라.

③ 당신이 하는 일의 수요의 변화를 읽어라. 수요가 높을수록 당신이 받을 수 있는 프리미엄은 높아진다.

④ 당신의 가치는 당신의 잠재적 가능성과 당신이 경험한 것에 의해 결정된다는 점을 기억하라.

⑤ 당신의 잠재적 가치가 바닥나지 않도록 하라.

⑥ 한 번도 해 본적이 없는 일에 도전하라. 그것이 바로 성공의 보증서이다.

⑦ 넓은 바다를 향해하고 싶다면 다시는 편안한 곳으로 돌아가지 못하도록 확실한 배수진을 쳐라.

⑧ 지구는 멈추지 않는다. 경험의 노예가 되지 말라. 내일이면 당신이 가진 경험의 가치는 과거의 것이 될 뿐이다.

③ 조직 경쟁력 강화

"회사는 당신에게 중요한 일뿐만 아니라 매우 중요한 일에 집중하기를 원한다." - 스티븐 코비 / 미국 컨설턴트 / 성공하는 사람들의 7가지 습관

① 필요로 하는 영양분을 제대로 섭취하지 못하면 건강의 균형이 무너지고 결국 생명에 영향을 미치는 것처럼 조직도 필요로 하는 것을 제대로 공급받지 못하면 "못다 핀 꽃 한송이"처럼 사라지고 만다. 그렇게 사라진 직업이 한둘이 아님을 잊지 말자

② 경쟁력 있는 회사일수록 외부환경변화에 능동적이다. 실제 변화가 오기도 전에 이미 대응 태세에 들어가 있다. 그런 회사일수록 환경변화를 감지하는 더듬이가 잘 발달되어 있다. 이들이 조직변화를 위해 가장 먼저 쓰는 것이 바로 교육이다.

③ 하루 24시간은 누구에게나 동일하게 주어지는 법! 시간의 제약 속에서 누구와 어떤 관계로 어떻게 조직생활을 하는가는 나를 차별화시켜 주는 요소가 된다.

④ 조직 실천 미션

① 당신의 능력을 회사의 핵심 활동에 맞추어라.

② 당신의 강점을 전략적으로 상품화하라.

③ 회사의 사업전략이나 조직전략을 반복해서 들여다보라. 그리고 그것에 당신이 기여할 수 있는 바가 무엇인지 찾아라.

④ 조직과 상사가 당신에게 원하는 것과 그 수준을 명확히 하라.

⑤ 상사의 목표에 대해 상사와 자주 대화하라. 당신의 목표는 바로 그 상사의 목표에서 나온다는 점을 잊지 말라.

⑥ 목표는 성과를 만들어 낸다.

4 전문 에스테티션 양성을 위한 직원 관리 방법

❶ 경력별 에스테티션의 업무 영역

(1) 1~2년차

전문테크닉션으로서 전신 케어와 얼굴 케어를 완벽하게 마스터하는 기간 전문가로서 성장하기 위해서는 우선적으로 기술적 테크닉을 숙련해야 하는 기간이다. 또한 피부에 대한 기본적인 이해가 필요하며 제품에 대한 지식과 설명이 구사되어야 하고 각 피부 유형별에 대한 구두상의 질문에 답변할 수 있는 정도의 능력이 갖추어져야 하는 단계이다.

(2) 3~5년차

전문 테크니션으로서의 정착과 매니저가 되기 위한 준비 기간이다.

1~2년차를 어떻게 준비하였느냐에 따라 이 시기가 직업으로 업그레이드될 수 있는 중요한 계기가 될 수 있다. 실무경력이 안정되면 이론지식에 대한 갈증이 많아져서 교육에 투자가 생기는 시기이기도 하다.

이때는 고객피부상담에 대한 부분과 문제성 피부 관리의 응용프로그램관리법, 직원관리능력, 숍의 마케팅, 기획 등에 참여를 함으로써 실장급이나 상담 매니저로서의 준비나 경영자로서 정착을 할 수 있는 시기이기도 한 중요한 과정의 단계라 볼 수 있다.

(3) 5~8년차

실장이나 경영자로 정착하는 시기이다.

테크닉에 대한 자신감과 안정감이 확보되고 자신만의 테크닉이 구사될 수 있어야 한다.

실무적으로는 차별화된 스페셜 케어 프로그램을 가지고 교육을 할 수 있어야 하며 매출 향상을 위한 경영관리, 마케팅을 위한 기획관리, 직원교육 및 관리를 하여 체계적인 조직 관리를 배우고 익혀 응용해야하는 시점이다.

직업에 대한 경력자로 정착을 할 수 있는 시기라고도 할 수 있다.

❷ 피부 관리 실전 면접 방법 및 인사 고과 제도

최근 이력에 대한 허위와 기술에 대한 정확한 판단의 부재로 직원들 간에 또는 경영자 간에 부적절한 믿음이 형성되는 경향이 있다. 피부 미용에서는 맹목적인 면접이 나중에는 서로간의 문제를 야기함으로써 관계가 불편해지고 또 업무적인 능률이 떨어지는 경우가 종종 있다. 면접자 입장에서 피부관리사로서의 자질(성실도), 가치관, 전문성 등을 갖춰서 숍에서 원하는 실전 면접도 중요하지만 사람이 만나 상품이 창조되는 것이기에 무엇보다도 신뢰가 중요하다고 본다.

실전면접을 잘 활용하여 직원에 대한 평가를 제대로 할 수 있는 부분이 바로 인사고가 제도일 것이다.

과거의 인사 고과의 문제점을 본다면 업무태도, 능력, 업적의 3가지 기준에서 인사고과가 시행되었으나 가치 기준이 애매하여 실제로는 평가자의 판단에 의해 인사고과가 시행되는 경우가 많다. 피부 관리실에서도 마찬가지다. 성실도나 능력 업적을 보고자 하는데 그 부분을 정확하고 구체적으로 평가하기란 쉽지가 않고 관리자의 주관적인 해석이 이루어지므로 개선 방향이 필요하다.

❸ 개선 방향

① 업무의 질과 내용, 포지션에 따라 책임등급을 정하고, 정해진 직책과 직무에 대한 능력을 분명히 하며 사전에 원장이 이 부분에 대하여 직원들에게 제안을 하여야 할 것이다.

② 실장급 이상의 관리자는 평가 방법과 면담의 요령 등에 관하여 사전에 리더자와 동일한 통일된 교육이 이루어져야 한다.

③ 인사 고과는 평가자가 고과를 시행한 후 원장과 직원들 간에 충분한 면담을 거친 후 평가를 결정해야 한다.

④ 직원들 개개인의 면담을 통하여 개인의 희망 목표, 자기개발 등을 스스로 결정하게 한 후 1년간의 목표기간을 두어 이 목표의 달성도도 다음번 고과 점수에 반영한다.

⑤ 관리실 특성에 맞는 객관적 평가기준을 만들며 특히 업무태도, 업무공적도, 직무 책임 달성도, 자기목표달성도 등을 나누어 인사고과제도에 틀을 만든다.

5 특별한 피부 관리실 충성 고객 만들기 5전략

(1) 정기적으로 이벤트 상품을 만들어서 프로모션을 구성한다.

(2) 관리 품목을 패키지 상품으로 만들어 단품보다 저렴한 금액으로 제시한다.

(3) 관리 받는 공간을 고객의 니즈에 맞추어 세팅한다.

(4) 이벤트성 관리 단품 구성으로 그 숍만의 특별한 프로그램을 차별화 한다.

(5) 피부 관리실 내의 분위기를 정기적으로 바꾼다.

16 실전 문제 풀이

Q1 다음 중 경쟁력있는 피부 관리실을 만들기 위한 방법이 아닌 것은 무엇인가?

① 콘셉트가 있는 피부 관리실을 운영한다.

② 체계적인 직원 관리 시스템을 구축한다.

③ 되도록 빠르게 부실 경영의 원인을 찾는다.

④ 단기간에 투자 금액을 회수 방안에만 몰입한다.

Q2 경력별 에스테티션의 업무 영역 중 1~2년차에 해당하지 않는 것은 무엇인가?

① 전신 케어와 얼굴 케어를 완벽하게 마스터한다.

② 우선적으로 기술적 테크닉을 숙련한다.

③ 실무적으로 차별화된 스페셜 케어 프로그램을 가지고 교육을 할 수 있어야 한다.

④ 피부에 대한 기본적인 이해가 필요하며 제품에 대한 지식과 설명이 구사되어야 한다.

Q3 특별한 피부 관리실 충성 고객 만들기 5전략이 아닌 것은 무엇인가?

① 단기적인 객단가 향상에 주력한다.

② 정기적으로 이벤트 상품을 만들어서 프로모션을 구성한다.

③ 관리 품목을 패키지 상품으로 만들어 단품보다 저렴한 금액으로 제시한다.

④ 피부 관리실 내의 분위기를 정기적으로 바꾼다.

정답

Q1) ③ 유단기간에 투자 금액을 회수하는 데에만 급급할 것이 아니라 전반적인 마케팅과 운영 시스템, 직원 관리 방안을 종합적으로 구축하여야 한다.

Q2) ③ 5~8년차 경력의 에스테티션에게 필요한 업무 영역이다.

Q3) ① 단기적인 객단가 향상보다는 꾸준한 재방문율 향상에 포커스를 맞추는 것이 좋다.

Chapter

17

펀(Fun) 경영과 매장 운영

1 펀(Fun) 경영을 통한 신바람 나는 살롱 만들기

취업 전문 업체에 '스카우트'가 2019년 2,483명을 대상으로 재직 중인 회사에 대한 만족도를 평가한 결과 100점 만점에 46.3점이라는 낙제점을 받은 것으로 나타났다.

회사 생활에 대한 평가는 부정적인 의견이 주를 이뤄 '그럭저럭 버틸 만한 수준'이라는 응답이 57.5%로 가장 높았으며, '매일 매일이 고통의 연속'이라는 응답 또한 32.5%나 차지했다. '일할 맛 나는 회사'라는 의견은 겨우 7.7%에 그쳤다.

일터는 삶의 가장 기본이 되는 공간이다.

미용인들이 하루 일과의 대부분을 보내는 곳이 살롱인 만큼 살롱은 일할 맛이 나는 즐거운 곳이어야 한다. 실제로 일할 맛 나는 미용실, 재미있는 살롱이 재미를 보는 시대가 도래했다.

2 "펀(Fun) 경영, 웃음 경영이 뜨고 있다."

❶ 펀(Fun) 경영은 일하기 좋은 살롱을 추구한다.

고객 가치면에서도 재미있는 중요한 위치를 차지하고 있는 펀 경영은 어떻게 하면 '일하기 즐거운' 살롱을 만들고, '사용하기 즐거운' 상품 혹은 서비스를 만들 것인가를 고민하는 경영 혁신 전략이다. 1990년대 후반부터 미국에서 시작되어 2000년대에 주목을 받기 시작한 경영 기법이다.

일하기 좋은 기업의 공통점은 어떤 제도나 방침이 아니라 '매우 높은 수준의 내부의 질'이다. 일하기 좋은 기업은 종업원이 상사나 경영진을 신뢰하고, 모든 구성원이 업무나 회사에 대해 자부심을 가지고 있으며, 종업원이 함께 일하는 동료들과 즐거움을 느끼는 곳이다.

편 경영도 기업 활동이란 근본적으로 이해 관계자를 만족시키기 위한 일련의 과정이라는 사실을 부인하는 것은 아니다. 중요한 것은 편 경영은 종업원이 즐거울 때 고객에게 진심어린 기쁨을 줄 수 있으며 기업의 이해 관계자 모두 즐거울 때 생산성이 증대될 수 있다는 것이다. 일을 즐겁게 하고 능력에 걸맞은 일에 열정적으로 매달릴 때 조직의 분위기가 바뀌어 결국 조직의 생산성을 극대화 할 수 있기 때문에 최근 많은 기업들이 편 경영을 추진하고 있다.

2 편(Fun) 경영은 '사람 존중의 경영'으로 요약된다.

911테러 때도 유일하게 흑자 경영을 하며 편 경영의 원조 모델이 되고 있는 미국의 사우스 웨스트 항공사나 월마트 등 불황에 강한 회사들의 공통점은 사람을 잘 관리해왔다는 것이다. 결국, 인간 관리로 경쟁 우위를 누린 것이다. 기업 경쟁력의 원천으로 한층 더 중요해지고 있는 것이 사람과 조직 문화다.

사우스 웨스트는 자신의 회사를 '항공사'라 부르기보다는 '사람의 회사'라고 부른다. 또한, 채용 과정에서 직원들의 유머감각이나 웃음을 강조한다. 잘 웃고, 유머 감각이 있는 사람일수록 변화에 잘 적응하고, 스트레스를 잘 받아도 창조적이며 효율적으로 일을 한다는 것이다. 또한, 유머와 웃음이 있는 사람은 놀 때도 열심히 놀기에 남들보다 더 건강하다고 믿는다.

결국, 재미있고 즐겁게 일하는 (Fun to work)조직 풍토가 기업의 생산성 향상은 물론 신바람 나는 일터를 만들고, 조직원들이 일 자체나 직장에서 느끼는 재미가 긍정적 사업성과로 연결된다는 것이다.

다시 말하지만, "아침에 눈뜨면 빨리 출근하고 싶은 일터" 이것이 편(Fun) 경영이 추구하는 기본 철학이다.

❸ 사우스웨스트 항공사 '허브 캘리허' 회장의 펀(Fun) 경영

[출처] 사우스웨스트 항공사 : 허브 캘리허 회장

(1) 허브 캘리허 회장의 어록

"박리다매 전략은 서비스 산업에서도 빛을 본다. 크게 보면 서비스도 상품이기 때문이다. 양질의 서비스를 싼 값에 제공하면 고객은 절로 늘어나게 마련이다."

(2) 사우스웨스트 항공사의 기록

① 미국의 저비용 항공사로 본사는 텍사스 주 댈러스에 있음

② 1997~2005년 '미국에서 가장 일하고 싶은 기업' 5위

③ 지난 18년간 고객 불만이 가장 적은 회사(미 교통부 여객항공 조사보고서)

④ 여객 운송 기준으로 세계 3위, 31년 연속 흑자 달성

⑤ 오로지 보잉 737만을 운용, 이직률이 10%도 안 되는 회사

⑥ 기내 서비스를 최소화하는 대신 펀 경영을 생활화 한 대표적인 저가 항공사

⑦ 1972년 1만 달러의 투자 가치가 지금은 1천만 달러 되는 곳

(3) 허브 캘리허 회장의 펀(Fun) 경영 실천

[출처] 사우스웨스트 항공사 : 허브 캘리허 회장

(4) 뷰티 살롱 펀(Fun) 경영 벤치마칭 사례

① 꽃 접객

[출처] 강릉 엘미강 미용실

② 브런치 서비스

[출처] 강릉 엘미강 미용실

③ 명절 연휴 화투 증정 이벤트

[출처] 광명 라로&바버

④ 퍼니 음료 메뉴판

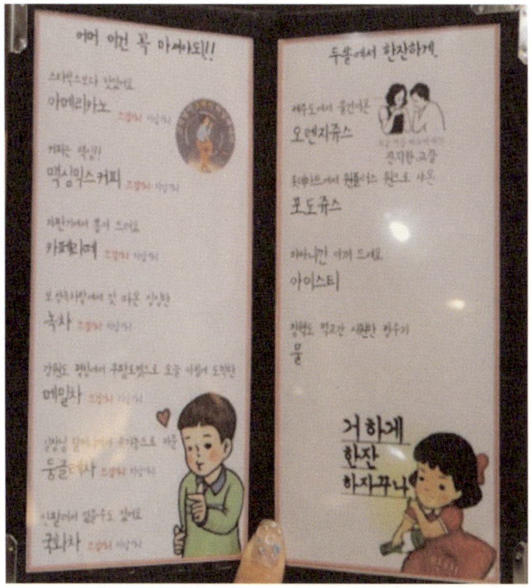

[출처] 헤어칙스

⑤ 미용실 단체 응원

[출처] 광교 헤어더딥

3 왜(Why)? 웃음 경영인가?

세계적인 성공 동기부여가인 브라이언 트레이시는 성공의 85%는 실력이나 학벌, 능력이 아니라, 바로 '인간관계'라고 말했다. 결국, 사람과의 관계에 있어 어떻게 대처하느냐? 그 사람의 마음을 어떻게 얻느냐에 성공의 승패가 갈린다는 것이다.

사람의 마음을 잘 얻을 수 있는 것! 그것도 돈 한 푼 안들이고 그 사람의 마음을 얻을 수 있는 방법 중 가장 탁월한 것은 바로 웃음이다.

[출처] 브라이언 트레이시 홈페이지

우리 속담에 "웃는 얼굴에 침 못 뱉는다."라는 말이 있다. 웃는 사람은 어른은 물론, 동료, 후배들에게까지 인기가 좋고, 그러다 보면 좋은 관계가 형성된다.

최근 미국에서 연구한 바에 의하면 잘 웃는 사람의 연봉이 보통 사람보다 남자는 4%, 여자는 8% 높다고 한다. 웃는 사람이 모든 인간관계에서 중요한 것은 바로 상대방의 기분을 좋게 하며 마음을 안정시키기 때문이다. 최고로 친밀하여야 할 가정에서의 웃음은 모든 인관 관계의 노하우를 배우는 웃음의 장이어야 한다.

미국 메릴랜드대 심리학과 로버트 프로 빈 교수는 우리가 짓는 웃음의 80%는 인간관계를 부드럽게 해주는 윤활유 역할을 한다고 주장했다. 그리고 성공학의 대가인 지그 지글러는 웃지 않는 사람이 인간관계에 있어서 가장 가난한 사람이라고 언급했다.

또한, 중국 속담엔 웃지 않는 사람은 기업을 경영하거나 사람을 가르칠 자격이 없다고 말한다. 재미있게 일하며 웃는 회사나 기업이 결국 재미를 볼 수밖에 없다. 하지만, 우리는 웃는 것에 참 인색하다.

미국의 한 연구에 의하면 어린 아이들은 하루에 300~500번 정도 웃는 반면, 성인들은 하루에 15번 정도 밖에 웃지 않는다는 결과를 발표한 적이 있다. 유머 감각이나 웃음 문화가 우리나라보다 월등히 발전해 있는 미국의 상황에서 나온 대답이라는 것을 고려해본다면 우리나라의 상황은 두말할 나위가 없을 것이다.

어떤 연구에 의하면 우리나라 성인들은 하루에 7번 정도 웃고, 50대가 넘어가면 4번 밖에 웃지 않는다고 발표한 적이 있다. 보통의 성인들에게도 웃음의 횟수는 생각보다 많지 않지만, 몸이 아픈 환자들이나 마음의 고민이나 갈등에 휩싸인 분들은 웃는 횟수가 더욱 현저하게 줄어든다.
특히, 한국웃음연구소가 개최하는 웃음학교에서 살펴보면 웃음의 횟수는 놀랄 만큼 적게 나타난다. 안타깝게도 몇몇 분들은 3년 또는 5년 만에 웃어봤다라고 말하는 분도 계신다. 충격적이게도 심지어는 7년 만에 웃어봤다라고 쑥스럽게 고백하는 분도 있다.

'웃음이 헤프면 안 된다.' '웃으면 사람이 가볍게 보인다.' 등 웃음에 대한 뿌리 깊은 고정 관념도 문제지만 살게 되면서 끊임없이 밀려오는 부정적인 생각들을 통제할 수 있는 방법을 알지 못한 탓이다. 부정적인 생각에 휩싸이면 생각은 제일 먼저 우리의 웃음을 빼앗아 간다.

웃음에 대한 나름대로의 편견은 우리 사회의 도처에 깔려있다. 어떻게 보면 유교주의 사회에서 엄숙함이 위엄의 가치로 여겨져서인지 모르겠다. '웃음이 좋다.'라는 것을 다 아는 현재도 많은 가정과 직장에서는 아직도 웃음이 푸대접을 받아온 것이 사실이다.

이렇게 웃음이 오히려 구박받는 분위기를 탈피하지 못하면 우리는 결코 부정적이 상황에서 자유로울 수 없다. 웃음은 우리를 자유롭게 한다.

연 초가 되면 나누는 말 중 최고의 덕담이 있다.
"새해 복 많이 받으세요."

언제 들어도 좋다. 또한 옛말에는 이런 말도 있다.
"웃으면 복이 와요."

이 두말을 합치면 웃음의 가치를 쉽게 알 수 있다.

"새해 많이 웃으면 정말 복 많이 받나요?" 그렇다. 웃으면 복이 온다.
"지금 미소를 지어보고 웃어보자!! 복이 오는 소리가 들리지 않는가?"

4 살롱 내 웃음은 건강과 매출의 바로미터(Barometer)

미용실 내 조직원이 건강해야 살롱도 건강하고 매출이 높다.
억지웃음도 웃음과 효과가 거의 같기에 활력 있는 미용실의 분위기를 만들기 위해선 웃음은 필요충분조건이 된다.

또한, 최근 힐링(Healing)이 사회적인 관심사가 되어가고 있다. 너도 나도 운동과 음식에 대한 정보를 찾아 헤매고 있지만 웃음이야말로 힐링의 핵심이 아닐까 생각한다. 학자들은 한 번 웃을 때의 운동 효과는 에어로빅 5분의 효과와 비슷하며 1분 동안의 웃음은 10분간 조깅을 한 것과 비슷하다고 말한다. 미국의 플라이 교수는 웃으면 심장 기능을 활발하게 하는 힘이 생기고 십 초 동안 배꼽을 잡고 깔깔 웃으면 삼 분 동안 힘차게 보트의 노를 젓는 것과 같은 운동 효과가 있다고 했다. 나아가 한번 웃을 때만 231개의 근육이 운동을 하게 되고, 얼굴의 근육만도 15개가 운동을 하게 된다고 말한다. 돈 들이지 않고, 이 정도의 효과를 내는 운동은 세상에 어디에도 없다.

웃겨서 웃는 것이 아니라 웃으면 표정이 바뀌고 삶의 태도 또한 바뀌게 된다. 그것이 습관이 된다면 자연스럽게 매출도 동반 성장할 것이다.

[웃음에 따른 신체 변화]

신체	변화
뇌	· 베타 엔도르핀 분비 촉진 · 뇌 내 모르핀 분비 증가 · 기억력 증가 · 긴장감 이완
심장	· 코티졸(스트레스 호르몬) 분비 억제 · 혈압, 혈당 정상치 유지 · 혈액 순환 개선
폐	· 코티졸 분비 억제 · 신경조직 이완을 통한 폐 속 깊은 곳까지 신선한 산소 공급
위, 간, 대장 등 소화기관	· 인터페론 감마 분비 증가 · 바이러스 저항력 증가 · 각종 소화기 암 예방 효과
요통, 디스크	· 신경계통 증상 완화 · 촉진 통증 억제
혈액	· 콜레스테롤이나 중성 지방 수치 줄어듦 · 면역기능 증가 · 암세포 공격

[출처] 웃음 치료 창시자 「한광일 박사의 웃음 치료」

하지만, 이러한 웃음의 운동 효과를 보기 위해서는 무엇보다도 인식의 전환이 필요하다. 기존의 운동과 같이 웃음도 운동이라는 인식과 함께 정기적인 웃음 운동이 시행되어야 큰 효과가 있다.

물론, 예뻐지기 위한 웃음도 있겠고 이미지의 개선을 위해서 웃음 연습을 하는 사람도 많지만, 기왕이면 웃음이 운동이라는 인식으로 크게 웃을 수 있어야 한다. 웃음을 운동으로 접근할 수 있다면 다른 모든 목적을 달성할 수 있으리라 확신하다. 명심하자! 웃음은 최고의 운동이다!

5 웃음도 훈련이 필요한 운동이다.

미국 밴더 빌트대 조안 바초로프스키 교수는 웃음은 미소와 별개의 행위라고 주장한다. 미소는 웃음에 비해 얼굴 근육을 훨씬 덜 사용할 뿐 아니라 소리도 내지 않는다고 말한다. 따라서 실제적으로 건강에 도움을 주는 웃음은 얼굴에 미소를 띠는 잔잔한 웃음이 아니다. 얼굴 근육, 배, 성대까지 동원되는 웃음 운동을 할 때는 조금은 과격할 필요가 있다. 몇 가지 웃음 운동을 소개한다. 단, 한 번의 화끈한 웃음도 몸에 좋지만 가급적 정기적으로 시행할 때 큰 효과를 얻는다.

❶ 살롱 내 갈등을 해소하는 웃음 운동법(스트레스 모기 잡기 웃음법)

살롱 내 갈등과 스트레스는 살롱 이직의 주요 원인이다. 그만큼 누구나 어느 정도의 갈등은 가지고 있고 그 갈등이 심화되면 극도의 스트레스에 시달리게 된다. 이러한 스트레스가 무서운 것은 바로 벗어나기가 쉽지 않다는 것이다. 스트레스로 가득 찬 상황에서는 다른 사람이 어떤 말을 해도 좋게 들리지 않는다. 웃음으로 내 스트레스를 풀자. 웃음의 위력을 느낄 것이다.

(1) 먼저, 일어나서 몸을 가볍게 움직이며 얼굴에는 회심의 미소를 띠자.

(2) 스트레스나 갈등이 마치 모기가 되어 돌아다니는 것처럼 상상을 하자.

(3) 그 상태에서 모기가 날아들면 두 손을 마주쳐 잡듯이 스트레스나 갈등을 잡는다고 생각하고 웃으면서 신나게 잡아보자.

(4) 그리고 바닥에 떨어진 모기를 바로 잡듯이 밟고 뛰면서 신나게 웃어 보자.

(5) 하루에 최소한 3번은 이렇게 하자! 웃음은 운동이다. 운동은 반복해야 몸에 붙는다.

❷ 성공적인 살롱에서의 생활을 위한 웃음 운동법(자존감 웃음법)

성공과 자존감은 동의어다. 진정한 성공의 기준은 스스로 자신을 어떻게 생각하느냐지, 부나 지위가 아니기 때문이다. 자존감을 되찾고, 웃음을 되찾는 것이야말로 성공적인 직장생활을 위한 특효약이다.

(1) 얼굴에 미소를 떠올린다.

(2) 가장 사랑 받았을 때를 생각하며 자신의 가슴을 쓰다듬는다.

(3) 다음과 같은 말을 반복한다. "나는 내가 좋다. 나는 내가 참 좋다. 나는 내가 아무 조건 없이 좋다."

❸ 중요한 상담 전에 레스트룸 웃음 운동법

고객과의 상담에서는 무엇보다도 자신감이 중요하다. 고객을 만나거나 일과 관련된 중요한 사람들을 만날 때는 미리 웃고 들어가자. 가볍게 화장실이나 비상계단 등에서 크게 웃으면 자신감이 생긴다. 웃음은 바로 자신감이기 때문이다.

(1) 화장실 거울 앞에 서서 미소를 짓는다.

(2) 고객과 만났을 때 가장 이상적인 상담이 매끄럽게 되는 등 자신이 원하는 상황을 마음속에 그려본다.

(3) 이제 웃음소리를 높여 좀 더 크게 웃어본다.

(4) 고객이 환하게 웃고 있는 장면을 상상해본다.

❹ 언제나 기분을 좋게 하는 감정 UP 웃음 운동법

정신의학자들의 연구에 의하면 사람들은 '나는 기분이 좋다.'라는 말을 반복하기만 해도 기분이 좋아진다고 한다. 이렇게 말하면서 상상을 하게 되면 우리의 감정은 순식간에 바뀐다. 순식간에 기분을 전환시키는 이 웃음 운동은 전 세계적으로 공통적으로 사용되는 웃음 운동법이다. 세계 웃음협회의 회장인 미국의 스티브 윌슨은 이러한 방법을 통해 많은 사람들이 우울증으로부터 자유로울 만큼 효과적인 방법이라고 말한다.

(1) 어깨를 펴라.

(2) 고개를 들고 미소를 지어라.

(3) 주먹을 쥐고 허공을 향해 내리쳐라.

예) 히딩크처럼 어퍼컷 세리머니를 취해도 좋다.

(4) 자신이 좋아하는 한마디를 외쳐라.

예) 앗~~싸!, 나는 할 수 있어!!

(5) 온 몸을 화끈하게 움직여라.

❺ 행복의 잔 웃음법

내 몸 안에 기쁨이 흘러들어가고 웃음이 넘친다는 행복한 상상만으로도 우리 몸은 반응하며, 기뻐한다.

(1) 먼저, 내 앞에 마시면 행복해지고, 즐거워지는 행복의 잔이 있다고 상상하라.

(2) 그 잔에 미소를 지으면서 오른손과 왼손으로 기쁨과 행복을 따르면서 웃는다.

(3) 그리고, 그 행복의 잔을 마시면 행복해진다고 상상하며 3회 이상 반복한다.

❻ 펜 테크닉 기법

크게 웃을 수 없는 환경에 처할 때가 있다. 그리고 웃을 마음의 여유가 생기지도 않고 일이 손에 잡히지 않을 때 사용하는 방법이다. 단순하지만 대단한 효과가 있다. 사무실에 앉아서 하루에도 수백번씩해 볼 수 있는 운동이다. 나중에는 볼펜을 입에서 빼고 더 큰 미소를 지어라.

(1) 조용히 볼펜을 집는다.

(2) 그리고, 입에 물린다.

(3) 하~~~ 라고 끝까지 날숨을 내쉰다.

(4) 이제 웃는 시늉을 해본다.

(5) 기분이 좋아질 때까지 반복한다.

6 웃음이 가득한 살롱 만들기

매일 매일 반복되는 생활 속에서 누구나 변화를 꿈꾼다. 하지만 변화는 그렇게 호락호락하지가 않을 때가 많다. 이미 다양한 환경 속에 부지불식간에 우리 자신이 적응되었기 때문이다. 하지만, 조금만 노력을 기울인다면 우리는 쉽게 즐거움과 재미를 찾을 수 있다.

즐거움은 웃음의 가치를 아는 마음 밭에서 맺는 열매이다. 이 마음 밭은 가정에서부터 가꾸어져야 한다. 그리고 가정에서의 행복은 곧바로 직장에서의 행복과 즐거움으로 연결된다.

❶ 행복의 단어 꿰기

말은 우리의 생각을 꿰는 하나의 틀이다. 우리는 말의 지배를 받게 되어 있다. "나는 잘 웃는다." 라고 사람들에게 이야기 하는 순간 나의 생각은 움직이며 나의 신경체계에 명령을 내려 웃게 만든다. 1분 동안 다음과 같이 해보면 금방 말의 위력을 느낄 수 있다. 다음 5가지 단어들을 되풀이 해보라.

"미워한다. 불가능하다. 두렵다. 기분 나쁘다. 밉다."

어떤 기분이 드는가? 아마 상당히 불쾌한 기분이 들것이다. 이제 다음 5가지 단어를 마음속에 중얼거려 보자.

"감사하다. 할 수 있다. 사랑한다. 기분 좋다. 행복하다."

마음속이 복잡하고 일이 풀리지 않을 때 이 말을 반복해 보자. 당신이 스트레스라고 생각하는 것들이 사라지는 것을 느낄 수 있을 것이다.

또한, '사랑', '우정', '기쁨', '장미', '희망', '아들', '행복' 등 30여개 정도 긍정적인 단어를 적어서 집안 곳곳에 붙여보자. 바라보면 실제로 기분이 좋아진다. 이러한 행동이 나의 감정보다 잠재의식에 더욱 더 크게 긍정적 반응을 준다는 사실을 잊지마라. 긍정적인 단어는 즐거움을 발생시키는 힘이 있다.

"사랑한다. 사랑한다. 사랑한다."

마음속으로 하는 말이지만 효과는 100점 이상이다.

❷ 스트레스나 짜증이라는 말을 하지 말라.

"고기는 바늘로 낚고 사람은 말로 낚는다."라는 말이 있다.

우리는 우리가 내뱉는 말에 의해 우리는 지배를 당한다. 부정적인 말을 함으로써 우리 몸을 더욱 더 긴장시킬 필요는 없다. 우리가 하는 말이 생각과 몸을 지배한다는 것을 잊지 않는다면 감히 스트레스라는 말을 입에 올릴 수 없을 것이다. 나쁜 음식이 우리 몸을 상하게 만든다면 스트레스는 바로 마음의 독이다. 이 독은 제일 먼저 우리의 입을 타고 스멀스멀 스며든다. 그러므로 결코 부정적인 말이 입에 오르지 않도록 하자.

③ 기분 좋은 척 하라.

미국의 스트레스 전문가인 로레타 라로슈는 스트레스를 해소하기 위해서는 배우가 연기하듯 감정을 이끌어내는 방법을 사용한다. 그녀는 자신이 없고 소심해지며, 작은 스트레스에도 견딜 수 없을 때 대담하며 기분이 좋은 척을 하라고 말한다. 마음이 슬프다면 행복한 척, 그리고 화가 났다면 애정이 넘치는 척을 하게 되면 실제로 우리의 감정이 되살아난다고 말한다.

빅터 프랭클 박사는 죽음의 수용소에서 스스로의 스트레스는 통제해 왔다. 그는 비극적인 스트레스에서조차도 낙관적이며 행복한 마음으로 변화할 수 있는 비결을 제시했다. 그것은 바로 끊임없이 자신의 상황이 최고의 상황임을 스스로에게 주지했다는 것이다.

스트레스가 전적으로 마음의 상태에서 비롯된 것이라면 기분 좋은 척 하는 태도는 실제로 사람을 기분 좋게 만들며 웃을 수 있도록 해준다. 어깨를 펴고 활기차게 걷는 것. 그리고 웃음 띤 얼굴을 짓는 것 모두 스트레스를 잡는다.

④ 최고의 순간을 공유하라.

누구에게나 최고의 순간이 있다. 그런 순간은 기쁨의 순간도 있고, 감동의 순간도 있고, 아련한 추억의 한 장면일 수도 있다. 또한 가족이 행복했던 순간이 있다. 이런 소중한 그림들이 어쩌다 한번 떠오르지 않도록 하자. 적어도 나를 행복하게 했던 하나의 생각을 생생하게 머릿속에서 담아두고 도망가지 않도록 하라.

당신의 즐거운 기억은 당신의 현재와 미래를 지배하며, 어려움을 이겨내는 초석이 된다. 그리고 가족과 나누어라. 그리고 살롱 동료와 공유하라. 아마 그 자체만으로 서로를 이해할 수 있는 기틀이 될 것이며 나아가 어려움을 극복할 수 있는 힘이 될 것이다.

⑤ 유머로 무장하라.

미국에서는 유머치료가 상당히 활성화되어 있다. 그래서인지 웃음에 대해서 호의적이며 웃음을 주고받는 것이 일상화되어 있다.

하지만 우리에게는 왠지 유머라고 말하면 거부감이나 두려움이 있는 것이 사실이다. 얼마 전 한 신문에서 "유머를 챙기셨습니까?"라는 기사를 접한 적이 있다. 출근 전에 자신을 즐겁게 했던 유머를 단 한 개만 기억하고 챙길 수 있다면 하루가 재미있게 된다는 것이다.

나는 웃음항아리를 만들어 두고 나를 즐겁게 했던 유머를 작은 쪽지에 적어서 집어넣는다. 그리고 수시로 한 개씩 꺼내어 어떻게 활용할까를 궁리하면서 하루를 보낸다. 그러면 반드시 그 유머를 활용할 기회가 생기게 된다.

실제로 자신 있게 할 수 있는 유머를 한 개만 가지고 있어도 사람을 만나는 것이 즐겁게 된다. 지금 당장 유머를 찾아보라. 나를 즐겁게 하는 유머라면 십중팔구 다른 가족도 즐겁게 할 수 있다.

"내 입과 표정 그리고 몸에 착 달라붙어 익숙하게 할 수 있도록 연습해보라.
스트레스가 우습게 보이기 시작할 것이다."

6 웃는 사진을 가지고 다녀라.

얼마 전 아는 분의 사무실에 들렀을 때 컴퓨터 모니터 옆에 모니터보다 크게 인쇄되어 있는 사진을 본 적이 있다. 온 가족이 환하게 웃는 모습이 너무나도 보기 좋았다. 내가 보기에도 즐거운 사진인데 당사자는 얼마나 즐겁겠는가?

웃음이 전염성이 매우 강하다는 사실은 이 경우에 정확하게 들어맞는다. 웃는 표정에는 즐거움과 기쁨을 불러들이는 파동이 있다. 당신의 웃는 사진도 좋고 가족의 웃는 사진도 좋다. 아니면 즐거웠던 한 때를 보여주는 사진도 좋다. 당신을 즐겁게 하는 환경에 있는데 스트레스가 웬 말인가? 가능하면 크고 환하게 웃는 사진들을 거실과 집안 곳곳에 배치시켜 보라.

7 걱정거리를 찢어라.

그래도 살면서 스트레스가 쌓인다면 간단한 실습을 해보자. A4 용지 한 장을 꺼내 걱정거리나 스트레스거리를 쭉 나열해보라. 다 적었으면 두 손으로 종이의 양쪽을 잡고 "찌찌찍~~~"

이라고 말하면서 찢어보자. 스트레스를 완벽하게 찢어버린다고 상상하면서 더 이상 찢을 수 없을 때까지 산산조각을 내보자. 그리고 휴지통에 버리면서 걱정거리로부터 완벽하게 자유로워졌다고 생각하라. 스트레스라고 생각하는 순간 우리는 스트레스에 휩싸이듯이, 자유로워졌다고 믿는 순간 우리의 정신과 몸은 자유롭게 된다.

7 21C는 펀(Fun) 경영의 시대

지금은 변화의 시대, 디지털 경영의 시대, 지식 경영의 시대, 윤리 경영의 시대, 감성 경영의 시대다.

변화를 일으키는 첫째 요인은 정보다. 지금은 정보화 시대다. 정보화는 정보시스템을 도입하는 것이 아니라 일하는 방식을 바꾸는 것이다. 유비쿼터스 시대는 직관, 상상, 감수성, 재미 등 기술로 대체하기 힘든 분야의 능력을 키우는 것이 필요한 시대다. 그러나 이러한 정보를 바탕으로 한 유비쿼터스 시스템을 관리하고, 운영하고, 유지하는 것은 결국 사람이다. 기술의 발전이 인간을 풍요롭게 하는 것이 목적이라면 그것은 인간의 감성과 즐거움, 재미에 초점을 맞추어야 한다.

재미와 감성은 밀접한 연관을 가진다. 재미란 지극히 인간적인 관심사다. 재미는 감성적인 요소이며 인간에게 영향을 끼친다. 점차 기술 중심에서 생활 중심으로, 즐거움과 삶의 질을 추구하는 시대로 가치관의 중심이 옮겨가고 있다. 통제와 규율을 바탕으로 하는 경제적 이성주의를 넘어서 인간의 자율성을 중시하는 문화적 감성주의 사회로 옮겨가고 있다.

재미는 기계화되거나 자동화될 수 있는 것이 아니다. 미국의 한 미래 전문지는 직관과 상상처럼 기계화하기가 어려운 역량을 가진 사람, 즉 '하이퍼 휴먼(Hyper-human)'이 성공하는 시대가 온다고 예측하고 있다.

펀(Fun) 경영은 엄숙하고 관료적이며 시스템 지향적인 조직에 재미라는 삶의 활력을 접목시켜 일과 삶이 균형을 이루는 즐거운 일터를 만드는 것이다.

※ 유비쿼터스(Ubiquitous)의 개념과 정의

모든 사물을 네트워크로 연결하여 시간과 장소에 관계없이 다양하게 이용할 수 있게 하는 기술로, 1988년 미국의 마크 와이저(Mark Weiser)가 '유비쿼터스 컴퓨팅'이라는 용어를 사용하면서 처음으로 등장했다.

유비쿼터스란 물이나 공기처럼 '언제, 어디에나 존재한다.'라는 뜻의 라틴어로 사용자가 컴퓨터나 네트워크를 의식하지 않고 장소에 상관없이 자유롭게 네트워크에 접속할 수 있는 정보 통신 환경을 의미한다. 컴퓨터 관련 기술이 생활 구석구석에 스며들어 있음을 뜻하는 '퍼베이시브 컴퓨팅(pervasive computing)' 과 같은 개념이다.

유비쿼터스가 실현되려면 일상적인 사물에 적용할 수 있는 정보기술·나노기술·생명공학기술의 고도화가 전제되어야 한다. 인터넷은 프로그래밍 분야에 새로운 방법을 제시했다. 프로그래머들은 컴퓨터의 사용 및 조작을 더 효과적이고 빠르게 하기 위해 처리장치를 분산시키는 소프트웨어를 발전시켰다. 이러한 트렌드는 컴퓨터가 정보를 공유하고 복잡한 문제를 풀 수 있도록 하는 다양한 방법 중 하나이다.

[출처] 다음 백과사전

❶ 유비쿼터스(Ubiquitous) 시스템 사용 도구

(1) 컴퓨터

소형화되어 휴대하기 간편해지고 있으며, 무선랜, 와이브로 등을 이용하여 언제, 어디서나 인터넷에 접속할 수 있다.

(2) 네비게이션

GPS를 이용하여 현재 위치를 알 수 있고, 인터넷에 접속하여 근처 상황이나 이동 경로를 탐색할 수 있으며, 식당, 관공서 등 원하는 정보를 검색할 수 있다.

(3) PDA

휴대 전화와 노트북 컴퓨터가 융합되면서 통신 및 다양한 업무 처리를 할 수 있다.

(4) 냉장고

RFID를 이용하여 보관 중인 식료품의 상태와 유통 기한, 수량 등을 파악하고, 문에 부착된 컴퓨터 화면을 이용하여 네트워크에 접속할 수 있다.

※ RFID(Radio Frequency IDentification) : 무선식별 시스템, 전자태그, 스마트 태그, 전자 라벨, 전파식별이란 뜻으로 의류, 식품 등 각종 상품에 초소형 칩을 내장하고 비접속으로 정보를 읽어내는 시스템으로 물류, 유통 분야에 도입되어 상품 거래의 실시작 추적과 소비자의 편리한 쇼핑이 가능해질 수 있다.

(5) TV

화면에 나타난 영상 속 제품의 정보를 얻거나 주문, 영상 통화, 인터넷 검색, 주문형 방송 시청, 그 외 홈 컴퓨터와 연결하여 각종 업무 수행 및 집안 관리가 가능하다.

(6) 쇼핑 카트

RFID와 블루투스 기능을 이용하여 원하는 물건이 가까이 있으면 알려 주고, 제품에 대한 정보를 표시해 주며, 담아 놓은 물건은 꺼낼 필요 없이 RFID로 인식하여 자동으로 계산한다.

(7) 자동차

운전자가 다가가면 자동으로 문을 열고, 자동 조종 장치로 목적지까지 스스로 이동하며, 내비게이션 시스템으로 스스로 경로를 탐색한다.

(8) 휴대전화

컴퓨터와 같은 운영 체제를 설치하여 통신 기능이 결합된 PDA와 컴퓨터의 기능을 수행할 수 있다. 음성 및 영상 통화, 인터넷, 일정 관리 등 각종 업무 처리가 가능하다.

8 웃음 지수 체크 리스트

'최후에 웃는 사람이 진정한 승자이다.'란 영국속담처럼, 웃음지수는 내가 진정한 승자인지를 판단할 수 있는 기준이다. 특히, 건강한 자아상은 웃음의 근원이 된다. 나는 얼마나 잘 웃는지, 나의 웃음은 건강한 것인지에 대해 다음 각각의 항목을 체크해봄으로써 나의 웃음지수를 확인해 보자.

❶ 웃음 지수 평가 항목

웃음 지수 체크 배점

- 매우 그렇다 : 5점
- 그렇다 : 4점
- 보통 : 3점
- 그렇지 않다 : 2점
- 전혀 그렇지 않다 : 1점

NO	질문	매우 그렇다 (5점)	그렇다 (4점)	보통 (3점)	그렇지 않다 (2점)	전혀 그렇지 않다 (1점)
1	나는 나 자신을 좋아한다.					
2	나는 일상의 작은 일에서도 행복을 느낀다.					
3	슬퍼질 때 일부러 더 즐거운 생각을 한다.					
4	내가 실수했을 때 스스로에게 긍정적인 말을 해준다.					
5	잔뜩 긴장된 순간 웃음으로 여유를 찾는다.					
6	내겐 힘든 상황에서 웃게 만드는 꿈(비전)이 있다.					
7	하루의 시작을(또는 출근 시) 웃음으로 한다.					
8	혼자 있을 때도 좋은 생각을 하며 웃음 짓곤 한다.					
9	나의 평소 얼굴 표정은 밝은 편이다.					
10	박장대소처럼 큰소리로 웃는 것이 자연스럽다.					
11	나는 웃음이 건강에 유익하다고 생각한다.					
12	나는 스트레스를 쉽게 이겨낸다.					
13	나는 생활 속에서 웃음거리를 쉽게 찾아낸다.					
14	나에 대한 충고나 비판을 겸허한 웃음으로 수용한다.					
15	내 기억 속엔 재미있고 즐거운 추억이 많다.					
16	나는 가족(동료)들과 하루에 5번 이상 웃는다.					
17	가족(동료)의 짜증을 웃으면서 들어준다.					

NO	질문	매우 그렇다 (5점)	그렇다 (4점)	보통 (3점)	그렇지 않다 (2점)	전혀 그렇지 않다 (1점)
18	가족(동료)들에게 감사의 표현을 자주 한다.					
19	나는 비꼬는 유머나 부정적인 유머를 피한다.					
20	지금 3개 정도의 재미있는 유머를 할 수 있다.					
21	사람들은 즐거운 분위기를 위해 나를 찾는다.					
22	대화를 할 때 많이 웃는 편이다.					
23	화가 나는 상황에서도 먼저 웃으며 화해를 청한다.					
24	낯선 사람에게도 자연스럽게 웃을 수 있다.					
25	다른 사람의 실수를 웃음으로 넘길 수 있다.					
26	웃음을 통해 상대방의 기분을 바꾸어준다.					
27	다른 사람들의 칭찬을 자주 하는 편이다.					
28	타인의 즐거움을 위해 우스꽝스럽게 행동할 수 있다.					
29	같은 말도 더 재미있게 말하려고 노력한다.					
30	대부분의 상황에서 긍정적인 면을 본다.					

❷ 웃음 지수 평가 분석

(1) 121~150점 : 웃음의 VIP

유쾌한 분위기를 즐기는 당신은 인생의 멋을 알고 있군요. 매사에 긍정적인 사고를 지니고 있어 웃는 것이 자연스럽고 생활화되어 있습니다. 작은 일에서도 행복을 느끼는 당신은 타인을 웃음으로 즐겁게 해주는 천부적인 능력 또한 가졌습니다. 때문에 사람들은 당신을 보기만 해도 즐거워진다고 합니다. 당신이 가진 긍정적인 생각과 웃음 바이러스를 더욱 더 퍼트리십시오.

(2) 91~120점 : "웃음에 양념을 조금만 더하세요."

환한 얼굴로 사람들을 편안하게 하는 당신, 인생의 멋을 알고 계시군요. 하지만 자기만의 웃음이 아닌 타인과 공유하는 웃음에 조금 서툴지 않으신지요. 부정적인 상황을 웃음으로 극복하는 데 서툴 수도 있습니다. 인생의 최고경영자가 되길 원한다면 불행 속에서 웃을 수 있는 용기가 필요합니다. 웃음의 영향력은 넓어질수록 좋습니다. 그것은 당신을 성장시키는 중요한 열쇠란 걸 기억하십시오.

(3) 61~90점 : 생각은 긍정적!! 표현은 부정적(?)

기본 마인드나 가치관은 긍정적이지만 자주 웃는 성격은 아니시군요. 기존에 가지고 있던 웃음에 대한 편견들을 버리고 웃어 보시기 바랍니다. 웃음은 안에서 밖으로 또 밖에서 안으로 전염됩니다. 백문이 불여일견, 웃는 연습을 통해 행복해진다는 것을 직접 체험해 보십시오. 지금 당장 시작하시기 바랍니다.

(4) 0~60점 : 웃음 치료가 필요한 중환자(?)

다른 사람은 배꼽을 잡고 웃는 상황에서도 웃음이 나오지 않나요? 웃음이 부족하다는 건 육체적 질병을 앓고 있는 것만큼이나 심각합니다. 웃음은 인간의 정신적 호흡중추와도 같습니다. 삶에서 웃음이 주는 유익을 누리지 못한다면 결코 행복한 인생이 아닙니다. 억지로라도 웃는 연습을 하십시오. 주위에 웃는 사람과 친해지며 웃음을 친구로 맞아들이기 바랍니다. Crazy하게 웃어보세요.

9 에피소드 : 동물나라에서 있었던 일

언제나 밝고 평화로웠던 산속의 동물 나라에 언제부터인가 침울한 그늘이 드리워지기 시작했다. 그래서 이곳에 사는 동물들을 조사해보니 자기들이 모두 얼굴을 찌푸리고 다닌 것이 동물 나라를 침울하게 만든 원인임을 알게 되었다. 강아지가 원숭이에게 물었다.
강아지 : "넌 왜 요즘 웃지 않는 거니?"
원숭이 : "글쎄, 염소가 인상을 쓰고 다니잖아."

강아지는 염소를 찾아가서 물었다.
강아지 : "염소야, 너는 왜 웃지 않는 거니?"
염소 : "고릴라가 그러잖아."

강아지는 또 고릴라를 찾아가서 물었다.
강아지 : "고릴라야 너는?"
고릴라 : "고양이가 그러잖아."

결국 고양이가 첫 번째로 인상을 찡그리고 다녔다는 것을 알게 되었다.
강아지 : "고양이야, 너 요즘 왜 인상을 쓰고 다니는 거니?"

그렇게 묻자 고양이는 펄쩍 뛰면서 말했습니다.
고양이 : "저는 그런 적이 없어요. 제 얼굴이 그렇게 보였는지는 모르지만요..."

그러자 강아지가 고양이에게 말했다.
강아지 : "고양아, 너의 고민은 너만의 고민으로 끝나지 않는단다. 웃음이 그렇듯이 찡그림도 쉽게 전염된단다. 한 송이의 꽃이 우리 모두의 얼굴을 밝게 해주듯이, 앞으로 네 얼굴이 우리 동네를 밝고 행복하게 해주리라 믿는다. 우리 마을은 네가 노력하는 작은 미소에서부터 시작된다는 것을 알았으면 해."

미소는 뇌의 휘파람소리이며, 웃음은 뇌의 교향곡이다!

17 실전 문제 풀이

Q1 펀(Fun) 경영으로 경쟁력을 향상시킨 미국의 사우스웨스트 항공사의 회장은 누구인가?

① 브라이언 트레이시　　② 허브 캘리허

③ 마크 저커버그　　④ 워렌 버핏

Q2 세계적인 성공 동기부여 전문가로 성공의 85%는 실력이나 학벌, 능력이 아니라, 바로 '인간관계'라고 말한 사람은 누구인가?

① 브라이언 트레이시　　② 허브 캘리허

③ 마크 저커버그　　④ 워렌 버핏

Q3 무선식별 시스템, 전자태그, 스마트 태그, 전자 라벨, 전파식별이란 뜻으로 의류, 식품 등 각종 상품에 초소형 칩을 내장하고 비접속으로 정보를 읽어내는 시스템을 무엇이라고 하는가?

① 5G　　② HD

③ RFID　　④ PDF

정답

Q1) ② 허브 캘리허 회장에 관한 설명이다.

Q2) ① 브라이언 트레이시에 관한 설명이다.

Q3) ③ RFID(Radio Frequency IDentification)에 관한 설명이다.

Chapter

18

연간 마케팅 캘린더

1 변화하는 마케팅 지도와 링겔만 효과

① 마케팅의 개념과 정의

(1) '마케팅'의 정의 (미국 마케팅 협회, AMA)

개인이나 조직의 목표를 만족시키는 교환을 창출하기 위하여 아이디어, 재화, 서비스의 개념 설정, 가격 책정, 촉진 및 유통 활동을 계획하고 집행하는 과정

(2) 빅데이터 키워드로 본 고객의 니즈 변화와 마케팅 지도

구분	제품 중심 구경제	고객 중심 신경제
시대구분	대중 소비시대	분중 소비시대
소비자 기호	10인 1색	10인 10색
마케팅전략	Mass	Customer
소비분석틀	인구 통계학	라이프 스타일
주소비자	도시의 중산층	여성, 청소년
가치관	가족중심, 생활중심	개인 중심의 변화가 많음, 여가 선용
상품	기능 중심	가치 중심

구분	제품 중심 구경제	고객 중심 신경제
마케팅 초점	상품의 기능	고객 중심의 라이프 스타일
마케팅 미디어	아날로그 미디어	디지털 미디어, SNS

[출처] 영화 속 미용경영학, 훈민사 / 이범식, 전소현 저

❷ 뷰티살롱 성장 모듈

(1) 뷰티살롱 직원 성장을 위한 역량 강화 3단계 모듈

① Step 1 : SNS 적극 노출

– 인스타그램, 페이스북, 블로그

② Step 2 : 신규 고객 어장 관리

– 선불권, 매력어필, 마이크로 관리

③ Step 3 : 보상 플랜

– 프로모션 시상

(2) 뷰티살롱 성장을 위한 마케팅 4단계 모듈

① Step 1 : 고객 수 증가

– 기술 향상

② Step 2 : 객단가 향상

– 서비스 집중

③ Step 3 : 이윤 추구

– 사람 경영

④ Step 4 : 다점포 살롱 운영

– 로열티 강화

❸ 소수 정예 : 링겔만 효과

(1) 링겔만 효과의 정의

집단 속에 참여하는 개인의 수가 늘어갈수록 성과에 대한 1인당 공헌도가 오히려 떨어지는 현상

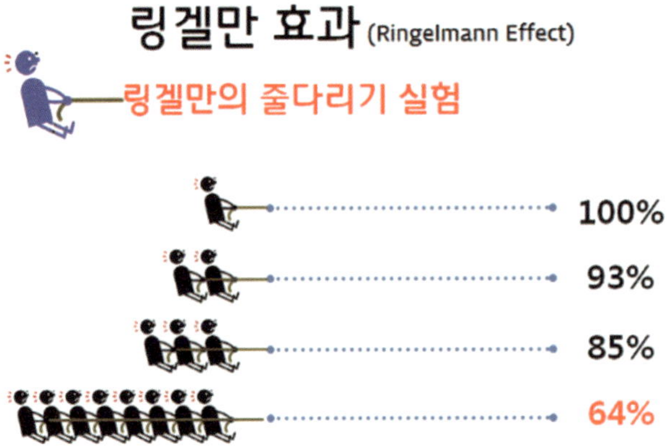

[출처] http://deltapds.com/

(2) 마케팅을 해야 하는 이유

[출처] 영화 속 미용경영학, 훈민사 / 이범식, 전소현 저

위의 그림에서 보듯 4가지 모두 커피이지만 가격은 전부 다르다. 과연 커피의 맛이 가격을 좌우할까? 미용에서 기술이 중요하지만 고객은 미용의 기술에 가격을 책정하지 않는다. 모두가 똑같은 커피이지만 어디에서 판매하고, 무엇을 판매하는지에 따라 가격은 천차만별이다. 어떤 커피를 만들 것인가? 어떤 미용을 할 것인가? 여러분의 현명한 판단을 기대한다.

2 상반기 마케팅 캘린더(1월~6월)

❶ 1월 마케팅 캘린더

월	카테고리	내용
1월	Day	1일(신정)
	Theme	신규 고객 창출 전략 (신년 새로운 목표 설정)
	Promotion	· 해당 연도 띠고객 30% Off(신년 띠고객 고우대 전략) · 건물주 자필 연하장 발송 · 단골 및 우량 고객 자필 연하장 발송 · 연 컬러 및 연회원권(VIP고객 창출 전략)
	Method	· 현수막 / SNS / DM

[출처] 영화 속 미용경영학, 훈민사 / 이범식, 전소현 저

[명절 연휴 화투 증정 퍼니 마케팅]

[출처] 이범식의 뷰티경영사관학교

[연초 직원 간 팀워크 향상을 위한 세족식]

[출처] 진주 아민헤어

❷ 2월 마케팅 캘린더

월	카테고리	내용
2월	Day	설 연휴, 14일(밸런타인데이), 정월 대보름
	Theme	설날맞이 고객 감사 이벤트
	Promotion	· 10만 원 이상 현금 결제 고객 5천원 즉시 할인 또는 더블 마일리지 적립 · 밸런타인데이 연인 동반 염색 고객 50% Off(커플 염색 1+1) · 매장 내 초콜릿 준비 · 설 연휴 퍼니 마케팅(설 연휴 1주일 전 방문 고객 화투 증정) · 정월 대보름 매장 내 부럼 준비(땅콩, 잣, 호두 등)
	Method	· 홍보용 배너 / SNS / SMS

[출처] 영화 속 미용경영학, 훈민사 / 이범식, 전소현 저

(1) 밸런타인데이의 유래

[출처] 주한 미국대사관 – 기타 기념일(밸런타인데이)

① 연인 간에 카드나 초콜릿을 주고받으며 사랑을 확인하는 날 (매년 2월 14일)

② 유래에 대해서는 여러 가지 설이 있지만 성 발렌티누스의 축일로부터 시작되었다는 설이 가장 널리 알려져 있음

③ 한국과 일본에서는 좋아하는 상대에게 초콜릿을 주며 사랑을 고백하는 날로 알려져 있음

밸런타인데이를 맞아 소중한 고객님께 초콜릿을 선물해 보자. 가격을 떠나 고객님의 입고리가 올라가는 경험을 하게 될 것이다. 또한 당분은 체내의 세라토닌을 증강시켜 기분 좋은 호르몬 지수를 상승시키는 효과가 있다.

③ 3월 마케팅 캘린더

월	카테고리	내용
3월	Day	1일(삼일절), 3일(삼겹살 데이), 8일(세계 여성의 날), 14일(화이트데이)
	Theme	신학기, 새로운 출발과 도약, 미세먼지
	Promotion	· 매니큐어, 헤어 왁싱 균일가 할인(24,900원) : No Extra!! · 화이트 데이 연인 동반 펌, 염색 고객 50% Off · 매장 내 사탕 준비 · 새내기 입학 커트 할인(초, 중, 고, 대학생) · 봄 유행 칼라 포트폴리오 준비
	Method	· SNS / SMS

[출처] 영화 속 미용경영학, 훈민사 / 이범식, 전소현 저

④ 4월 마케팅 캘린더

월	카테고리	내용
4월	Day	1일(만우절), 5일(식목일), 7일(보건의 날), 19일(학생의거의 날), 20일(장애우의 날)
	Theme	두피 니치 마케팅과 점판 창출 전략
	Promotion	· 두피 클리닉 티켓팅 시 점판 제품 증정 · 두피 제품 Keeping 전환 · 식목일(植木日) 산에는 나무를, 식모일(植毛日) 두피에는 모발을… · 장애인의 날 장애인 및 가족 50% Off · 만우절 : 말도 안 되는 착한 거짓말 깜짝 세일
	Method	· SNS / SMS

[출처] 영화 속 미용경영학, 훈민사 / 이범식, 전소현 저

(1) [식木일 = 식毛일]

[출처] 아마르 한의원

식목일 산에는 나무를, 두피에는 모발을 심는다는 재미있는 이벤트를 기획해 보자. 굳이 모발 이식과 같은 부담스러운 시술이 아니더라도 탈모용 샴푸와 제품을 프로모션해서 판매한다면 도움이 될 것이다.

⑤ 5월 마케팅 캘린더

월	카테고리	내용
5월	Day	1일(근로자의 날), 5일(어린이날), 8일(어버이날), 14일(로즈데이), 15일(스승의 날), 20(성년의 날), 석가탄신일, 21일(부부의 날), 31일(세계 금연의 날)
	Theme	가정의 달
	Promotion	· 어린이 키재기 커트(키 × 50원) · 성년의 날 성인 고객 펌, 염색 30% Off · 로즈데이 입장 고객 선착순 장미 증정 · 가족 할인 패밀리 선불권 티켓팅
	Method	· SNS / SMS

[출처] 영화 속 미용경영학, 훈민사 / 이범식, 전소현 저

[출처] 헤어칙스

가정의 달을 맞아 5월 한 달간 예쁜 어린이 선발대회를 진행해 보자. 매장을 방문한 미취학 어린이들을 대상으로 인스타그램에 시술 사진을 올리고 '좋아요'를 가장 많이 획득한 어린이에게 시상하였더니 어머니들의 분주한 입소문으로 1년 중 가장 활발히 인스타그램 홍보가 진행되었다.

6 6월 마케팅 캘린더

월	카테고리	내용
6월	Day	6일(현충일), 단오, 9일(구강 보건의 날)
	Theme	호국 보훈의 달
	Promotion	· 군인 및 가족 : 30% Off · 국가유공자 및 가족 : 50% Off
	Method	· 현수막 / 배너 / SNS / SMS

[출처] 영화 속 미용경영학, 훈민사 / 이범식, 전소현 저

3 하반기 마케팅 캘린더(7월~12월)

❶ 7월 마케팅 캘린더

월	카테고리	내용
7월	Day	하계휴가 시작, 장마, 17일(제헌절), 초복
	Theme	장마, 바캉스 고객 수 확보 전략, 자외선
	Promotion	· 장마철 Rainny Day 반짝, 반값 세일(비오는 날 펌 40% Off) · 펌, 염색 등 화학 시술 시 헤어 케어 제품 증정 · 바캉스 '헤어 119' 미니 세트 구성 및 증정 · Before Vacance 클리닉 20% Off
	Method	· 현수막 / 배너 / SNS / SMS

[출처] 영화 속 미용경영학, 훈민사 / 이범식, 전소현 저

❷ 8월 마케팅 캘린더

월	카테고리	내용
7월	Day	15일(광복절), 본격 하계휴가 돌입, 중복, 말복
	Theme	하계휴가, 바캉스 전 클리닉 행사
	Promotion	· 바캉스 열펌, 특수 펌 + 클리닉 패키지 할인 · After 바캉스 클리닉 쿠폰 증정(20% Off) : 고객 재방문 유도 · 여름 방학 맞이 중고생 매직 스트레이트 20% Off
	Method	· 배너 / SNS / SMS

[출처] 영화 속 미용경영학, 훈민사 / 이범식, 전소현 저

(1) 광복절 거리 행사

[출처] 아민헤어

경남 진주에서 7개의 직영점을 운영 중인 아민헤어에서는 광복절을 기념하여 직원들이 유관순 열사와 독립투사가 되어 대한민국 만세!!를 외쳤다. 지나가는 시민 모두가 즐거워하며 동참하였고, 순식간에 아민헤어를 진주 전역에 알리는 뜻 깊은 행사가 되었다.

❸ 9월 마케팅 캘린더

월	카테고리	내용
9월	Day	2학기 개학 및 개강, 추석 연휴
	Theme	객단가 향상 전략
	Promotion	· 가을 유행 칼라 포트폴리오 준비 및 구성 · 추석 연휴 후 화학시술 20% Off · 터널 증후군 : “주부 고객님들 수고 많으셨습니다.” · 10만 원 이상 시술 고객 전문 헤어케어 제품 증정
	Method	· 배너 / SNS / SMS

[출처] 영화 속 미용경영학, 훈민사 / 이범식, 전소현 저

④ 10월 마케팅 캘린더

월	카테고리	내용
10월	Day	1일(국군의 날), 2일(노인의 날), 3일(개천절), 16일(문화의 날), 21일(경찰의 날), 31일(할로윈)
	Theme	가을철 두피 전문 클리닉 구성, 칼라 톤다운
	Promotion	· 열펌 시 매니큐어 무료 · 멋내기 컬러 시술 시 부분 새치 커버 무료 · 뿌리 염색 단품 균일가 할인 · 할로윈 매장 분위기 연출 및 전 직원 퍼포먼스
	Method	· 현수막 / SNS / SMS

[출처] 영화 속 미용경영학, 훈민사 / 이범식, 전소현 저

(1) 할로윈(Halloween) 데이

[출처] http://www.chaovietnam.co.kr/archives/19993

① '모든 성인 대축일 전야제(All Hallows' Day evening)'의 줄임말

② 특별한 복장, 호박, 사탕, 속임수, 유령의 집으로 대표되고 있는 날

③ 미국에서는 할로윈 축제 기간 동안의 소비와 지출이 크리스마스에 이어 두 번째로 많음

④ 매년 10월 31일 다양한 분장을 하고 즐기는 축제(10월 31일은 모든 성인 대축일 전날로, 죽은 사람의 영혼이 이승으로 돌아오는 시기로 여겨짐)

⑤ 켈트 문화에서 유래한 것으로 현재는 미국 전역과 일부 국가에서 행함

[뷰티살롱 할로윈 마케팅]

[출처] 리앤장 헤어

할로윈 데이 퍼포먼스는 어느덧 식상한(?) 아이템이 되었다. 해마다 할로윈 데이가 되면 미용실 직원 모두가 동참하여 엽기스런 분장 행각으로 고객들을 즐겁게 하고 있다.

5 11월 마케팅 캘린더

월	카테고리	내용
10월	Day	11일(빼빼로 데이), 대입 수학능력 시험, 보졸레누보 데이
	Theme	월동(김장) 준비로 가계 소비 감소
	Promotion	· 선불 티켓팅(50만 원) 결제 고객 '보졸레누보' 증정 · 빼빼로 데이 매장 내 빼빼로 비치 · 수능 이후 수능생 및 가족 전품목 50% Off(수험표 지참 시)
	Method	· 현수막 / SNS / SMS

[출처] 영화 속 미용경영학, 훈민사 / 이범식, 전소현 저

(1) 보졸레누보 데이

[출처] 금양인터내셔널 : 보졸레누보

① 매년 11월 셋째 주 0시, 전 세계 동시에 출시

② 프랑스 보졸레 지방에서 그 해 수확한 포도로 만들어지는 햇포도주를 가리킴

③ 유래는 2차 세계대전 뒤 보졸레 지방 사람들이 그 해에 생산된 포도로 즉석에서 만들어 마셨던 데에서 시작됨

(2) 중국 광군제

[출처] http://news.chosun.com/site/data/html_dir/2018/11/12/2018111200512.html

① 매년 11월 11일 열리는 중국 최대의 할인 행사 날

② 광군제(光棍節)란 직역하면 '독신자의 날'이란 뜻

③ '솔로 데이'나 '솔로의 날' 등으로도 불림

④ 광군제가 되면 온라인 쇼핑몰을 중심으로 대대적인 할인 행사가 열림

⑤ 중국 최대의 쇼핑 시즌으로 중국판 '블랙 프라이데이'라 일컬음

6 12월 마케팅 캘린더

월	카테고리	내용
12월	Day	겨울방학, 25일(성탄절), 28일(영화의 날)
	Theme	송년, 연말 그리고 연시
	Promotion	· VVIP 고객 감사 영화권 증정 · 마일리지 5,000포인트 이상 고객 SMS 발송(포인트 잔액 확인) · 겨울방학 학생 펌, 염색 30% Off · 근무 직원 및 가족에게 감사 카드 발송 · 매장 내 캐럴, 트리 및 크리스마스 분위기 연출
	Method	· 배너 / SNS / SMS

[출처] 영화 속 미용경영학, 훈민사 / 이범식, 전소현 저

(1) 영화의 날 유래

[출처] '열차의 도착', 1985년, 뤼미에르 형제

① 1895년 영화의 탄생

② 1895년 12월 28일 프랑스의 뤼미에르 형제가 만든 '열차의 도착'(The Arrival of a Train at the Station)이 파리의 그랑까페에서 대중에게 처음으로 상영 → 이를 기념해 12월 28일을 '영화의 날'로 지정

[연말 VIP 고객 영화관 초청 마케팅]

[출처] 엘미강 미용실

강릉 최대의 미용 그룹 엘미강에서는 연말 VVIP 고객님을 영화관에 초청하여 간식과 무료 영화를 제공하였다. 영화관 1개관을 통째로 빌려 고객님 모두가 안락하고 편안한 영화를 시청하였고, 인스타 후기 또한 최대 '좋아요'를 기록하며 만족스런 결과를 달성하였다.

18 실전 문제 풀이

Q1 마케팅의 개념을 다음과 같이 정의한 곳은 어디인가?

> 개인·조직의 목표를 만족시키는 교환을 창출하기 위하여 아이디어, 재화, 서비스의 개념 설정, 가격 책정, 촉진 및 유통 활동을 계획하고 집행하는 과정을 말한다.

① IMF ② AMA

③ KMA ④ JMA

Q2 다음 내용이 설명하는 것은 무엇인가?

> 변화하는 마케팅 지도에서 고객 중심의 신경제에서는 소비 분석틀의 기준을 말한다.

① 인구 통계학 ② 도시의 중산층

③ 여성과 청소년 ④ 라이프 스타일

Q3 다음 내용이 설명하는 것은 무엇인가?

> 집단 속에 참여하는 개인의 수가 늘어갈수록 성과에 대한 1인당 공헌도가 오히려 떨어지는 현상을 말한다.

① 레버리지 효과 ② 역레버리지 효과

③ 링겔만 효과 ④ 플라시보 효과

정답

Q1) ② AMA(Americam Marketing Association)에 관한 설명이다.

Q2) ④ 고객 중심의 신경제에서는 고객의 라이프 스타일을 소비 분석틀의 기준으로 삼는다.

Q3) ③ 링겔만 효과에 관한 설명이다.

쉬어가는 페이지 05

고객이 뽑은 명품 가방 브랜드 순위

미용실은 하루에도 수도 없이 많은 남녀 고객님이 방문한다. 고객마다 시술과 기호는 다를지라도 행태학적 분석에 의한 고객의 흐름과 동선을 보면 대개 비슷한 경우가 많다.

대개 미용실을 입장할 때면 가장 먼저 인포메이션에 들러 예약 여부, 시술 여부를 확인하고서는 가방이나 겉옷, 그리고 중요 소지품을 보관하게 된다. 이 때 대부분의 여성 고객님들은 가방을 지참하게 된다. 남녀의 차이가 있지만 여자는 가방, 남자는 시계, 차 열쇠, 안경테, 벨트, 구두에 관심이 많다는 것을 알 수 있다.

이 장에서는 2019년 1월부터 12월까지 헤어칙스를 방문한 고객 1,200명을 여성 고객님을 대상으로 개인 선호도가 높은 명품 브랜드 순위를 집계한 것으로, 이 조사는 우리나라 여성을 대표하지 않고, 헤어칙스의 주관적인 설문 선호도임을 미리 밝혀둔다.

1. 5위 : GUCCI

① 5위는 최근 크리에이티브 디렉터 교체로 올드한 분위기를 벗어버리고 머리부터 발끝까지 신선한 디자인으로 확 변신한 이탈리아 명품브랜드 구찌이다.

② 국내에서 인기몰이를 한 디스코 백부터 뱀부백, 수키백 등 럭셔리한 명품가방으로 잘 알려졌다.

③ 구찌의 2016 s/s 컬렉션에서는 복고로 돌아간 듯한 느낌의 컬렉션에 플라워 프린트, 히피스타일 그리고 알록달록한 컬러조합까지 정말 사랑스러운 구찌백을 선보였다.

[구찌 컬렉션]

2. 4위 : PRADA

① 사피아노 가죽 제품의 가방을 만들면서 인기가 폭발적으로 상승한 명품 가방 브랜드

② 이태리 유명 브랜드로 책과 영화로도 알려지면서 이미지도 널리 알려져 있고 최근에는 다양하고 신선한 디자인의 제품으로 젊은 층에 정말 인기가 많은 명품가방 브랜드이다.

③ 명품가방 중 단연 최고의 아이템으로도 알려진 프라다의 사피아노 백이다.

④ 클래식한 디자인으로 워낙 폭넓은 연령층의 사랑을 받다보니 전 세계적으로도 인기가 많은 제품이다.

[프라다 컬렉션]

3. 3위 : CHANEL

① '명품' 하면 가장 먼저 떠오르고, 여자들이 명품가방을 고를 때 가장 우선순위에 둔다는 브랜드 샤넬.

② 샤넬이라고 하면 명품이라는 수식어가 바로 따라 나올 정도로 고급의 대명사!

③ 램스킨의 샤넬 클래식 제품은 어떤 여자도 거부할 수 없을 것 같은 치명적인 매력을 가진 명품가방

④ 명품가방이 가져야 할 궁극적인 멋스러움은 다 가지고 있는 샤넬 백!!!!

⑤ 여성스러운 매력의 샤넬 클래식 백, 캐주얼하면서도 고급스러운 느낌의 보이백까지 둘 중 하나 고르라고 하면 머리가 아플 정도로 두 모델 다 인기 있는 샤넬의 대표적인 명품 가방이다.

[샤넬 컬렉션]

4. 2위 : HERMES

① 1837년 마구용품 사업을 시작으로 탄생한 명품 브랜드
② 가방부터 의류, 신발, 향수, 스카프 등 다양한 제품군을 제작, 판매하는 프랑스 대표 명품 브랜드
③ 장인 정신을 바탕으로 높은 품질의 브랜드로 잘 알려진 에르메스 가방은 여자들의 로망
④ 에르메스 가방의 대표적인 상품으로는 버킨백, 켈리백 등이 있다.
⑤ 여성들에게 최고의 백이라고 일컬어지는 에르메스 버킨백과 켈리백은 어마어마한 가격대임에도 불구하고 재고가 없어서 못 팔정도로 인기가 많다.

[에르메스 컬렉션 : 버킨백 vs 켈리 백}

5. 1위 : LOUIS VUITTON

① 수입 명품 브랜드 중 가장 인기가 많고 판매율도 높은 루이비통(Louis Vuitton)

② 국민 쇼퍼백이라고 불릴 만큼 유명했던 루이비통의 네버풀 이후로 국내에서 친숙한 이미지의 명품가방 브랜드

③ LV 로고와 모노그램이 참 매력적인 명품가방으로 많은 사랑을 받고 있는 브랜드

④ 대표 상품으로는 루이비통 스피디, 팔라스, 페이보릿 등의 제품이 있음

[루이비통 컬렉션 : 스피디 30]

Chapter

19 뷰티 인살롱 마케팅과 미용인의 힐링

1 서비스 직원의 중요성

① 근무 환경에 만족한 직원이 만족한 고객을 창출하고 만족한 고객이 다시 직원의 직무 만족을 강화하여, 외부 고객에게 양질의 서비스를 제공하려는 유기적 조직 활동 필요하다.

직원의 만족 ↔ 고객의 만족

② 경영자가 소극적 인적 자원관리로 직원들의 근무 환경을 억압하면 직원들은 낮은 동기부여와 살롱에 대한 불만족으로 반응하고 궁극적으로는 직원의 팽창된 긴장수준이 나쁜 품질의 서비스와 부정적인 고객반응으로 이어진다.

③ 서비스 품질의 보장성은 신뢰와 신용을 고객에게 심어주고 전달하는 능력과 정비례하며 고객을 서비스의 접점에서 상대하는 직원에 대한 신뢰와, 불신은 살롱에 대한 고객의 무한 신뢰와 긍정적인 평가로 이어지거나 살롱에 대한 부정적인 평가와 불신으로 영원히 발길을 끊게 만든다.

④ 신규나 로케이션(Location)이 좋지 않은 살롱의 경우, 신용과 신뢰는 전적으로 직원들의 행동에 의해 크게 좌우된다.

2 인살롱 마케팅의 중요성과 개념

① 고객과의 약속을 지키기 위한 내부의 노력을 의미한다.

② 내부 고객(직원)의 자발적인 동기 부여에 중점을 둔다.

③ 직원들의 욕구를 충족시키는 경영 능력에 따라 최종 고객의 요구를 충족시키는 능력이 결정된다.

④ 고객 지향적 사고에서 직원이 살롱의 1차 고객이라는 시각에 기초한다.

⑤ 직원을 살롱에서의 최초 고객으로 보고, 직원들에게 서비스 마인드와 더불어 고객 지향적 사고를 심어주며 더 좋은 성과를 낼 수 있도록 지속적으로 동기를 부여하는 일련의 활동이다.

3 서비스 문화의 개발

① 직원들에게 새로운 마케팅 활동이나 캠페인에 대해 알고 수용하도록 한다.

② 직원들이 관계 마케팅의 성과에 필요한 여러 업무들을 이해하고 수용할 수 있게 한다.

4 미용인의 힐링

❶ 긍정적으로 자신을 이끌자.

① 위험을 감수할 용기를 길러주고 목표달성과정에서 맞게 될 새로운 도전을 수용하게 만든다.

② 자신에 대한 자신감을 가져라. 종교적 힘도 필요하다.

예) "나는 얼굴이 예쁘다.", "나는 타인에게 친절하다.", "나는 뭐든지 잘할 수 있다."

❷ 즐겁게 일하라.

① 하루에 세 번씩 하늘을 보라. → 똑같은 하늘은 없다.

② 하루에도 수십 번 수백 번씩 바뀌는 게 인생(人生)이다.

③ 하루에 세 번씩 자기 자신을 돌아보라.

예) 긍정적 생각 → 말을 바꾸고
긍정적 말 → 행동은 바꾸고
긍정적 행동 → 삶을 변화시킨다.

❸ 성과를 생각하고, 일을 시작하자.

비전, 사명감, 목적을 공유하여 팀과 조직을 연대시키고 공동 작업을 통한 프로젝트의 완성

① 나의 미래에 대해 항상 생각하는 습관

② 나의 목표에 대해 항상 실행하는 습관

예) 기한 없는 목표는 탁상공론이다. 성과 없는 최선은 총알 없는 빈총이다.

③ 조직이나 팀은 공동체

④ 목적을 공유하기 위해서 반드시 필요한 것을 상호소통

⑤ 상대방의 반응에 휩쓸리지 말고 내 목적을 생각하고 행동하고 대화하자.

❹ 업무의 실행력을 높이자.

(1) 생각의 숲에서 나와서 스스로 실행력을 높이고 머릿속으로만 그리는 생각은 없애라.

(2) 일의 순서를 정하고 가장 소중한 일부터 먼저 하게 한다.

(3) 일생을 성공적으로 살아갈 수 있도록 만든다.

(4) 자신의 성장을 위해서는 스피드와 실행력을 높여야 한다.

(5) 상호 협력을 통한 실행력을 높여라. – 주어진 업무 수행 시 상호간 적극적인 업무 협조

(6) 상황 변화에 적합한 최적의 민감도를 유지하라. – 직원 이직, 원장의 질책, 따돌림, 직원 간 불화, 객수의 감소 등

(7) 장기적 전략을 이길 수 있는 것은 단기적인 실행력이다.

(8) 일을 미루는 사람이 되지 마라. – 미루는 습관을 극복하고 시간을 창조하는 실행력을 갖자.

(9) 죄책감 없이 마음껏 놀면서 일의 질을 높여라.

[추천 도서 : NOW]

[출처] NOW / 랜덤 하우스 / 닐 피오레

❺ 상호주의/승! 승! 승! 을 생각하자.

(1) 조직 內 갈등을 해결해주고, 상호이익을 모색하게 하여 집단(조직)의 응집력을 증대시키도록 한다.

(2) 상대 직원에 대한 이해와 배려심

남에게 대접받고자 한다면 너도 남을 대접하라.

(3) 좋은 영향을 주변사람에게 끼쳐라.

The emotional Bank account 감정 은행 계좌(예입, 인출가능)

신뢰의 정도 표현 : 타인에 대한 안정감 측정

(4) 가장 가깝고 친한 사이일수록 예입이 필요하다.

나에 대한 실망 : 저축한 잔고를 소진하는 것

(5) 감정 예입 6가지 수단

① 상대에 대한 이해심

② 사소한 일에 대한 관심

③ 약속의 이행

④ 기대의 명확화

⑤ 언행일치

⑥ 진정한 사과

[추천 도서 : 팩토리얼 파워]

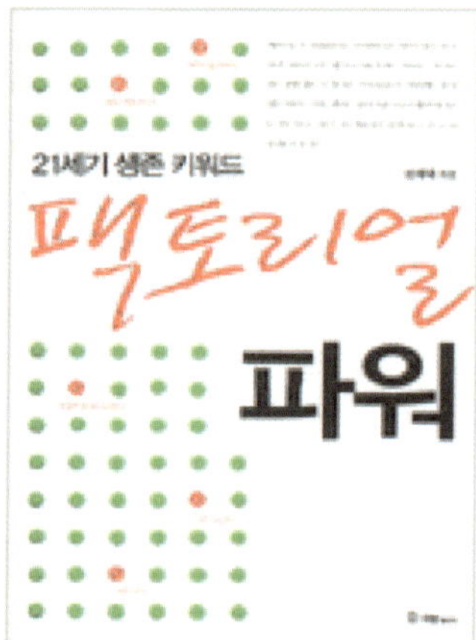

[출처] 팩토리얼 파워 / 국일 미디어 / 신재덕

❻ 정치이심(聽之以心)

(1) 주어진 문제를 근본적으로 이해할 수 있도록 하여 적절한 해결책을 스스로 찾게 해준다.

(2) 귀로만 듣지 말고 마음으로 들어라.

최소한의 오해를 줄일 수 있다.

예) 머리만 끄덕이는 리액션은 가식이다. (원장님과 직원간의 대화, 관리자와 직원관의 대화, 직원 상호간의 대화)

(3) 불만은 귀중한 정보다. 귀에 따가운 이야기일수록 마음으로 들어라.

불평은 뭔가 해달라는 상대방의 외침이다.

[추천 도서 : 살아온 기적, 살아갈 기적]

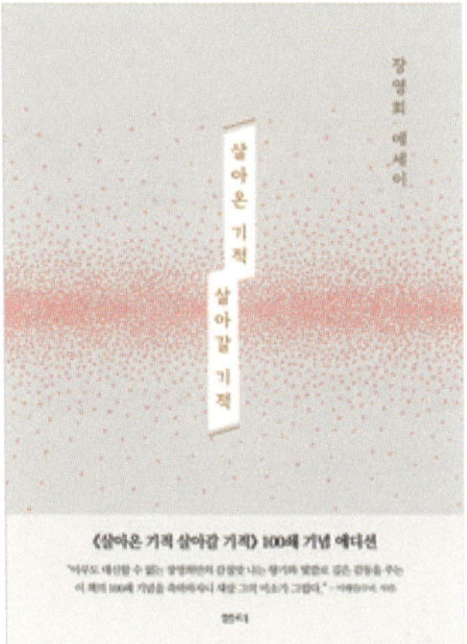

[출처] 살아온 기적, 살아갈 기적
/ 샘터 / 장영희

❼ 서로 배려하고 더 사랑하자.

(1) 배려의 시작은 언어의 표현이다.

- 혀에게 재주를 가르치는 것은 매우 어렵다.
- 사람을 이롭게 하는 말은 따뜻하기가 솜과 같고, 사람을 상하게 하는 말은 날카롭기가 가시와 같다.

(2) 정중하고 예의 바르게 행동하라.

(3) 내가 주는 친절과 사랑은 평생 밑지는 적이 없다.

(4) 타인을 바꾸려고 하지 마라.

- 자신의 마음을 바꾸는 것은 할 수 있는 일이며, 타인의 마음을 바꾸는 것은 할 수 없는 일이다.
- 할 수 있는 일에 힘을 쓰는 사람은 지혜로운 사람이며, 할 수 없는 일에 신경 쓰는 사람은 어리석은 사람이다.

❽ 재충전을 통해 쇄신하자.

(1) 심신의 피로가 과중화되어 생산성이 저하되는 것을 막고, 지속적인 자기 개발을 통하여 스스로 변화하도록 만들어준다.

(2) 너무 바쁘게 톱질을 하다보면, 톱날은 갈 수 있는 시간이 없다.

- 내게 나무를 벨 수 있는 8시간이 주어지면 그 중 6시간은 도끼를 가는 데 쓰겠다.
- 성공의 비결은 당신의 직업을 휴가로 만드는데 있다.

(3) 재충전을 위한 4가지 원칙

① 영양 섭취 휴식 운동 : 건강관리 차원의 재충전

② 인간관계 개선 : 감정적 차원의 재충전

③ 읽기, 쓰기, 사색 : 정신적 차원의 재충전

④ 기도, 종교 활동, 자연에서의 시간 : 영적 차원의 재충전

※ 전문가와 기술자의 한 끗 차이

그 사람이 가진 기술적인 역량 때문에, 고객에게 훌륭하다는 소리를 듣는 전문가는 극히 드물다. 전문가의 반대말은 비전문가가 아니라 기술자이다. 전문성은 능력이 아니라 대부분 태도에 달려 있다. 진정한 전문가는 열정을 가진 기술자다. 사람들은 당신이 얼마나 열정이 있는지 알기 전에는 당신이 얼마나 아는지에 아무도 관심 없다.

– 데이비드

19 실전 문제 풀이

Q1 다음 중 고객과의 공감 요소에 포함되지 않는 것은 무엇인가?

① 고객 요구의 이해

② 편의 제공과 침묵

③ 순응과 융통성 발휘

④ 서비스(접객, 시술)의 신속성

Q2 "귀로만 듣지 말고 마음으로 들어라."를 뜻하는 사자성어는 무엇인가?

① 雪上加霜

② 牛耳讀經

③ 朝三暮四

④ 聽之以心

Q3 재충전을 위한 4가지 원칙에 해당하지 않는 것은 무엇인가?

① 영양 섭취

② 사색

③ 야간 근무

④ 종교 활동

| 정답 |

Q1) ② 편의 제공과 경청이다.

Q2) ④ 聽之以心(청지이심)에 관한 설명이다.

Q3) ③ 야간 근무는 해당되지 않는다.

Chapter

20 고객 묶어두기 전략 : 선불 정액권 멤버십 티켓팅

말도 많고 탈도 많은 선불 정액권 티켓팅. 과연 약인가? 독인가?

장기적인 불황과 함께 불황기적 마케팅이 뷰티 살롱 곳곳에서 등장하는 가운데 가장 보편적으로 많이 쓰이는 전략이 바로 선불 정액권 멤버십 티켓팅이다. 선불 결제할 경우 정해진 시술가격보다 10~20% 정도를 추가 적립해 주는 것으로 고객입장에서는 크게 나쁘지 않은 선택이지만 목돈이 들어간다는 단점이 있다.

반면, 뷰티 살롱의 입장에서도 고객 이탈을 막을 수 있는 장점이 있지만 개별 시술에 대한 객단가는 낮아진다는 단점이 있다. 따라서 이 장에서는 선불 정액권 멤버십 티켓팅의 정확한 마케팅 배경을 이해하고 이를 적절히 분배하여 장기적인 불황 탈출 마케팅 전략으로 활용해 보자는 것이다. 다시 말해 선불 정액권 멤버십 티켓팅은 고객 묶어두기를 통한 재방문율 증가 전략이지 객단가 향상 전략이 아니라는 것을 미리 밝혀둔다.

1 선불 정액권 멤버십 티켓팅의 목적과 의의

❶ 선불 정액권 멤버십 티켓팅의 목적

(1) 신규 고객의 고정화

(2) 신 메뉴 개발로 인한 마케팅

(3) 방문주기 단축으로 고객 서비스 향상

(4) 신규, 고정 비율의 증가로 매출 상승 기대

(5) 방문 고객 및 지인, 가족의 공동 사용으로 단골 고객 확대

❷ 선불 정액권 멤버십 티켓팅의 의의

(1) 선불 정액권을 티켓팅하는 직원들 모두가 일하는 보람을 가지고 자신의 능력을 키워 개인의 목적과 행복을 양립시키는 데 있다.

(2) 사람을 통해 목표 달성을 추구하고, 선불 정액권 제도로 직원과 살롱이 성과(매출)를 높일 수 있다.

(3) 그로 인해 살롱도 발전하고 스타일리스트들도 경제적으로 생활이 향상되며, 여유로운 시간 활용을 할 수 있다.

(4) 또한, 선불 정액권의 큰 장점은 사람과 사람이 협력하여 경영 목표를 이룰 수 있다.

(5) 예약제 도입이 용이하다.

① 두피, 모발 클리닉 패키지 활성화

② 휴면 고객 감소

③ 충성 고객(고정고객) 증대

④ 미용사의 효율적인 시간 활용(주 5일제, 조기퇴근)

⑤ 비효율적 업무 능률 개선(전문 직업 중에 미용업이 제일 비효율적)

(6) 스타일리스트의 매출을 향상시킬 수 있다.

(7) 인턴 사원을 성장시킬 수 있다.

(8) 팀제를 이루어 고객에게 좋은 서비스와 선의의 경쟁을 통한 동기부여를 줄 수 있다.

2 선불 정액권 멤버십 티켓팅 활성화를 홍보 전략

(1) 살롱 내 POP 노출 증대

(2) 직원 롤플레잉 교육을 통한 구전 마케팅 전개

(3) 멤버십 고객 특별 관리 프로그램 운용

(4) VVIP, 멤버십 고객 혜택 설명

3 선불 정액권 멤버십 고객 관리 방법

(1) VVIP 전용 고객 차트를 통한 시술, 추천, 제안 내용 등 별도 관리

(2) 고객 해피 콜을 통한 체계적 사후 관리

(3) 차후 시술 서비스의 제안으로 고객 시술 예약 유도

→ 살롱 내 스타일링 주치의 제도 운용

(4) 멤버십 다이어리를 활용한 예약 시스템의 정착

4 선불 정액권 도입 조건

(1) 서비스 강화

VVIP 고객 등급 구분으로 서비스의 질을 높여야 한다.

(2) 기술력 강화

고객 한 분 한 분에게 맞춤 서비스를 하면서 필요한 기술력으로 보답해야 한다.

(3) 차별화된 매장 운영

고객님 입점에서 퇴점에 이르기까지 차별화된 언어와 동선을 만들어 진행한다.

(4) 매장 조직력 강화

각 팀별, 메인별 고객 서비스와 운영에 대해 서로 커뮤니케이션하고 고객님의 불편을 해소해야 한다.

(5) 차별화된 고객 관리

고객 한 분 한 분의 모든 자료를 소중히 관리하며 정확하게 기입하고 관리해야 한다.

(6) 앞서가는 주위 환경

매장 분위기와 주위 환경을 위해 노력해야 한다.

5 선불 정액권 도입 후 기대 효과

(1) 고정 고객 확보 확률 상승

(2) 휴면 및 이탈 고객 수 저하

(3) 예약제 정착으로 시술 편리 강화

(4) 고객의 멤버십 운용으로 고품격 시술과 살롱의 질적 서비스 향상

(5) 직원 개인별 고객 관리로 영업력 상승

(6) 살롱 매출 상승

6 선불 정액권 시행에 필요한 서식

(1) 선불 정액권 상품권 발행

(2) 선불 정액권 약관

(3) 시술 관리 차트

(4) 고객 관리 차트

(5) 서비스 물품

(6) 복무 규정집

(7) 서비스를 위한 직무 규정집

(8) 고객 이용 약관 계약서

(9) 스타일리스트 급여 통장 개설

(10) 스타일리스트들의 준비된 마인드 구성

(11) 스타일리스트 도급 계약서

7 선불 정액권 멤버십 티켓팅 플랜(Plan)

(1) 매 방문 시마다 선불 정액 상품권 발행

(2) 시술 차트 기입

(3) 서비스 약관에 스타일리스트와 고객님 사인 기입

(4) 서비스 기간은 발행일로부터 1년 이후 자동 소멸된다.(기간 명시)

(5) 스타일리스트는 도급 계약서에 사인해야 한다.

(6) 퇴사 시 6개월 전에 선불 정액금을 소진시켜야 한다.

(7) 100% 매출 상승 시 매출 인센티브는 고정으로 해야 한다.

8 선불 정액권 멤버십 약관 샘플(Sample)

제1조(목적)
본 약관은 정액권고객에 관한 서비스 사항을 규율함을 목적으로 합니다.

제2조(선결제 차감방식)
선결제 후 시술금액 만큼 차감합니다.(할인율 적용함)

제3조(이용대상)
정액권고객은 본인을 포함한 모든 고객에게 양도 가능합니다.

제4조(서비스 이용방법)
고객님의 담당 디자이너에게 미리 예약하십시오.

제5조(서비스 유효기간)
정액권 유효기간은 1년입니다.

제6조(환불)
환불은 불가능합니다.

본인은 OOO 미용실 정액권 약관에 동의하며 회원서비스와 관련하여
회원에 관한 정보를 활용하는 것에 동의합니다.

년 월 일

신청인(서명 또는 인)

9 선불 정액권 멤버십 티켓팅 활성화를 위한 실전 세일즈 토크(Sales Talk)

❶ Sales Talk 1

– 시작 멘트

– 궁금증, 호기심, 관심 유발

"안녕하세요? 고객님 요즘 저희 OO미용실에서 특별 이벤트를 진행하는 게 있습니다. 선불 정액 멤버십이라고 합니다. 제가 오늘 하고 계시는 펌, (컬러) 시술 공짜로 하는 방법을 알려드릴까요? 먼저 오늘 하시는 스타일이 맘에 드셔야 다음에 또 방문해 주실 거니깐 마무리 한 후에 스타일 보시고 그 때 결정하시면 됩니다. 오늘 원하시는 펌 시술부터 만족스럽게 해드리겠습니다. 만족하시면 그때 선불 정액권 끊으시고, 오늘 하신 펌도 공짜로 받으시면 됩니다. 감사합니다."

❷ Sales Talk 2

– 시술이 마음에 들었을 때에 본격적으로 설명

– 정확하게, 확신 있게, 신뢰로, 수치, 통계로서

"지금까지 몇 년을 넘게 방문하셨어도 제가 펌 서비스 한번 해드린 적 없잖아요. 이 선불 정액권을 끊으시면 오늘 하는 펌이 무료입니다. 이 선불 정액권만이 무료 서비스 혜택이 있답니다. 제 단골 고객님께 이런 혜택을 알려 드리지 않으면 안 되잖아요. 저를 믿고 방문해 주시는데 지금까지 펌 서비스를 받으셨어도 몇 번을 더 받으셨겠다고 고객님들이 그러세요. 고객님이 허락하시는 모든 분과 함께 사용 가능하세요. 오시는 패턴으로 보면 한 달~두 달에 한 번씩 펌을 하시잖아요. 펌 3번이면 30만 원 쓰시는데 30만 원 끊으시고 4번하시는 건데, 이게 훨씬 이익인거죠.

저희 살롱을 계속 다니시면서 저 믿고 오시니까 선불 정액권으로 하세요.
오늘은 30만 원 그대로 잔액으로 남기시고, 다음 시술 하실 때부터 사용 금액 차감하시는 거예요. 가족 모두 오시니까 6개월만 따져도 그 안에 30만 원 더 쓰시잖아요. 오늘 50만 원 정액권 끊으시고, 펌과 클리닉 서비스 받아보세요. 오늘 하신 시술 모두 서비스예요. 특히, 모든 시술을 예약으로 하시기 때문에 아주 편리하십니다.

어떠세요? 만족하세요? 실제 50만 원 결제 하시고, 70만 원 정도 사용하시는 거예요. 이제는 지갑 꺼내지 마시고, 간편하게 서명만 하고 다니시면 됩니다. 고객님들이 사인만 하고 가시니까 편하다고 그러세요."

❸ Sales Talk 3

– 굳히기

– 정산 시 한 번 더 추천

"시술 결제는 선불정액 결제와 일반 결제 중에 어떤 것으로 해드릴까요? 선불 정액권으로 티켓팅 하시면 가족 모두 제가 관리해 드릴 수 있습니다. 모든 시술을 30% 이상 할인 받으시는 거예요!
한번 해 보세요!! 저희 살롱을 자주 찾아 주시는 고객님이시니까 적극 추천해 드리는 거예요!! 만족하실 거예요!! 이제 번거롭게 결제마시고, 서명만 하고 다니세요."

❹ Sales Talk 4

– 시술 전 가격 상담은 필수이며 그 이후 시술이 진행되어져야 가격 컴플레인 예방과 선불 정액권의 설명이 자연스럽게 연결될 수 있다.

– 고객 니즈의 충분한 파악 후 시술 추천, 제안, 기대되는 효과 등의 설명으로 충분한 신뢰감을 형성해야 한다.

"고객님 오늘 시술하시는 금액은 ○○○원 입니다. 제 생각에 이 가격이면 정액권을 구입하시는 것이 훨씬 더 많이 금액을 할인 받으실 수 있으십니다. 요즘 저희 살롱에서 선불 정액권 행사를 시행하고 있습니다.
가격대별로 다양한 서비스를 진행하고 있으며, 30% 적립된 가격으로 어떤 시술이든 금액을 차감하는 형식의 정액권이며, 가족이나 친구, 지인들도 함께 사용하실 수 있는 파격적인 패키지 프로그램입니다. 선불 정액권으로 회원 가입 하시면 특별히 저희 살롱의 VVIP 고객님이 되십니다. 개인 시술 처방기록과 함께 고객님의 스타일링 주치의로서 모든 것을 관리해 드릴 것입니다. 또한, 오늘 하시는 첫 회 시술은 무료로 준비해 드리겠습니다. 최고의 서비스와 관리를 받으시면서 가격적인 부담을 줄일 수 있는 정말 좋은 프로그램입니다."

❺ Sales Talk 5

– 선불 정액권 구입에 동의한 경우

▶ "고객님 참 선택 잘하셨습니다. 앞으로 고객님의 담당 스타일링 주치의로서 특별히 관리해 드리겠습니다. 오늘 시술이 끝나고 일주일 후에 ○○○으로 관리해드리겠습니다. 감사합니다."
(시술 마무리 하며 다음 시술내용과 일정을 꼭!! 체크한다.)

❻ Sales Talk 6

– 정액권 구입에 동의하지 않은 경우

▶ " 다음에 기회 되시면 한번 생각해 보세요.(얼굴 표정에 주의하면서 부드럽게 이야기 한다.) 오늘 시술 최선을 다해서 준비하도록 하겠습니다. 감사합니다."

10 직급별 실전 세일즈 토크(Sales Talk)

❶ 스타일리스트

▶ "안녕하십니까? 오늘 고객님의 스타일을 도와 드릴 ○○○(직책)입니다. 두피나 화학시술 중에 어떤 서비스를 받으시겠습니까? 괜찮으시다면 두피와 모발을 함께 체크해 드리겠습니다.

▶ 혹시, 마음에 드신(생각하고 오신, 평소에 즐겨하시는)스타일 있으신가요?

▶ 결정하기 곤란하시면, 고객님께 어울리는 이미지와 스타일을 제안해 드리겠습니다. 고객님의 스타일을 연출하기 위해서는 펌과 컬러의 시술이 필요합니다. 고객님의 경우 ○○○펌을 추천해 드립니다. 그리고 ○○컬러 또는 올 트렌드 컬러인 ○○컬러를 함께하시면 이미지 변화에 큰 도움이 될 듯합니다.(계절에 유행하는 컬러 소개)

고객님께서 하시는 ○○○펌은 80,000원, ○○○컬러의 경우 80,000원입니다.
저희 살롱에서는 VIP고객님만의 차별화 된 서비스를 위하여 선불 정액권 행사를 시행하고 있습니다. 오늘 VIP 정액권을 구매하시면 160,000원의 시술을 무료로 받으실 수 있습니다. 추가되는 금액은 정액권 금액에서 차감하면서 쓰실 수 있습니다."

(1) Yes 인 경우

정액권 제도 및 할인 혜택 등의 부가설명 필수 요망

(2) No 인 경우

"그럼, 고객님 조금 더 생각해 보세요."라고 말하고 강요하지 않으며 금액 결제 하실 때 자연스럽게 정액권을 여쭤본다. 상담이 끝나면 인턴은 물품 보관을 한다.

"고객님, 시술 전 외투와 물품 보관 도와 드리겠습니다. 가운 착의 도와드리겠습니다. 보관키는 오른쪽 주머니에 넣어드리겠습니다. 감사합니다."

2 인턴

의외로 샴푸 존에서의 대화는 고객님께서 모두 긍정적으로 들어서 선불 정액권을 제안하면 티켓팅 되는 경우도 많다.

"안녕하십니까? 고객님을 도와 드릴 인턴 ○○○(직책)입니다. 샴푸 존으로 안내도와 드리겠습니다. 뒤로 편하게 기대시면, 무릎담요 덮어드리겠습니다. 자세 불편하지 않으세요? 페이스 타월 도와 드리겠습니다. 물 온도 괜찮으세요?

(샴푸 중에 지식공유 대화를 하며 자연스럽게 정액권에 관한 이야기 유도) 요즘 저희 살롱에서 VIP고객님을 위한 정액권을 시행하고 있어요. VIP 정액권의 회원이 되시면, 오늘 하시는 시술은 무료이십니다. 또한, 고객님께서 원하시는 시간에 예약하시면 편하게 시술도 받으실 수 있으시고요. 개인 시술 처방기록으로 선생님께서 스타일링 주치의가 되어 고객님을 관리 해드려요. 최근에 고객님들께서 정액권으로 무료 시술 받으시고 서비스도 좋고, 원하는 시간에 언제든지 올 수 있어서 좋다는 이야기를 하세요.(정액권의 설명과 샴푸는 신중하고 꼼꼼히 한다.)

고객님 더 헹구시고 싶으신 곳 없으십니까? 고객님 수고 하셨습니다. 시술 존으로 안내 도와드리겠습니다."

③ 프론트(매니저 or 리셉셔니스트)

신규, 재방, 고정 모든 고객에게 정액권을 여쭤 본다.

"고객님 시술하실 금액은 ○○원입니다. 정액 결제와 일반 결제 중에 어떤 것으로 도와드릴까요?"

(1) 정액권으로 결재할 경우

"VIP 정액권 멤버십 회원이 되시면, 오늘 하시는 시술은 무료이십니다. 최고의 서비스와 관리를 받으시면서 가격적인 부담은 줄일 수 있는 정말 좋은 행사입니다. VIP 고객님을 위해 예약을 받고 있으니 언제든지 편하신 시간에 방문해 주십시오. 감사합니다. 다음에 또 뵙겠습니다."

(2) 일반 결제를 원할 경우

"오늘 시술하신 금액을 정액권으로 결재하시면, 가격적으로 할인을 많이 받으실 수 있으십니다. 최고의 서비스와 관리를 받으시면서 가격적인 부담은 줄일 수 있는 정말 좋은 행사입니다.
(일반 결재를 원하시더라도 정중하게 한 번 더 권한다.) 감사합니다. 행복한 하루 되십시오."

11 선불 정액권의 효과와 주의점

① 효과

(1) 선불 정액권 고객은 고정 고객이며 VVIP 고객이다.

(2) 1년 동안 살롱을 찾아오게 만드는 제도이다.

(3) 소개 고객이 많아진다.(가족들부터 소개를 해서 함께 사용할 수 있다.)

(4) 정액권 고객님이 소개 한 고객은 정액권으로 연결될 확률이 높다.

(5) 정액권 고객은 재방문율이 빠르다.

(6) 정액권 고객은 100% 예약으로 이루어지며 스타일리스트의 스케줄 관리가 수월해진다.

(7) 고객님의 만족도가 높으면, 반드시 재티켓팅으로 이어진다.

(8) 정액권 제도는 고정 고객 확보가 용이한 최고의 매뉴얼이며 월 평균 매출이 오르게 된다.

(9) 추가 시술률이 높아진다.(실제 지불하는 일이 없어지면 돈에 대한 감각이 약해지는 것은 당연하다.)

(10) 스타일리스트의 매출이 오르면, 인턴들에게 복지와 혜택을 줄 수 있다.(인센티브 적용)

(11) 메인 인턴과 고객 관리를 함께 할 수 있어서 좋다.

❷ 주의점

(1) 처음 티켓팅의 서비스를 마지막까지 변함없이 해드려야 한다.(귀찮다는 생각 버리기)

(2) 두 번째부터 공짜 고객님이란 생각을 절대 해서는 안 된다.

(3) 전 직원이 정성을 다해 VIP 고객님으로 모셔야 한다.(내 고객이 아니더라도!)

(4) 정액권 소진도 매출이라고 생각해야 한다.

(5) 모든 고객을 정액권 유도해야 한다.

※ 협력 계약서 샘플

헤어 살롱(이하 "갑"이라 한다)과 스타일리스트(이하 "을"이라 한다)사이에 다음과 같이 계약을 체결한다.(인턴포함)

- 다 음 -

제1조 계약의 목적

본 계약은 "갑"이 수행하는 사업에 관련하여 "갑"과 "을"간에 업무위탁(판매위임)관계를 설정하고 그에 수반되는 "갑"과 "을"간의 권리 및 의무의 내용을 규정함을 목적으로 한다.

제2조 "을"의 지위

1. "을"은 자유직업 소득자로서 "갑"에서 위임(위탁)받은 정액 권 제도를 고객으로부터 발생되는 이익금에 대하여 "갑"이 정하는 수수료를 지급 받는다.(수수료에 관한 규정은 별도 약정에 의한다.)
2. "을"은 고객 또는 제3자에 대하여 "갑"의 명의로 어떠한 채무도 부담하여서는 아니 된다.

제3조 위탁업무의 범위

1. "을"의 취급업무의 범위는 별도의 약정서로 정한다.
2. "을"은 "갑"이 정하는 정액권 제도를 시행하면서 발생되는 모든 일은 구두로 하지 않고 증빙서를 회사에 제출한다.
3. "을"이 유치한 고객의 지속적인 관리에 신경 쓴다.

제4조 법령 및 회사규정의 준수의무

1. "을"은 영업업무 위탁계약서의 이행을 위하여 "갑"이 정한 규정을 준수하여야 한다.
2. "을"은 "갑"이 정하는 신청 및 신청방법에 의해서만 접수하여야 한다.
3. "을"은 퇴사시 "갑"이 위치한 3km 내에서는 영업을 할 수 없다.

제5조 영업업무 위탁계약의 체결

1. "을"은 영업업무 위탁계약 내용을 계약서로 작성하고 이를 회사에 접수하여야 한다.
2. "을"은 계약의 변경, 해지 등의 신청을 받을 때는 지체 없이 회사에 이를 보고 해야 한다.
3. "을"이 퇴사를 원할 때에는 6개월 전에 미리 이야기해야 한다.
4. "을"은 정액제도 고객님에 대한 업무를 시행하지 못하고 퇴사 할 경우(6개월 전에 퇴사시) "갑"에게 받은 급여의 10%를 더 지불하여야 한다.
5. "을"은 발생되는 매출 중에 저하된 때를 위해 통장을 2개 준비한다.

제6조 권리양도 및 매출변경

1. 정액권(VIP) 고객님이 제 시술을 다른 스타일리스트로 원할 때에는 시술한 금액이 제 시술한 스타일리스트에게 양도된다.
2. 권리 양도 및 매출 변경에 관한 모든 내용은 "을"은 "갑"이 정한 살롱의 모든 규정을 지킨다.

제7조 스타일리스트와 인턴의 협력관계

1. "을"은 영업의 향상을 위해 인턴과 협력자로써 팀을 이룬다.
2. "을"은 인턴과 팀을 이뤄 성과를 얻을 경우 인턴에게 성과금을 지불한다.
3. 성과금은 "을"의 매출이 1천만 원 이상일 때 1백만 원의 10%를 지불한다.
   ex) 1,100만 원 - 10만 원 / 1,200만 원 - 20만 원 / 1,300만 원 - 30만 원 / 1,400 - 40만 원 등
4. "을"이 30% 동결 할 때에는 메인 인턴에게 성과금을 50만 원까지만 지급한다.
5. 메인으로 협력관계를 이루던 인턴이 초급 디자이너가 되면 매출을 "을"의 매출로 올리고, "을"이 초급 디자이너의 매출이 500만이 될 때 50%를 지급한다.
6. "을"의 매출이 1,500만이 되어야 하고, 초급 디자이너 매출 또한 500만이 되어야 성과금을 50% 지급 가능하다.
7. 인턴과 초급 디자이너는 "갑"에게 기본 급여를 받고, "을"에게도 성과금을 받게 되면 성과금에 대한 통장을 만들어야 한다.
8. 인턴과 초급 디자이너가 "을"과 협력자로써 일하던 중에 퇴사할 경우 "을"에게 받은 성과금은 다시 되돌려 주고 퇴사한다.(퇴사할 경우 성과금을 돌려주어야 하므로 통장은 필히 만들어야 한다.)
9. "을"은 매출이 2,000만일 때 까지 메인 인턴을 1명으로 규정짓고, 한 명을 더 원할 때에는 "을"이 급여를 지불한다.
10. "을"은 2,000만 이상~2,500만 이하까지는 "갑"과 "을"이 50%씩 부담하고 2,500만 이상 일 경우는 메인 인턴을 2명으로 규정 짓는다.
11. "을"이 두 메인 인턴과 일 할 경우에는 늦게 합류 한 인턴에게 점판과 팁을 모아 성과금을 지급하고, 한도 금액은 50만 원을 넘지 않는다.

제8조 손해배상 책임

"을"이 영업활동 (정액권 제도)시 명예를 훼손함으로써 "갑"에게 손해를 발생시켰을 경우에는 "갑"에 대하여 그 손해를 배상하여야 한다. 그 손해 배상금액은 "을"의 영업수수료에서 공제할 수 있으며 공제할 금액이 부족하거나 본인의 업무 해약 후에 뒤늦게 발견된 본인 활동 중의 각종 행사 행위에 대해서도 본인이 손해 배상키로 한다.

제9조 정보유용 금지

1. "을"은 본 계약과 관련한 업무수행 과정에서 취득한 정보를 "갑"의 동의 없이 타인에게 누설하거나 다른 목적으로 사용할 수 없다.
2. "을"은 본 계약의 해지 이후 본 계약과 관련하여 취득한 자료를 "갑"의 동의 없이 보유 혹은 활용할 수 없다.

제10조 계약의 해지

1. "갑"은 "을"에게 아래 각호에 해당하는 사유가 발생하는 경우 본 계약을 해지할 수 있다.
   - "을"이 정당한 사유 없이 6개월 이상 영업활동을 게을리하거나 회사가 실시하는 회의 또는 교육에 정당한 사유 없이 참석하지 아니하는 등 계약이행의 현저한 상태, 영업실적이 회사가 정하는 기준에 미달하는 등 계약 이행능력의 현저한 부족, 질병 기타 건강상의 이유로 더 이상의 본 계약을 이행할 수 없는 경우
   - 부당한 방법으로 영업활동을 함으로서 "갑"의 명예와 신용을 훼손한 경우
   - 계약이행 중 알게 된 비밀을 누설하여 회사 또는 고객에게 손해를 발생시킨 경우
2. 회사가 1항의 각호의 사유에 의하여 계약을 해지하는 경우 "을"에게 계약해지를 통보함으로 서 계약이 해지된 것으로 본다.

제11조 계약의 유효 기간

본 계약의 유효기간은 계약 체결일로부터 1년간으로 하며, "을" 또는 "갑"의 어느 일방이 별도의 의사표시가 없는 한 동일 조건으로 1년간씩 효력이 연장되는 것으로 한다.

제12조 계약의 효력 발생일

이 계약은 20 년 월 일로부터 1년 간 효력을 발생한다.

제13조 계약내용 숙지 확인

이 계약의 내용을 계약 당사자는 충분히 숙지하였으며, 특히 근로자가 아님을 확인하고 계약에 따른 모든 권한과 책임을 이행함을 증명하기 위하여 계약서 2부를 작성하여 1부는 "을"이, 1부는 "갑"이 보관한다.

(갑) ○○헤어 살롱 대표 :(인) / H.P : - -

(을) 스타일리스트 성명 :(인) / H.P : - -

인턴 성명 :(인) / H.P : - -

20 실전 문제 풀이

Q1 다음 중 선불 멤버십 정액권의 티켓팅 목적이 아닌 것은 무엇인가?

① 신규 고객의 고정화

② 고객 객단가 증대 전략

③ 고객 재방문 증가 전략

④ 단골 고객 확대

Q2 다음 중 선불 멤버십 정액권 티켓팅 활성화를 위한 홍보 전략이 아닌 것은 무엇인가?

① 반복적인 강요와 어필

② 살롱 내 POP를 통한 노출 증대

③ 멤버십 고객 혜택 숙지 및 공지

④ 직원 롤플레잉 교육을 통한 구전 마케팅 전개

Q3 다음 중 선불 멤버십 정액권 티켓팅 시 주의점이 아닌 것은 무엇인가?

① 티켓팅 후 공짜 손님이라는 생각으로 소홀히 대하지 않는다.

② 정액권 소진 또한 매출이라고 생각한다.

③ 직급별 상황에 맞는 세일즈 토크를 전개한다.

④ 선불 정액권 티켓팅을 한 해당 직원만이 신경 쓴다.

정답

Q1) ② 고객 객단가 향상 전략과는 거리가 멀다.

Q2) ① 반복적인 강요와 어필은 고객에게 부담감을 주게 되어 좋지 않은 영향을 미친다.

Q3) ④ 내 고객이 아니더라도 전 직원이 정성을 다해 VIP 고객님으로 모셔야 한다.

Chapter

21 뷰티 살롱 접객 서비스와 에티켓(Etiquette)

1 접객 서비스 이미지 원칙

(1) 말의 내용 : 말의 의미, 단어의 사용

(2) 청각적 요소 : 음색, 음질, 음색의 크기, 말하는 요령, 스피드

(3) 시각적 요소 : 얼굴 표정, 몸동작(손놀림), 복장, 자세, 인사

2 접객 서비스 전달 핵심 : 3C

(1) 명확성(Clear)

(2) 간결성(Concise)

(3) 흡인력(Compelling)

3 접객 서비스 전달 스킬(Delivery Skill)

(1) 손과 팔, 신체의 움직임을 이용한 제스처

(2) 아이컨텍(Eye contact)

(3) 목소리

(4) 단어의 선택

(5) 표정

(6) 복장

4 고객을 사로잡는 말 한마디의 시작점

(1) 인용

(2) 흥미로운 사실(데이터, 뉴스 등)

(3) 재미있는 일화

(4) 개인적 경험

(5) 기억에 남는 사건

(6) 질문

5 전화 응대 서비스

❶ 전화 응대의 3대 원칙

① 신속

② 정확

③ 정중

❷ 전화 응대를 위한 기본자세(1)

① 친절 실천과 적극적 응대 마인드

② 전화벨은 3번 이상 울리지 않게!

③ 수화기와 적당한 거리 유지

④ 목소리에도 표정이 있다.

⑤ 잊지 말자 3가지!!!(인사말, 소속, 성명)

⑥ 나의 능력은 무한대(?)

› 전화 응대는 잠재 고객을 끌어 모을 수 있는 또 다른 기회가 된다.

❸ 전화 응대를 위한 기본자세(2)

① 언어 사용에도 신중을!

② 책상에는 항상 메모 준비를!

③ 메모는 6하 원칙에 따라 확인, 복창!

④ 상황에 따른 인사말 사용

⑤ 상대를 배려하는 행동 실천!

❹ 전화 경청 방법

① 상대방의 이야기를 가로막지 않는다.

② 상대방의 이야기에 집중한다.

③ 맞장단을 친다.

④ 메모를 한다.

⑤ 상대방의 이야기를 부정, 거부, 비난하지 않는다.

❺ 상황별 통화 응대

(1) 기존 고객과의 통화 응대

① 밝은 목소리로 인사말, 소속, 성명을 밝힘!

② 간단한 상호 인사!

③ 용건에 대한 이야기!

④ 메모는 확인, 복창!

⑤ 상황에 맞는 끝인사!

⑥ 상대를 배려하는 마음!

(2) 신규 고객과의 통화 응대

① 반드시 인사말, 소속, 성명을 밝혀요!

② 전화를 주신 것에 대한 감사의 인사!

③ 친절하고 상냥한 답변!

④ 메모지에 기록하고 확인 작업!

⑤ 감사의 인사와 함께 신속한 처리를 약속!

⑥ 해당 업무 담당자에게 정확히 전달

⑦ 처리 유무 확인까지 할 것

(3) 클레임 고객과의 통화

① 자신의 인내력을 보여주세요!

② 적극적인 경청이 중요!

③ "죄송합니다."가 전부가 아니에요.

④ 혼자만의 힘으로 처리?

⑤ 불만 고객에게도 감사의 인사를?

⑥ 이런 불만은 처음?!

6 전화 응대 멘트

(1) 전화 받을 때

– "감사합니다. 고객님. ㅇㅇ살롱 ㅇㅇㅇ입니다."

(2) 전화 걸 때

– "안녕하십니까? 고객님. ㅇㅇ살롱 ㅇㅇㅇ입니다."

(3) 전화를 돌려줄 경우

– "잠시만 기다려 주십시오. 담당 스타일리스트 바꿔드리겠습니다."(온 후크 버튼을 누른다.)

(4) 전화를 바꿨을 경우

– "감사합니다. 고객님 스타일리스트 OOO입니다."

(5) 기다리게 했을 경우

– "기다리시게 죄송합니다. 고객님 스타일리스트 OOO입니다."

(6) 찾는 사람이 부재중일 경우

– "고객님 죄송합니다. 현재 찾고 계신 OO 스타일리스트가 부재중입니다. 연락처를 남겨 주시면 전화 드리도록 하겠습니다."

7 직장 예절과 에티켓(Etiquette)

❶ 명함 에티켓

(1) 명함을 건네는 방법

① 상대방보다 먼저 명함을 꺼낸다.

② 명함은 상대방이 바로 볼 수 있도록 건넨다.

③ 양손으로 명함의 여백을 잡고 소속과 이름이 보이도록 정확하게 밝힌다.

④ 목례를 하며 가슴 선과 허리선 사이에서 건넨다.

(2) 명함을 받는 방법

① 목례를 하며 양손으로 공손하게 받는다.

② 동시에 주고받을 때는 오른손으로 주고 왼손으로 받는다.

③ 받은 명함은 허리 높이 이상으로 유지한다.

④ 혹시 모르는 한자가 있을 경우 "실례하지만 어떻게 읽습니까?"라고 질문한다.

❷ 인사 예절

(1) 인사법

① 45도 : 존경, 감사의 의미

② 15도 : 일상적인 정중한 인사

③ 목례 : 하루 1번 이상의 인사

(2) 악수법

① 상대의 눈을 마주보며

② 밝고 호의적인 표정으로 당당하게

③ 상체를 가볍게 숙이며

④ 오른손으로 적당히 힘을 주어

⑤ 2~3번 정도 가볍게 흔든다.

8 직장 예절

❶ 출근 시 근무 준비와 에티켓

① 겉옷과 우산 등은 지정 장소에 둔다.

② 최소한 업무시작 10분 전에는 자기 자리에 앉아서 마음의 준비를 한다.

③ 명랑하고 친근감 있는 아침 인사를 한다.

❷ 근무 중 예의와 에티켓(1)

① 말투 및 행동은 언제나 조용히 한다.

② 바른 자세로 착석하고 의자는 바싹 당겨서 앉는다.

③ 책상 위로 몸을 기대거나 턱을 고이지 않는다.

④ 발을 꼬거나 무릎을 넓게 벌리지 않는다.

⑤ 시간 중 업무와 관계없는 일이나 책을 읽지 않는다.

❸ 근무 중 예의와 에티켓(2)

① 업무와 관계없는 잡담을 하지 않는다.

② 타인의 업무에 방해되지 않도록 높은 목소리, 웃음소리, 저속한 이야기는 피한다.

③ 일을 하고 있는 사람에게 말을 걸 때에는, 양해를 구한다.

④ 정산을 하고 있는 사람에게 말을 걸 때에는, 계산이 끝난 틈을 보아서 한다.

❹ 근무 중 예의와 에티켓(3)

① 자리를 뜰 경우에는 주위사람에게 행선지, 용건, 예정시간 등을 알려둔다.

② 자리를 오래 비울 때에는 예상되는 전화나 방문객의 처리문제 등을 잘 부탁해 둔다.

❺ 퇴근 중 예의와 에티켓(1)

① 퇴근 준비는 근무시간 끝난 다음에 하고 종업시간 전에 초조한 모습을 보이지 않는다.

② 당일 업무를 마무리하고 다음날의 업무계획을 메모하여 둔다.

③ 책상 위를 깨끗이 정리하고 서류, 비품 등을 정해진 장소에 둔다.

④ 상사나 동료, 선배에게 인사를 한다.

❻ 퇴근 중 예의와 에티켓(2)

① 남보다 먼저 퇴근할 경우에는 "먼저 실례하겠습니다."라고 분명히 인사를 한다.

② 자기 주변 혹은 사무실의 전등을 끄고 퇴근한다.

❼ 비품, 소모품 사용 에티켓

① 비품·소모품의 사용방법을 확실히 익혀서 조심성 있게 다룬다.

② 사용 뒤에는 반드시 제자리에 둔다.

③ 빌려 쓰고 돌려줄 때에는 반드시 잘 썼다는 인사를 한다.

21 실전 문제 풀이

Q1 다음 중 접객 서비스 이미지 3원칙에 해당하지 않는 것은 무엇인가?

① 말의 내용

② 청각적 요소

③ 스킨십적 요소

④ 시각적 요소

Q2 다음 중 접객 서비스 전달 핵심 3C에 해당하지 않는 것은 무엇인가?

① 작위성(Compose)

② 명확성(Clear)

③ 간결성(Concise)

④ 흡인력(Compelling)

Q3 다음 중 전화 응대의 3대 원칙에 해당하지 않는 것은 무엇인가?

① 신속

② 간결

③ 정확

④ 정중

| **정답** |

Q1) ③ 고객과의 스킨십은 가급적 삼가고 조심한다.

Q2) ① 작위성은 해당하지 않는다.

Q3) ② 간결하다고 다 좋은 것은 아니다.

Chapter

22 창업 환경과 소자본 스마트 창업

1 자영업 창업 환경과 고용 실태

❶ 빅데이터로 본 자영업 창업 환경

(1) 도소매, 음식업, 숙박업 등 4대 업종

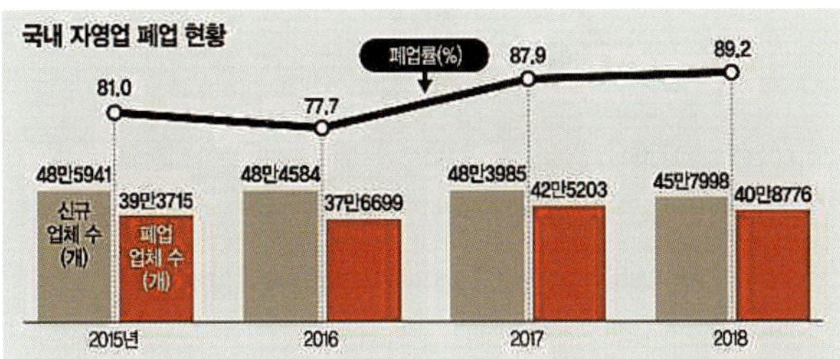

[출처] 국세청, 국세통계연보

도소매 음식업, 숙박업 등 자영업에 관한 폐업률을 2015년부터 살펴보게 되면 2016년 하락세에서 지속적으로 폐업률이 상승한데 비해 신규 창업률은 지속적으로 하락하고 있는 추세이다. 자영업의 심각한 경영난과 창업 환경을 알 수 있는 지표이다.

(2) 폐업자 추이와 창업 및 폐업률

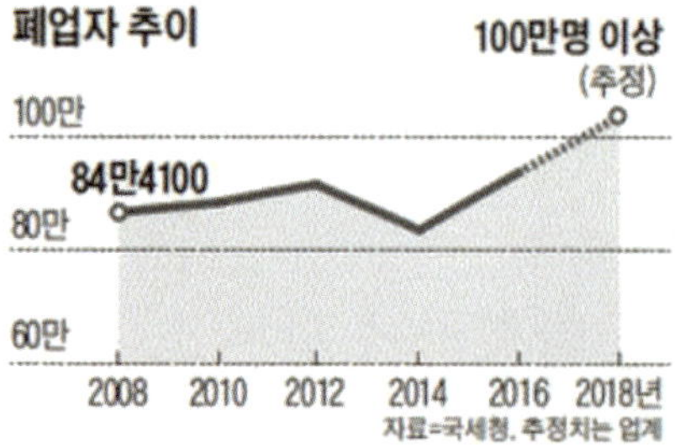

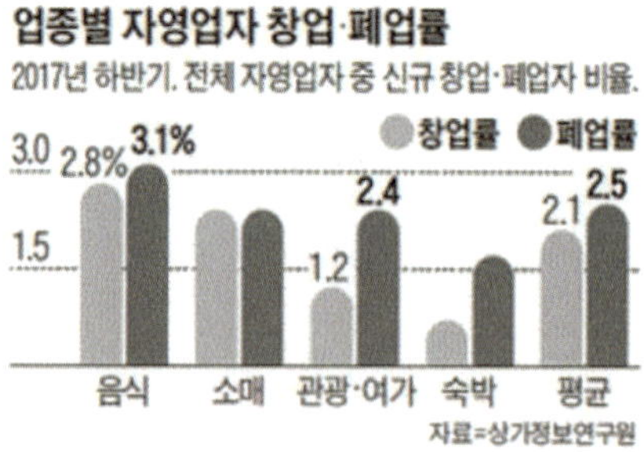

[출처] 국세청, 상가정보연구원

(3) 자영업자 대출 잔액 및 증가율

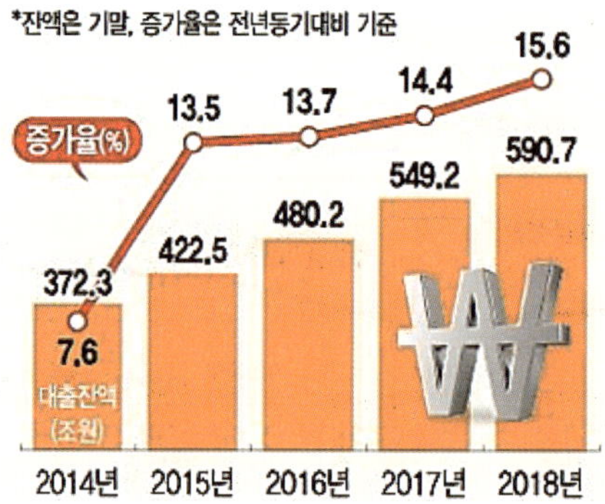

[출처] 한국은행, 가계부채 DB

자영업자의 대출 증가율은 지속적으로 상승한 것을 볼 수 있으며, 장기적인 경기침체와 소비심리 위축으로 인한 경영난을 엿볼 수 있다. 지금은 너나 할 것 없이 누구나 힘든 치킨 게임 상황이므로 견디는 사람이 승리하는 기현상이 나타나고 있다.

※ 치킨 게임

2대의 차량이 마주보며 돌진하다가 충돌 직전 1명이 방향을 틀어서 치킨, 즉 겁쟁이가 되거나 아니면 양쪽 모두 자멸하게 된다는 게임의 이름으로, 1950년대 미국 젊은이들 사이에서 유행하였다.

1955년 개봉된 제임스 딘 주연의 〈이유 없는 반항〉에서 나오면서 전 세계적으로 화제를 불러일으켰다.

서양에서는 닭이 겁이 많은 동물로 여겨져 겁이 많아 도망을 잘 가는 겁쟁이를 '치킨'이라고 부른다. 1950~70년대 미소 사이의 군비경쟁을 꼬집는 용어로 차용되면서 국제정치학 용어로 굳어졌다.

지금은 흔히 한 국가 안의 정치나 노사협상, 국제외교, 산업 등에서 상대의 양보를 기다리며 갈 때까지 가다가 파국으로 끝나는 사례를 설명할 때 많이 사용된다.

[출처] 다음 백과사전

(4) 최근 1년 이내 사업을 시작한 자영업자

① 사업 시작 동기 : 자신만의 사업을 직접 경영하고 싶어서 (70.7%)

② 사업 준비 기간 : 1~3개월 미만 (49.8%)

③ 사업 자금 규모 : 2천만 원~5천만 원 미만 (23.1%)

(5) 50세 이상 자영업자 월평균 수입 현황

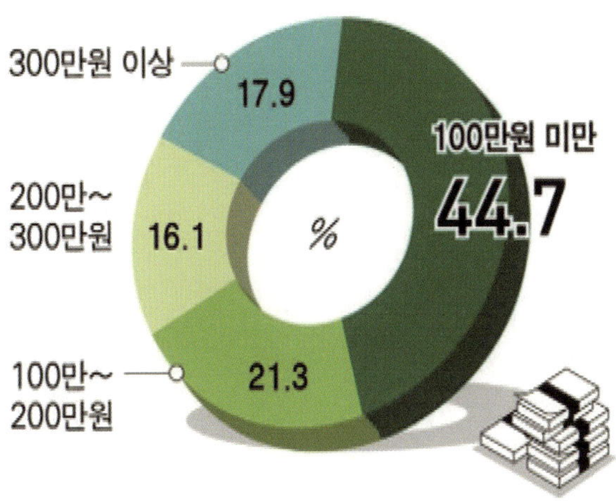

[출처] 국민연금연구원

여러 가지 이유로 직장 생활을 접고 어쩔 수 없이 자영업 환경에 뛰어든 50대 가장이 많다. 창업에 대한 구체적인 준비도 없고, 특별한 기술도 없다. 그러다 보니 손쉽게 할 수 있다는 장점을 근거로 자영업 전선에 뛰어 들지만 50세 이상의 자영업자의 월평균 수입은 100만 원 미만이 44.7%로 가장 많다. 안타까운 현실이다.

(6) 자영업 성공 확률 : 2~5%

[출처] http://mn.kbs.co.kr/news/view.do?ncd=4029966

너나 할 것 없는 비슷한 미투(ME TOO) 아이템의 자영업 성공 확률은 놀랍게도 2~5%에 지나지 않는다.

2 빅데이터로 본 고용 현황과 실태

(1) 고용률과 실업률

연도	고용률				실업률			
	전체	남자	여자	차이 (남-여)	전체	남자	여자	차이 (남-여)
2010	58.9	70.3	47.9	22.4	3.7	4.0	3.3	0.7
2011	59.3	70.7	48.3	22.4	3.4	3.6	3.1	0.8
2012	59.6	71.1	48.6	22.5	3.2	3.4	3.0	0.4

연도	고용률				실업률			
	전체	남자	여자	차이 (남-여)	전체	남자	여자	차이 (남-여)
2013	59.8	71.1	48.9	22.2	3.1	3.3	2.8	0.5
2014	60.5	71.7	49.7	22.0	3.5	3.5	3.5	0.0
2015	60.5	71.4	50.1	21.3	3.6	3.6	3.5	0.1
2016	60.6	71.2	50.3	20.9	3.7	3.8	3.6	0.2
2017	60.8	71.2	50.8	20.4	3.7	3.8	3.5	0.3
2018	60.7	70.8	50.9	19.9	3.8	3.9	3.7	0.2

[출처] 통계청, 경제활동인구조사

(2) 청년 실업자 증가

[출처] MBN, 청년 실업자 50만 시대

노동 가능 인구에 해당하는 청년 실업자의 문제는 해마다 정부의 중요 현안이자 해결 과제가 되고 있다.

(3) 웃픈 신조어

사.오.정	사십 오세 정년
오.륙.도	오십 육세까지 일하면 도둑놈
경.단.녀	경력 단절 여성
이.태.백	이십대 태반이 백수

[출처] 이범식의 뷰티경영사관학교

장기적인 경기 불황과 고용 실태를 꼬집은 웃기지만 슬픈 신조어들이다.

(4) OECD 국가별 자영업자 비율(%)

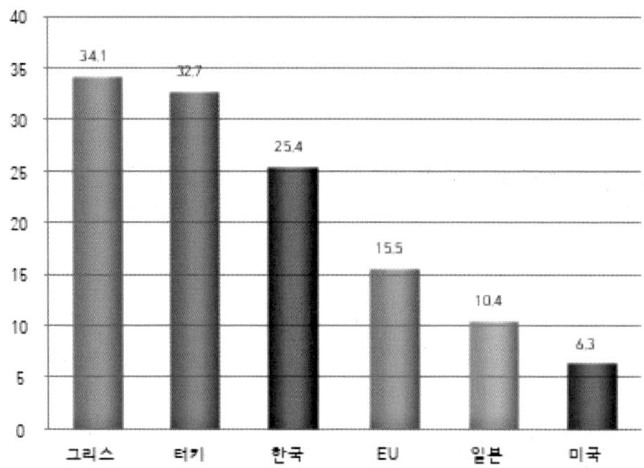

[출처] OECD 2017

비교가 가능할 것 같아 OECD 국가별 자영업자 비율을 살펴보았다. 상대적으로 제조업의 비율이 높은 미국이 6.3%로 가장 낮고, 그리스가 34.1%로 1위, 2위 터키(32.7%)에 이어 대한민국이 25.4%로 3위를 차지하고 있다.

2 소자본 소호 창업과 스마트 생존 전략

❶ 소호 창업의 개념과 생존 전략

(1) 알리바바 마윈의 경고

"40대까지 부자가 되어있지 않다면 본인의 게으름을 탓하라."

[출처] 알리바바 / 중국 최대의 부자이자 중국 최대 전자상거래업체 '알리바바' 회장

(2) 소호 창업과 시대적 상황 반영

① 최근 들어 인터넷을 이용한 온라인 사업 창업이 많아지면서 저렴한 비용과 작은 사무실을 준비하는 소호 사무실 창업이 많이 늘어나고 있음

② 오프라인 매장은 필요 없지만 기본적인 사무실은 있어야 하고 대외적으로 손님들을 맞이할 공간 또한 필요한 이들에게 새로운 인기

(3) 뷰티살롱 생존 창업을 위한 전략 키워드

기술 + SNS(페이스북 / 인스타그램 / 유튜브)

❷ 소호 창업과 위기관리 능력

(1) 소호 창업의 장, 단점 비교

장점	단점
소자본 창업 가능	아이템 선정 조잡, 중복 가능성이 많음
실패해도 손실 적음	실패를 당연하다 인식하는 경향 높고, 흔한 경험이라 생각
1인 기업 체제로 고정투입 비용 적음	1인 기업 체제라 책임감과 근성이 자칫 해이해질 수 있음
적은 비용 대비 효용 가치가 높음	항상 자본이 부족해 실패한다고 생각

[출처] 이범식의 뷰티경영사관학교

(2) 뷰티 창업 성공 전략

① 본인이 가장 잘 할 수 있는 일과 재미있어 하는 일이 무엇인지부터 파악

② 포털 사이트의 자주 등장하는 키워드 조사(단, 기간 짧음을 주의)

③ 반려동물, 애완견, 여성, 중고생의 니즈를 정확히 파악(지역 내 맘 까페를 특히 예의주시)

④ 20~30대 칙릿 세대 여성과 실질적인 경제력이 있는 30대 후반과 40대 초반 남성 로엘족에 주목

❸ 뷰티 살롱 생존을 위한 스마트 타깃 설정

(1) 주타깃 설정 : 칙릿 공략(여성)

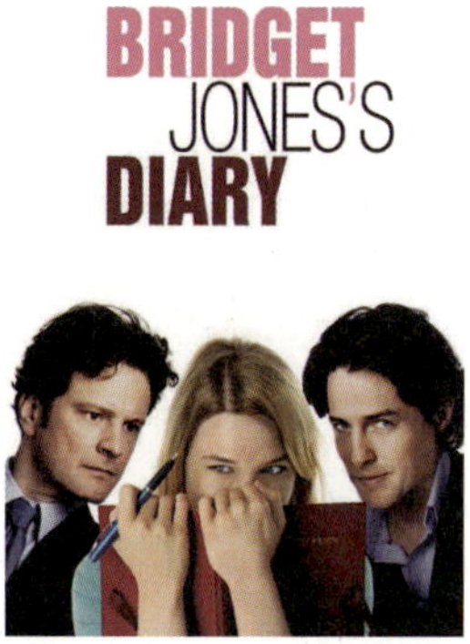

[출처] 영화 '브리짓 존스의 일기' vs. 영화 '악마는 프라다를 입는다

(2) '칙릿'이란

① Chick + Literature

② 젊은 여성을 겨냥한 영미권 소설들을 지칭하는 신조어

③ 20대 여성 독자 겨냥한 영미권 소설

④ 1990년대 중반에 나온 '브리짓 존스의 일기'가 그 시작점

⑤ 2000년대 중후반 《악마는 프라다를 입는다》, 《섹스앤더시티》, 《여자생활백서》 등 여성소설과 자기 계발서가 큰 인기를 끌면서 한국에서도 이슈가 된 바 있음

⑥ 영미권이 아니라도 20대 여성을 타깃으로 한 트렌드 소설 등을 총체적으로 이르는 말로 쓰임

⑦ 말 자체에 약간 비하하는 시각이 담겨있다고 보는 견해도 있으나, 시대 변화를 보여주는 문화적 흐름의 하나로 볼 수 있음

(3) 젊은 여성들이 칙릿의 매력에 열광하는 이유?

① 칙릿 주인공이 신데렐라식 주인공보다 훨씬 현실적이고 매력적

② 칙릿 자체가 '소비 가이드 역할'을 할 수 있음

③ 미디어 발달과 함께 젊은 세대의 가치관이나 소비 취향이 갈수록 글로벌화 됨

④ '스토리' 매개로 新소비 자극

(4) 주타깃 설정 : 로엘족 공략(남성)

[출처] Shutterstock

(5) 로엘족(LOEL)

① 'Life of Open-mind, Entertainment and Luxury'의 줄임말

② 외모를 꾸미고, 패션 브랜드, 명품에 관심이 많으면서 그 모든 것을 감당할 능력이 되는 30대에서 50대까지의 남자를 일컫는 신조어

③ 이들은 화장품, 안경, 가방, 지갑, 벨트, 넥타이 등 자기를 돋보이는 패션 아이템 뿐만 아니라, 시가, 캠핑도구, 스포츠 용품 등 일상 속에서 여가를 즐길 수 있는 아이템에도 관심이 많은 것이 특징

(6) 로엘족의 소비 영향력

① 롯데 백화점의 로엘족들의 구매 내역을 세부적으로 분석·조사한 자료

② 로엘족들의 관심대상 → 인지도가 높고 트렌드를 선도하는 브랜드

③ 루이비통, 샤넬, 몽블랑, 폴 스미스 등의 브랜드가 인기

④ 10꼬르소꼬모 같은 세계적인 편집 매장에도 로엘족들이 자주 등장하는 것으로 확인됨

⑤ 2016년 8만 명 상당이던 로엘족은 2018년 14만 명으로 2년 사이 75%나 증가

⑥ 로엘족들의 관심사는 해외 유명 패션 상품군에서 두드러짐

⑦ 해외 패션은 2017년 1월부터 10월까지 전체 매출이 5.2% 신장하는 데 그침

⑧ 그러나 해외 유명 패션 브랜드의 30~50대 남성 구매객들의 비중을 살펴보면 14.5%로, 높은 신장률을 기록하고 있음

⑨ 남성의 품격을 드러내 준다는 시계나 몽블랑, 루이비통 등의 남성 피혁 제품 등을 특히 선호함

3 스마트 창업 시뮬레이션

❶ 사업계획서의 개념과 필요성

(1) '사업계획서'란

① 사업 내용, 제품 특성, 생산 시설, 매출 전망, 인력계획, 마케팅 등을 객관적인 지표에 의거해 체계적으로 작성한 자료

② 창업에 있어 중요한 청사진이 됨

(2) 사업계획서의 필요성

① 계획적인 창업을 가능하게 하여 사전에 시행착오를 줄일 수 있음

② 향후 기업의 목표 및 비전을 제시할 수 있음

③ 창업하고자 하는 사업에 대한 사업지속 및 수익전망 등에 대한 예측을 가능하게 함

④ 금융 기관 등에서 사업자료 요구 시 제출 자료로 활용 가능하고 투자자, 동업자 등을 모집하는 데 유용한 자료로 활용할 수 있음

② 사업계획서의 구성과 작성

(1) 사업계획서의 구성

1. 사업계획서 요약

2. 기업 및 산업
2.1 회사 개요
2.2 사업 개념
2.3 사업전개 방향 및 향후 계획

3. 사업 및 제품 개요
3.1 제품 개요
3.2 제품의 특성 및 용도
3.3 제품개발 계획 및 기술인력
3.4 경쟁 제품과의 차별성

4. 시장 환경 분석
4.1 목표 시장
4.2 시장 규모 및 성장 추이
4.3 경쟁 및 경쟁 우위 전략
4.4 시장 진입 및 성장 전략
4.5 예상 매출 규모

5. 마케팅 계획
5.1 주요 마케팅 전략
5.2 가격 전략
5.3 판매 전략
5.4 광고 전략

6. 생산 계획
6.1 생산 전략
6.2 설비 투자 계획
6.3 원부자재 조달 계획
6.4 공장입지 및 기타 법적 규제

7. 재무 계획
7.1 채산성 분석
7.2 추정 재무 계획
7.3 자금 조달 계획

8. 조직 및 인적 자원 구성
8.1 조직도
8.2 핵심 창업 인력
8.3 외부 자문 및 지원 인력

9. 위험 요소 및 대책

10. 사업 추진 일정

[출처] 유필 창업

❸ 실전 창업 프로세스

(1) 상권 분석 및 로케이션 확보 : 중소기업 통계청

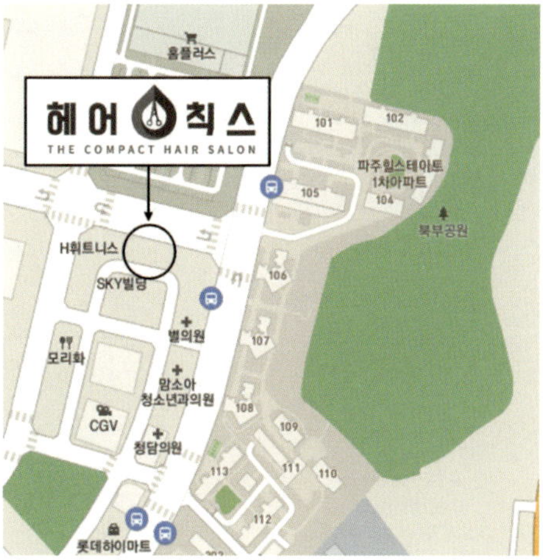

[출처] 중소기업 통계청

중소기업 통계청 사이트에 들어가서 자신이 계약할 뷰티 살롱의 주소를 입력하게 되면 그 지역의 인구와 성비, 경쟁업소의 수를 상세히 볼 수 있고, 반경을 설정하게 되면 유효 타깃 고객층에 대한 마케팅 권역을 설정할 수 있다. 위의 그림은 실제 헤어칙스 오픈 전 상권 분석을 시뮬레이션 한 자료이다.

(2) 실전 창업 프로세스 Part 1 : 사업 개요

① 업종 : 미용실(3석, 실평수 13평)

② 투자비용

- 점포비 : 1,000만 원
- 월 임대료 : 70만 원
- 권리금 : 無
- 관리비 : 10만 원
- 인테리어 : 3,500만 원(비품 포함)

③ 종업원 : 1명(시술 보조)

④ 영업 기간 : 1년 6개월

(3) 실전 창업 프로세스 Part 2 : 종목 선정 및 준비

① 종목선정 : 가용의 90% 수준, 인력 선발, 관찰, 동선 확인

② 준비(수익성, 성장성, 안정성)

- 실제 수행 및 관련 인허가 사항 구비
- 수익성 예측 및 분석
- 지출 및 수입 항목 구분 : 월세, 인건비, 재료비, 수도광열비, 영업 이익 등
- 수익률, 초기투자 회수 기간, 권리금 등

(4) 실전 창업 프로세스 Part 3 : 인허가 및 영업 개시 준비

① 임대차 계약

- 유동인구, 상권 확인, 경쟁 점포수, 권리금, 임차료, 관리비 등
- 등기부 등본, 렌트프리, 보증금 축소, 협상우위(수표지참)

② 인테리어 및 시설 계약

- 날인, 내용 확인, 상권 보장 등

③ 영업개시 준비 : 직원 구인

- 단말기, 캐시박스, 각종비품, 상하수도, 가스, 전기, 냉난방

(5) 실전 창업 프로세스 Part 4 : 홍보 및 비전 수립

① 오픈 행사

- 1+1, 마일리지 카드, 이벤트, 무료 음료 서비스

② 광고 및 판촉

- 전단지(부착, 배포 : 유동인구多), 신문 삽지(반응률 300m)
- 점포 확장 및 추가 개설 확인

(6) 스마트 창업 성공 가이드 11

① 다리품을 팔아라.

② 돈은 줄 때는 천천히 받을 때는 신속하게 하라.

③ 소심하다는 소리를 들어라.

④ 절대로 Cool 하다는 소리 듣지 마라.

⑤ 징징대라.

⑥ 잘 안 돼도 장사 잘 된다고 얘기해라.

⑦ 동업은 신중하게… 만약 하게 되면 결별을 예측해라.

- 내가 아는 5가지 케이스 모두 결별
- 좋은 결별을 위한 노력(일방) 필요

⑧ '부러우면'이 아니라 조급해하면 지는 것이다.

⑨ 넉넉함과 여유로움을 가져라.

⑩ 참는 것과 기다리는 것을 배웠다.

⑪ 생각을 조심해라 말이 달라진다. 그러면 결국 결과가 달라진다.

22 실전 문제 풀이

Q1 OECD 국가 중 자영업의 비율이 2017년 기준 34.1%로 가장 높은 나라는 어디인가?

① 그리스 ② 터키
③ 대한민국 ④ 대만

Q2 다음 내용이 설명하는 것은 무엇인가?

> 인터넷을 이용한 온라인 사업 창업이 많아지면서 저렴한 비용과 작은 사무실 준비하는 1인 소자본 형태의 창업을 말한다.

① 소호 창업 ② 프랜차이즈 창업
③ 패키지 창업 ④ 카르텔 창업

Q3 다음 내용이 설명하는 것은 무엇인가?

> 사업 내용, 제품 특성, 생산 시설, 매출 전망, 인력계획, 마케팅 등의 객관적인 지표에 의거해 체계적으로 작성한 자료로 창업에 있어서 중요한 청사진이 되는 것

① 사업계획서 ② 투자계획서
③ 임대차계획서 ④ 재무제표

| 정답 |

Q1) ① 2017년 기준으로 OECD 국가 중 자영업의 비율은 그리스가 가장 높은 것으로 나타났다.

Q2) ① '소호 창업'에 관한 설명이다.

Q3) ① '사업계획서'에 관한 설명이다.

Chapter

23 직장 내 성희롱

1 성희롱의 개념

성희롱이라 함은 업무, 고용 기타 관계에서 공공기관의 종사자, 사용자 또는 근로자가 그 지위를 이용하거나 업무 등과 관련하여 성적 언동 등으로 성적 굴욕감 또는 혐오감을 느끼게 하거나 성적 언동 기타 요구 등에 대한 불응을 이유로 고용상의 불이익을 주는 것을 말한다.

2 성희롱의 종류

❶ 육체적 성희롱

(1) 입맞춤이나 포옹, 뒤에서 껴안기 등의 신체적 접촉 가슴, 엉덩이 등 특정 신체부위를 만지는 행위

(2) 안마나 애무를 강요하는 행위 등

❷ 언어적 성희롱

(1) 음란한 농담이나 음담패설

(2) 외모에 대한 성적인 비유나 평가

(3) 성적 사실관계를 집요하게 묻거나 성적인 내용의 정보를 의도적으로 유포하는 행위

(4) 성적 관계를 강요하거나 회유하는 행위

(5) 음란한 내용의 전화 통화

(6) 회식자리 등에서 무리하게 옆에 앉혀 술을 따르도록 강요하는 행위 등

❸ 시각적 성희롱

(1) 외설적인 사진 그림, 낙서, 음란출판물 등을 게시하거나 보여주는 행위

(2) 직접 또는 팩스나 컴퓨터 등을 통하여 음란한 편지, 사진, 그림을 보내는 행위

(3) 성과 관련된 자신의 특정 신체부위를 고의적으로 노출하거나 만지는 행위

3 성희롱 대한 잘못된 인식들

❶ 성희롱은 사소한 문제이다?

조직 내에서 성희롱을 경험한 사람은 모욕감이나 수치감, 위협을 느끼는데 그치지 않고 때에 따라서는 정상적인 업무수행이 불가능할 정도로 정신장애나 두통, 위장장애를 일으키기도 하며 심한 경우 직장을 그만두는 경우도 있다.

❷ 성적인 농담, 가벼운 접촉은 오히려 직장 생활의 활력소가 된다?

성적인 농담은 듣는 사람에게 수치감과 모욕감을 줄 뿐만 아니라 그 대상이 된 사람의 업무수행을 방해하고 업무능력을 저하시키게 되어 조직 생활의 활력소가 되기보다는 생산성을 저하시키는 결과를 초래한다.

③ 성희롱 의도는 없으며, 친밀감의 표현이다?

성희롱을 '친밀감의 표현'으로 보는 것은 관계를 무시한 자의적이고 일방적인 해석이다. 남녀 모두가 평등하고 건강한 직장문화를 이루기 위해서는 다른 동료가 느끼게 될 감정을 먼저 생각해야 한다.

④ 직장에서의 성희롱은 무시해 버리면 그만이다?

자신 또는 타인에 대한 불유쾌한 성희롱을 모르는 척하고 지나가 버리거나, 아무 일 없었던 것처럼 행동하는 것은 문제해결에 아무런 도움이 되지 않는다. 이러한 소극적인 행동은 오히려 성희롱을 당연한 것으로 받아들이는 결과가 되며, 성희롱을 지속시키는 결과를 초래한다. 따라서 성희롱을 당했을 때는 행위에 대해 문제를 제기하고 교정하려는 적극적인 자세가 필요하다.

⑤ 성희롱은 여성의 과다한 신체노출로 인한'성적 충동'이다?

성희롱 피해자는 유아에서부터 노인까지 전 연령에 이르고 있으며, 계절과 시간에 관계없이 발생하고 있다. 이것은 피해자의 과다한 신체노출로 인한 가해자의 성적 충동이 성희롱 발생요인이 아님을 보여주고 있다. 성희롱의 발생요인은 개인적인 문제나 생물학적인 성의 차이로 보기보다는 사회적인 문제로 바라보아야 대책과 예방 등이 해결 방안을 마련할 수 있다.

4 동료로서의 태도

(1) 상대방을 인격과 존엄성을 가진 존재, 함께 일하는 동료로 인정하고 평소 동료들 간에 존칭을 사용한다.

(2) 공적 업무와 사적인 일을 명확히 구분한다.

(3) 음담패설을 삼간다.

(4) 성희롱으로 인한 불쾌한 감정은 분명히 표현한다. 불분명한 대응은 상대의 오해를 불러올 수 있다.

(5) 상대가 자신의 성적 언동에 적극 찬동하지 않거나 불쾌한 표정을 짓거나 자리를 피하는 등의 행동을 하면 이를 거부의사로 받아들이고 즉각 행동을 중지한다.

(6) 상대가 의사표현을 하지 않는다고 해서 그것을 긍정적인 의사로 판단해서는 안 된다.

(7) 동료의 신체에 대해 성적인 평가나 비유를 하지 않는다.

(8) 불필요한 신체접촉을 삼간다.

(9) 회식 때 술시중이나 춤을 강요하지 않는다.

(10) 직장에서 인터넷 음란사이트를 보지 않는다.

5 상사로서의 태도

(1) 부하직원을 칭찬할 때 쓰다듬거나 가볍게 치는 행위도 성희롱으로 오해받을 소지가 있으므로 그런 행동은 신중을 기해야 한다.

(2) 부하직원을 딸 같다 아들 같다 하면서 쓰다듬거나 안마를 요구하거나 하는 등의 신체 접촉을 하지 않는다.

(3) 자신이 관리하는 영역에서 성희롱이 일어나지 않도록 예방에 힘쓰며, 일단 성희롱이 발생하면 그 행동을 중지시켜야 한다.

(4) 중재, 경고, 징계 등의 조치 이후 가해자가 보복이나 앙갚음을 하지 않도록 주시한다.

(5) 성희롱을 당하면서도 이를 거부하지 못하는 피해자가 있다는 것을 알게 되었다면 이를 중지시켜야 한다.

6 개인적 대응

(1) 분명하게 거부의사를 직접 표현하고, 이것이 어려우면 가해자에게 편지를 쓴다.

→ 편지에는 당시 상황을 6하 원칙에 따라 정확히 기록하고, 피해자의 생각이나 느낌을 정리하는 등 핵심이 정확하게 표현되어야 한다. 이 편지는 이후 증거자료가 될 수 있으므로 내용증명으로 보내어 적법한 증거로 활용할 수 있도록 한다.

(2) 주변 직원들과 문제를 의논하고 공동으로 대응한다.

(3) 상급자에게 이를 알리고 상급자가 가해자의 행동을 저지하도록 요구한다.

7 기관 내 자체 처리 절차

(1) 피해자는 고충상담 창구를 통하여 피해내용을 상담하고 처리를 요구한다.

(2) 피해자의 요구가 접수되었을 때 사건에 대한 조사, 확인절차를 거쳐 성희롱에 해당되지 않는다고 판단되면, 당사자에게 통보하여 종결 조치한다.

(3) 성희롱 사안이 경미하고 당사자 간에 화해가 가능한 경우에는 조정안을 마련하여 양자의 합의로 사건을 마무리한다. 조정안에는 피해자에 대한 공개사과, 행위자에 대한 경고, 행위자의 각서제출에 의한 사과와 재발방지 보장, 행위자 또는 피해자의 부서 이동 등의 방안을 고려할 수 있다.

(4) 인사조치 및 징계 조정이 성립되지 않거나 중한 사안인 경우에는 기관장은 행위자의 전보, 직위해제, 징계요구(견책, 감봉, 정직, 해임, 파면) 등의 적절한 조치를 취하여야 한다.

8 여성 특별 위원회에 신고

(1) 성희롱 피해자는 여성 특별 위원회에 신고할 수 있다.

(2) 여성 특별 위원회는 성희롱사항에 해당한다고 인정할 때에는 합의권고를 하고, 합의가 이루어지지 아니한 경우 조정에 회부할 수 있다.

(3) 당해 공공기관의 장 또는 사용자에게 다음과 같은 시정조치를 권고 한다.

① 남녀차별(성희롱)행위의 중지

② 원상회복, 손해배상 기타 필요한 구제조치

③ 재발방지를 위한 교육 및 대책수립 등을 위한 조치

④ 일간신문의 광고란을 통한 공표

(4) 형사처분 규정에 위반될 경우 관할 수사기관에 고발할 수 있다.

23 실전 문제 풀이

Q1 업무, 고용 기타 관계에서 공공기관의 종사자, 사용자 또는 근로자가 그 지위를 이용하거나 업무 등과 관련하여 성적 언동 등으로 성적 굴욕감 또는 혐오감을 느끼게 하거나 성적 언동 기타 요구 등에 대한 불응을 이유로 고용상의 불이익을 주는 것을 무엇이라고 하는가?

① 성폭력 ② 성매매
③ 성희롱 ④ 금치산

Q2 성희롱의 종류 중 외모에 대한 성적인 비유나 평가는 무엇에 해당하는가?

① 육체적 성희롱 ② 언어적 성희롱
③ 시각적 성희롱 ④ 공감적 성희롱

Q3 다음 중 성희롱 피해자가 신고할 수 있는 기관은 어디인가?

① 국민권익위원회 ② 여성가족부
③ 국민자치위원회 ④ 여성특별위원회

정답

Q1) ③ 성희롱에 관한 설명이다.

Q2) ② 언어적 성희롱에 해당한다.

Q3) ④ 성희롱 피해자는 여성특별위원회에 신고할 수 있다.

마무리하는 페이지

대한항공과 유니폼 효과 공식

우리나라 최고의 항공사 하면 대한항공을 꼽는데 주저하는 사람은 많지 않을 것이다.

[출처] 대한항공 로고 숍

감히 대한민국이라는 국가의 이름을 딴 대표 국적기라고 해도 크게 놀랍지도 않다. 하지만 그 명성에 조금씩 균열이 생기듯 땅콩 회양과 갑질 논란 그리고 조양호 회장의 죽음까지 연일 잡음이 끊이지 않았다. 이러한 우여곡절 속에서도 대한항공이 국내를 넘어 승승장구 할 수 있었던 요인은 무엇일까?

뛰어난 항공 기술을 갖춘 조종사에서부터 최첨단 정비기술, 기내식, 승무원 서비스 등 다양한 부분에서 이유를 꼽을 수 있을 것이다. 하지만, 필자는 대한항공 승무원들의 유니폼에 얽힌 후광효과 또한 한 몫 했으리라 생각한다.

그럼, 지금부터 대한항공 승무원들의 유니폼 변천사에 대해 알아보자.

1) 대한항공 유니폼 변천사

(1) 1기~5기

1기 (69.2~70.3) 디자이너 송옥 100% 나일론	2기 (70.4~71.6) 윤복희 영향 미니스커트	3기 (71.7~72.12) 국내최초 미주노선 취항	4기 (73.1~74.4) 스카프 첫 도입	5기 (74.5~76.5) 유럽 첫 취항

(2) 6기~10기

6기 (76.6~77.12) 대표적 상징 모자 사라짐	7기 (78.1~80.3) 빨강색과 감색 물결무늬 도입	8기 (80.4~86.3) 태극문양 로고탄생	9기 (86.4~90.12) 디자이너 조이스 딕슨	10기 (91.1~05.2) 디자이너 김동순

대한항공은 최첨단 항공 기술 외에도 국내외 최고의 디자이너들에 의해 유니폼 제작에 신경 썼음을 알 수 있다. 이는 지금의 대한항공 브랜드를 만든 1등 공신이며 후광효과, 초두효과, 맥락효과 라는 심리적 마케팅도 가세하였다.

뷰티 살롱도 마찬가지로 스타일리스트의 기술력보다는 뷰티 살롱의 인테리어, 환경, 스타일리스트의 복장 상태에 따라 기술력을 평가하는 경우가 많은데 이는 유니폼 공식으로 고객과의 신뢰를 형성하는 데 아주 중요한 역할을 한다. 옷차림도 전략이 된다!!

(3) 2005년 3월 ~ 현재

① 대한항공이 2004년 창사 35주년을 맞아 '업계를 선도하는 글로벌 항공사' 라는 비전을 발표한 시기에 만들어진 유니폼으로 세계적인 이탈리아 디자이너인 지앙 프랑코 페레에게 디자인을 의뢰해 유니폼 패션의 새로운 혁신을 이끌어 냄
② 국내 최초로 바지 정장 도입
③ 청명한 가을 하늘, 한복과 청자에서 착안한 청자색이 유니폼에 활용
④ 한국 고유의 비녀를 연상시키는 헤어 액세서리와 비상하는 느낌의 스카프 등 다양한 소품까지 동원

2) 후광 효과(Halo Effect)

후광 효과란 일반적으로 어떤 사물이나 사람에 대해 평가를 할 때 그 일부의 긍정적, 부정적 특성에 주목해 전체적인 평가에 영향을 주어 대상에 대한 비객관적인 판단을 하게 되는 인간의 심리적 특성을 말한다. 후광 효과는 'Halo Effect' 라고도 불리며 이는 일종의 사회적 지각의 오류라고 할 수 있는 현상이다.

3) 초두 효과(Primacy Effect)

초두효과는 상반되는 정보가 시간 간격을 두고 주어지면 정보처리과정에서 초기정보가 후기정보보다 더 중요하게 작용한다는 것을 말한다. 이것은 흔히 인상 형성에 첫인상이 중요하다는 말로 표현되는데, 이때의 첫인상은 나중에 들어오는 정보를 해석하는 기준으로 작용한다.

이와 반대현상으로는 빈발효과(Frequency Effect)가 있는데, 이것은 첫인상이 나쁘더라도 반복해서 제시되는 행동이나 태도 등에서 첫인상과는 달리 진솔한 모습을 보이게 되면 점차 좋은 인상으로 바뀌는 현상을 말한다.

4) 맥락 효과(Contextual Effect)

처음에 알게 된 정보에 나중에 알게 된 새로운 정보들의 지침을 만들고 전반적인 맥락을 제공하는 것을 말한다. 즉, 처음에 긍정적인 정보를 얻은 대상이라면 이후에도 긍정적으로 생각하려는 현상을 가리킨다. 얼굴이 예쁜 사람이 공부를 잘하면 지혜로운 자라고 생각하게 되는 반면, 못생긴 사람이 공부를 잘하면 독하다고 생각하는 것이 맥락효과의 예라 볼 수 있다.

5) 유니폼 효과(Uniform Effect) 공식

후광효과 + 초두효과 + 맥락효과 = 유니폼 효과
⇒ 고객의 신뢰 형성

6) 뷰티 살롱에서 고객이 신뢰하는 베스트(Best) 드레서

· 1위 : 섹시하고 패셔너블한 스타일

· 2위 : 깔끔하고 스마트한 정장형 스타일

· 3위 : 포인트가 돋보이는 스타일

· 4위 : 단정한 슈트와 블라우스 스타일

· 5위 : 라운드 T-셔츠 보다는 단추형 드레스 셔츠 선호

7) 뷰티 살롱에서 고객이 신뢰하지 않는 워스트(Worst) 드레서

· 1위 : 스타일이 웬 말!! 더럽고 냄새나는 스타일

· 2위 : 체형을 가리기에 급급한 스타일

· 3위 : 통 넓고 긴 바지 정장 스타일

· 4위 : 어울리지 않는 색감과의 충돌

· 5위 : 계절과 맞지 않는 소재감

부록

2020 근로 기준법

1. 요약

〈헌법〉에 의거 근로조건의 기준을 정한 법률. 〈근로기준법〉은 1953년 5월 10일 처음으로 제정, 공포되었고, 1997년 3월 13일 새 〈근로기준법〉을 제정, 공포한 이래 24번의 개정이 이루어졌다.

총칙, 근로계약, 임금, 근로 시간과 휴식, 여성과 소년, 안전과 보건, 기능 습득, 재해 보상, 취업규칙. 기숙사, 근로감독관, 벌칙 등 12장과 부칙으로 이루어져 있다.

〈근로기준법〉은 근로자의 기본적 생활을 보장, 향상시키며 균형 있는 국민경제의 발전을 꾀하는 것을 목적으로 하고 있으며, 이 법의 근로조건은 최저기준을 의미하므로 사용자는 이 기준을 이유로 근로조건을 저하시킬 수 없다.

2018년 12월 27일, 직장 내 괴롭힘 금지법과 근무기간이 6개월 미만인 근로자에 대한 해고예고 적용 예외 사유 등을 정비하는 개정안이 국회에서 통과되었다.

2. 개요

〈근로기준법〉은 〈헌법〉에 의해 제정되었으며, 고용 관계에 있어서 지배적 지위에 있는 사용자가 그의 힘을 남용하여 일방적으로 근로의 기준을 결정 또는 실시하는 것을 예방하려는 데 일차적 목적이 있다.

1953년 구 〈근로기준법〉이 처음 제정되어 1997년 3월 폐지하고, 새 〈근로기준법〉이 제공 공포되어 지금에 이르고 있다.

새 〈근로기준법〉은 총12장 116조와 부칙으로 되어 있으며, 하위 법으로 〈근로기준법 시행령〉과 〈근로기준법 시행규칙〉, 〈근로감독관 규정〉과 〈근로감독관증 규칙〉을 두고 있다.

3. 입법 취지

〈근로기준법〉은 〈헌법〉에 의거하여 근로조건의 기준을 정함으로써 근로자의 기본생활을 보장 · 향상시키며 균형 있는 국민경제의 발전을 도모함을 목적으로 한다.

이 법은 근로조건이 근로자와 사용자가 동등한 지위에서 자유의사에 의하여 결정되도록 하며, 실질적 종속관계의 배제를 위하여 근로조건의 적정화를 기하는 데 입법의 취지가 있다.

강제 근로의 금지(제7조), 중간착취의 배제(제9조) 등의 규정은 이를 위한 조항들이다. 그리고 이는 선원 등 법률로 정한 특수한 경우를 제외하고 거의 모든 종류의 근로자에게 적용되며 규제 내용은 개별적 노동관계의 제 조건에 영향을 미친다.

4. 역사

한국은 일제강점기 동안에는 근대적 의미의 〈근로기준법〉이 없었다.
8 · 15해방 후 미군정시대에는 〈아동복리법〉(1946년 9월 18일 공포), 〈최고 노동시간에 관한 법령〉(1946년 11월 7일 공포) 등 근로조건에 관한 법령이 산발적으로 제정되었으나 여전히 포괄적인 근로관계 법령은 존재하지 않았다. 1953년 5월 10일에 법률 제286호로 〈근로기준법〉이 제정 · 공포되었고, 1990년 1월 13일까지 모두 9차의 개정이 있었다.

1996년 12월 26일 여당 단독으로 기습적인 전면 개정을 행하여 이에 반발하는 노동계의 전국적인 총파업을 유발했고 정국 불안이 극한 상황으로까지 치닫다가 1997년 3월 10일 여야합의로 재개정하게 되었다.

1997년 3월 13일에 〈근로기준법〉폐지법률(법률 제5305호)로 〈근로기준법〉중재개정법률(1996년 12월 31일 제정, 법률 5245호)을 폐지하고 동일자로 법률 제5309호의 새 〈근로기준법〉(제정법)을 공포했다. 이후 25차례의 개정을 거쳐 2017년 11월 28일 일부 개정되고 2018년 5월 29일부로 시행될 법률 15108호의 〈근로기준법〉이 공포되었다.

하지만 개정 공포된 〈근로기준법〉에 의한 주당 근로시간이 68시간으로 해석되면서 실질적인 근로시간 단축을 위한 논의가 국회에서 곧이어 시작되었다. 〈근로기준법〉에는 근로자의 근로시간은 일 8시간, 주 40시간, 주당 연장 근로시간은 12시간으로 규정하고 있지만, 고용노동부에서 일주일을 5일로 해석하면서 토요일과 일요일 근로를 휴일 근로시간으로 보아 각각 8시간씩 총 16시간의 추가 휴일 근로를 허용하여, 총 주간 최대 근로시간이 68시간으로 해석되었기 때문이었다.

2018년 2월 28일 '일주일은 7일'이라는 내용을 포함, 주당 최대 노동시간을 52시간으로 줄이는 내용의 〈근로기준법〉 개정안이 국회 본회의에서 의결되었다. 이에 따라 휴일 근로수당은 통상임금의 50% 가산이었던 현행에서, 8시간 이내의 경우 통상임금의 50%가 가산되고, 8시간을 초과할 경우 통상 임금의 100%가 가산되도록 변경되었다. 주당 최대 근로시간 개정안은 300인 이상의 사업장과 공공기관은 2018년 7월부터, 50인 이상의 사업장은 2020년 7월부터, 5인 이상의 사업장은 2021년 7월부터 적용된다.

또한 근로기준법 제59조에 정의된 근로시간 및 휴게시간의 특례에 따라 사용자가 근로자대표와 서면 합의를 한 경우 주 12시간을 초과하여 연장근로를 할 수 있게 하거나 휴게시간을 변경할 수 있게 할 수 있었던 26개 특례 업종은 개정안을 통해 노선버스를 제외한 육상 · 수상 · 항공운송업, 운송서비스업, 보건업 등 5개 업종으로 축소되었다. 5개 업종의 노동자라 할지라도 2018년 9월부터는 근로 종료 시부터 다음 근로 시작 시까지 최소 11시간의 휴식을 보장받을 수 있다.

근로시간 특례업종 축소는 300인 이상의 사업장은 2019년 7월부터, 50인 이상의 사업장은 2020년 1월부터, 5인 이상의 사업장은 2021년 7월부터 적용된다.

일부 민간기업 노동자나 공무원들에게만 유급휴일이었던 공휴일은 5인 이상의 사업장에서도 동일하게 유급휴일로 확대되었다. 유급휴일로 적용되는 공휴일은 신정, 3 · 1절, 부처님 오신날, 어린이날, 현충일, 광복절, 개천절, 한글날, 성탄절, 설날 및 추석 연휴 3일, 선거일, 임시공휴일 등이다.

사용자가 공휴일에 근로자에게 일을 시킬 경우에는 휴일 근로수당을 지급하게 된다. 공휴일 유급휴일 개정안은 300인 이상의 사업장은 2020년, 30인 이상의 사업장은 2021년, 5인 이상의 사업장은 2022년부터 적용된다.

5. 구성

〈근로기준법〉은 법률로 제정되었으며, 전문과 본문 12장 116개 조항 및 부칙으로 구성되었고, 하위 법으로 대통령령인 〈근로기준법 시행령〉과 〈근로감독관 규정〉, 고용노동부령인 〈근로기준법 시행규칙〉과 〈근로감독관증 규칙〉을 두고 있다. 본문은 총칙, 근로계약, 임금, 근로시간과 휴식, 여성과 소년, 안전과 보건, 기능습득, 재해보상, 취업규칙, 기숙사, 근로감독관, 벌칙으로 구성되어 있고, 부칙이 붙어 있다.
〈근로기준법〉은 그 자체 내에 법의 실효를 보장하기 위하여 위반행위에 대한 벌칙, 사용자에 대한 근로자의 권리설정, 이 법의 준수와 이 법상 의무이행에 대한 국가적 감독, 근로자의 소구권(遡求權) 등이 마련되어 있다.

관련법령으로 〈공무원의 노동조합 설립 및 운영 등에 관한 법률〉, 〈노동위원회법〉, 〈노동조합 및 노동관계조정법〉, 〈최저임금법〉, 〈선원노동위원회규정〉이 있다.

6. 주요 내용

제1장(총칙)

법의 목적과 기본원칙, 적용범위와 정의(定義)규정 외에 사용자 또는 근로자의 기본적 의무에 관한 사항을 규정하고 있다.

이 법에 의한 "근로"란 정신노동과 육체노동을 말하며, "근로자"란 직업의 종류와 관계없이 임금을 목적으로 사업이나 사업장에 근로를 제공하는 자를 말한다. 이 법에서 정하는 근로조건은 최저기준이므로 근로관계 당사자는 이 기준을 이유로 근로조건을 낮출 수 없으며, 근로조건은 근로자와 사용자가 동등한 지위에서 자유의사에 따라 결정하여야 한다.

사용자는 남녀의 성(性), 국적 · 신앙 또는 사회적 신분을 이유로 근로조건에 대한 차별적 대우를 하지 못한다.

제2장(근로계약)

최저기준에 미치지 못하는 근로계약의 효력, 근로계약의 체결과 관련되는 제반 보호, 해고의 제한, 퇴직금제도, 임금채권 등에 관한 사항을 규정하고 있다.

이 법에서 정하는 기준에 미치지 못하는 근로조건을 정한 근로계약은 그 부분에 한하여 무효로 한다. 사용자는 근로자에게 정당한 이유 없이 해고, 휴직, 정직, 전직, 감봉 등을 하지 못하며, 사용자가 경영상 이유에 의하여 근로자를 해고하려면 긴박한 경영상의 필요가 있어야 한다.

사용자가 근로자에게 부당 해고 등을 하면 근로자는 노동위원회에 구제를 신청할 수 있다.

제3장(임금)

임금지급의 방법, 도급사업에 대한 임금미지급에 관한 직상수급인(直上受給人)의 연대책임, 근로자를 위한 비상시의 임금지불, 사용자의 귀책사유로 인하여 휴업하는 경우의 휴업수당, 도급근로자의 임금보장, 사용자의 임금대장 작성의무 및 임금채권의 3년 시효를 규정하고 있다.

임금은 통화(通貨)로 직접 근로자에게 그 전액을 지급하여야 하며, 근로자가 출산, 질병, 재해 등의 이유로 임금 지급을 청구하면 지급기일 전이라도 이미 제공한 근로에 대한 임금을 지급하여야 한다.

제4장(근로시간과 휴식)

주(週) 40시간 근로제의 원칙, 탄력적 근로시간제, 선택적 근로시간제, 연장근로의 제한, 휴게시간제, 주휴제(週休制)의 원칙, 근로시간 및 휴게시간의 특례, 연차유급휴가 등에 관하여 규정하고 있다.

1주간의 근로시간은 휴게시간을 제외하고 40시간을 초과할 수 없으며, 1일의 근로시간은 휴게시간을 제외하고 8시간을 초과할 수 없다. 사용자는 1년간 80퍼센트 이상 출근한 근로자에게 15일의 유급휴가를 주어야 한다.

제5장(여성과 소년)

특별한 보호를 요하는 여성과 연소자에 관한 취업제한과 취업시의 근로조건, 생리 · 산전후 휴가 및 교육시설 설치의무 등에 관하여 규정하고 있다.

대통령령으로 정하는 예외를 제외하고 15세 미만인 자는 근로자로 사용하지 못하며, 임신 중이거나 산후 1년이 지나지 아니한 여성과 18세 미만자를 도덕상 또는 보건상 유해 · 위험한 사업에 사용하지 못한다.
15세 이상 18세 미만인 자의 근로시간은 1일에 7시간, 1주일에 40시간을 초과하지 못한다.

제6장(안전과 보건)

근로자의 안전과 보건에 관해 규정하고 있으며, 이에 대해서는 〈산업안전보건법〉에서 정하는 바에 따름을 정하고 있다.

제6장의 2 (직장 내 괴롭힘의 금지)

'직장 내 괴롭힘'을 직장에서 지위나 관계 등의 우위를 이용하여 업무 범위를 넘어서서 근로자나 사용자가 다른 근로자에게 신체적 · 정신적 고통을 주거나 근무환경을 악화시키는 행위로 규정하고 있으며, 이를 금지하고 관련된 적절한 조치를 법적으로 명시하고 있다.

제7장(기능습득)

양성공, 수습, 그 밖의 명칭을 불문하고 기능의 습득을 목적으로 하는 근로자를 혹사하거나 가사, 그 밖의 기능 습득에 관계없는 업무에 종사시키지 못함을 규정하고 있다.

제8장(재해보상)

근로자가 업무상 부상 또는 질병에 걸렸을 경우의 휴업보상, 장해보상, 유족보상 등에 대해서 규정하고 있다. 이 경우 사용자는 그 비용으로 필요한 요양을 행하거나 필요한 요양비를 부담하여야 하며, 업무상 질병과 요양의 범위 및 요양보상의 시기는 대통령령으로 정한다.

제9장(취업규칙)

취업규칙의 작성, 변경절차, 신고의무, 효력 등을 규제하는 조항들을 두고 있다. 상시 10명 이상의 근로자를 사용하는 사용자는 취업규칙을 작성하여 고용노동부장관에게 신고하여야 한다. 사용자는 취업규칙의 작성 또는 변경에 관하여 노동조합이나 근로자의 과반수의 의견을 들어야 한다.

취업규칙에서 정한 기준에 미달하는 근로조건을 정한 근로계약은 그 부분에 관하여는 무효로 한다.

제10장(기숙사)

기숙근로자의 사생활의 자유, 기숙사생활의 자치 · 질서, 기숙사의 설비 · 안전위생에 관한 규정을 두고 있다. 사용자는 사업 또는 사업장의 부속 기숙사에 기숙하는 근로자의 사생활의 자유를 침해하지 못하며, 기숙사 생활의 자치에 필요한 임원 선거에 간섭하지 못한다.

제11장(근로감독관 등)

근로조건을 감독할 감독기관과 감독관의 권한 · 의무 등에 관하여 정하고 있다. 고용노동부와 그 소속 기관에 근로감독관을 두며, 근로감독관은 사업장, 기숙사, 그 밖의 부속 건물에 임검하고 장부와 서류의 제출을 요구할 수 있으며 사용자와 근로자에 대하여 심문할 수 있다.

제12장(벌칙)

이 법 시행의 실효성을 확보하기 위하여 각 조항의 위반에 대한 벌칙을 정하고 있다.